高等学校计算机应用规划教材

Visual C# 2010 程序设计教程

陈建伟　张波　编著

清华大学出版社

北　京

内 容 简 介

本书详细介绍了 Visual C# 2010 程序设计的基础知识、基本方法和应用技巧，共分 14 章，主要内容包括.NET 平台与 Visual Studio 2010 开发环境、C#语言基础及面向对象程序设计、C#程序设计、C# Web 程序设计、C#泛型编程、C#数据库程序设计及 ADO.NET 等相关知识，并在最后讲解了运用 C#处理文件和进行 LINQ 语言集成查询的内容。

本书的讲述由浅入深、循序渐进，并针对各章知识点附以大量的示例程序和习题。通过本书的学习，读者可以逐步掌握 C#程序设计。

本书难度适中，实例丰富，可操作性强，可作为高等学校计算机相关专业的教材或参考用书，也可供广大程序员参考。

图书在版编目(CIP)数据

Visual C# 2010 程序设计教程/陈建伟，张波 编著. —北京：清华大学出版社，2012.6 (2023. 12重印)

(高等学校计算机应用规划教材)

ISBN 978-7-302-28609-7

Ⅰ. ①V… Ⅱ. ①陈… ②张… Ⅲ. ①C 语言—程序设计—高等学校—教材 Ⅳ. ①TP312

中国版本图书馆 CIP 数据核字(2012)第 072287 号

责任编辑： 刘金喜
装帧设计： 牛艳敏
责任校对： 成凤进
责任印制： 宋 林

出版发行： 清华大学出版社
网 址：https://www.tup.com.cn, https://www.wqxuetang.com
地 址：北京清华大学学研大厦 A 座 邮 编：100084
社 总 机：010- 83470000 邮 购：010-62786544
投稿与读者服务：010-62776969, c-service@tup.tsinghua.edu.cn
质 量 反 馈：010-62772015, zhiliang@tup.tsinghua.edu.cn
课 件 下 载：https://www.tup.com.cn，010-62796045

印 装 者： 三河市君旺印务有限公司
经 销： 全国新华书店
开 本： 185mm×260mm **印 张：** 21 **字 数：** 524 千字
版 次： 2012 年 6 月第 1 版 **印 次：** 2023 年12月第 8 次印刷
定 价： 68.00 元

产品编号：045610-03

前　言

.NET 是微软网络服务平台，微软的所有产品都将围绕这个平台进行开发。微软公司为了推行.NET 平台，特别为.NET 平台设计了一种新语言—— C#。

C#是由C 和 C++发展而来的，它是一种简单、高效、面向对象、类型安全的程序设计语言，其综合了 Visual Basic 的高效率和 C++的强大功能。C#是.NET 的关键语言，也是整个.NET 平台的依托。C#是为了建立运行于.NET 平台上的、范围广泛的企业级应用程序。用 Visual C#编写的代码被编译为托管代码，这意味着它将受益于公共语言运行库的服务。这些服务包括语言互操作性、垃圾回收、增强的安全性以及改进的版本支持。

本书共分为 14 章，介绍了 Visual C#编程的方方面面。首先介绍了.NET Framework 的相关概念、Visual Studio 开发环境以及 C#编程基础，接下来详细介绍了 C#面向对象程序设计以及如何运用 C#进行 Web 应用程序开发，并简要介绍了 C#泛型编程及 ADO.NET，最后介绍了运用 C#处理文件及 LINQ 查询技术。具体包括如下内容。

第 1 章介绍了.NET Framework、Visual Studio 2010 集成开发环境的安装与使用，以及如何使用该集成开发环境创建基于 C#语言的控制台应用程序。

第 2 章介绍了 C#语言的相关基础知识和基本语法。

第 3 章介绍了 C#中常见的程序结构。

第 4 章介绍了 C#中数组与集合的使用。

第 5 章介绍了 C#面向对象程序设计的基础知识。

第 6 章介绍了 C#面向对象程序设计中的域、属性与事件。

第 7 章介绍了 C#面向对象程序设计中的方法。

第 8 章介绍了 C#语言中的继承与多态机制。

第 9 章介绍了 C#中泛型编程的机制。

第 10 章介绍了利用 Visual Studio 2010 开发环境进行 Windows 窗体应用程序开发的常用元素的设计，包括常用控件、菜单设计、工具栏与状态栏设计及对话框编程、GDI+编程等。

第 11 章介绍了 C#数据库编程与 ADO.NET。

第 12 章介绍了创建基于 Visual C#环境下的 Web 应用程序开发及 ASP.NET。

第 13 章介绍了运用 C#处理文件。

第 14 章介绍了语言集成查询——LINQ。

本书的特点在于理论与实际应用相结合，克服了理论型书籍难以动手实践和示例型图书难以理解的不足。在理论方面，本书全面介绍了与 C#语言相关的知识点，使读者能够对 C#编程有一个完整的认识与把握；在实践方面，本书各个章节中均附有难易度适中的示例，并给出源代码，读者可在学习各章节知识点的基础上按照示例源代码进行实际操作，从而巩固所学的知识。

本课程建议总学时为 48 学时，各章学时分配见下表(供参考)。

学时分配建议表

课 程 内 容	学 时 数			
	合计	讲授	实验	机动
第 1 章　.NET 平台与 Visual Studio 2010 开发工具	2	1	1	
第 2 章　C# 2010 语法基础	3	2	1	
第 3 章　程序流程控制	3	2	1	
第 4 章　数组与集合	3	2	1	
第 5 章　C#面向对象程序设计基础	2	1	1	
第 6 章　域、属性与事件	2	1	1	
第 7 章　方法	2	1	1	
第 8 章　继承与多态	2	1	1	
第 9 章　泛型	2	1	1	
第 10 章　Windows 窗体应用程序开发	9	6	2	1
第 11 章　C#数据库编程与 ADO.NET	6	3	2	1
第 12 章　Web 应用程序开发及 ASP.NET	4	2	1	1
第 13 章　文件处理	2	1	1	
第 14 章　语言集成查询——LINQ	6	3	2	1
合计	48	27	17	4

本书由陈建伟、张波编著，高洁、陈建伟参编此外，参加本书资料整理的还有郁伟、张彬、林美、许小荣、李辉、田芳、王建国、赵海、刘峰、徐凤、周挺、赵峰和黄丹等同志。由于时间仓促，加之作者水平有限，书中不足之处在所难免，敬请读者批评指正。

本书教学课件和实例源代码可通过 http://www.tupwk.com.cn/downpage 下载。服务邮箱：wkservice@vip.163.com。

编　者

2012 年 2 月

目　录

第1章 .NET平台与Visual Studio 2010开发工具

Microsoft .NET 平台自 2000 年 6 月推出以来，逐步得到了广大开发人员的认同与支持，目前已成为主流的开发平台。.NET 平台包含了 Microsoft 与软件开发相关的绝大部分产品，Microsoft 还为该平台设计了新的开发语言——C#。C#是从 C 和 C++派生来的一种简单、现代、面向对象和类型安全的编程语言。它保持了 C++中熟悉的语法和面向对象的特征，同时摒弃了 C++中复杂、易于出错的部分。C#语言综合了 C/C++的灵活性和 RAD 开发工具的高效率。不仅能适用于 Web 服务程序的开发与部署，还能高效地完成桌面应用系统的开发。

本章重点:

- .NET 平台与 C#语言
- C#开发工具 Visual Studio 2010 的使用
- C#应用程序开发初步

1.1 Microsoft .NET 平台

Microsoft .NET 是基于 Internet 的新一代开发平台，借助于.NET 平台，可以创建和使用基于 XML 的应用程序、进程、Web 站点以及服务，它们可以在任何平台或智能设备上共享，以及组合信息与功能。.NET 的最终目的就是让用户能在任何地方、任何时间，以及利用任何设备都能够获取所需要的信息、文件和程序。而不需要用户知道这些东西存放在什么地方及如何获取，只需要发出请求，然后等待接收结果即可，所有后台的复杂操作是被完全屏蔽起来的。

.NET 可以被认为是一个“商标”，在该商标下可以包含 Microsoft 所有的产品和服务，目前常用的有.NET Framework、.NET Framework SDK、Visual Studio、ADO.NET、ASP.NET 以及专门为.NET 平台设计的 C#语言等。

1.1.1 .NET Framework 4.0 概述

.NET Framework 是支持构建、部署、运行下一代应用程序和 Web Services 的完整 Windows 组件。它能够提供效率极高的、基于标准的多语言环境，能够将现有的应用程序与下一代应用程序和服务集成，并能迅速部署和操作 Internet 规模的应用程序，它是.NET 战略的核心。.NET Framework 实现的目标如下。

- 一致性的开发环境：.NET 希望所有的开发人员都能由经过集成的开发工具 Visual Studio 来简化开发过程，并且在不同的设备条件下使用相同的开发模式，在不同的程序语言下使用相同的 Framework，语言和语言之间可以相互参照使用。
- 执行环境的强化：提供加强程序代码安全的执行环境，包括第三方厂商所建立的程序代码，并且改善脚本和编译环境的性能问题。
- 活用 Web Service：Web Service 提供应用系统能够在跨越网络、不同的操作系统、不同的 Application Framework 条件下，让不同的程序语言能够共享所有的服务，并且几乎全世界的大厂商都允诺支持 Web Service。
- 更快速更安全：提供程序代码安全的执行环境，并且提供容易进行软件部署与减少版本冲突的执行环境。
- 按照工业标准生成所有通信，以确保基于.NET Framework 的代码可与任何其他代码集成。

.NET Framework 具有以下两个主要组件：

- 公共语言运行库。
- .NET Framework 类库。

.NET Framework 目前的最新版本为 4.0，本书即以该版本为基础，它完全能够兼容其早期版本。

1 .NET Framework 类库

.NET Framework 类库是一个由 Microsoft .NET Framework SDK 中包含的类、接口和值类型组成的库。该库提供对系统功能的访问，也是建立 .NET Framework 应用程序、组件和控件的基础。

.NET Framework 类库是面向对象的，这不但使.NET Framework 类型易于使用，而且还减少了学习.NET Framework 的新功能所需要的时间。.NET Framework 类型库使开发人员能够完成一系列常见编程任务，如字符串管理、数据收集、数据库链接以及文件访问等任务。除这些常见任务之外，类库还包括支持多种专用开发方案的类型。例如，可使用.NET Framework 开发下列类型的应用程序和服务：

- 控制台应用程序。
- Windows GUI 应用程序(Windows 窗体)。
- ASP.NET 应用程序。
- XML Web Services。
- Windows 服务。

例如，Windows 窗体类是一组综合性的可重用的类型，它们极大地简化了 Windows GUI 的开发。如果要编写 ASP.NET Web 窗体应用程序，可使用 Web 窗体类。

.NET Framework 以命名空间的形式组织类库中的类，具有相似或关联功能的类被组织到一个特定的命名空间中，如 System、System.IO、System.Collections、System.Data 及 System.Xml 等，这些命名空间包含了与系统、系统输入/输出、集合、数据以及 XML 等操作相关的类，编程时可以通过引用这些命名空间来使用相关类。

2. 公共语言运行时

公共语言运行时(Common Language Runtime，CLR)，也称为.NET 运行库，它是为.NET Framework 提供的运行时环境。C#中根据代码受 CLR 控制与否，将代码分为托管代码(Managed Code)和非托管代码。托管代码是由公共语言运行库环境(而不是直接由操作系统)执行的代码。

托管代码是使用 20 多种支持 Microsoft .NET Framework 的高级语言编写的代码，它们包括 C#、J#、Microsoft Visual Basic .NET、Microsoft JScript .NET 以及 C++等。所有的语言共享统一的类库集合，并能被编码编译为微软的中间语言(Intermediate Language，IL)。运行时编译器(Runtime-aware Compiler)在托管执行环境下编译中间语言使之成为本地可执行的代码，并使用数组边界和索引检查、异常处理以及垃圾回收等手段确保类型的安全。

在托管执行环境中使用托管代码及其编译，可以避免许多典型的导致安全漏洞和不稳定程序的编程错误。同时，许多不可靠的设计也自动被增强了安全性，如类型安全检查、内存管理和释放无效对象。开发人员可以花更多的精力关注于程序的应用逻辑设计，并可以减少代码的编写量。

实质上，Microsoft 中间语言与 Java 字节代码共享一种理念：它们都是低级语言，语法很简单(使用数字代码，而不是文本代码)，可以非常快速地转换为内部机器码。正是中间语言具有的这些特性，保证了公共语言运行时具有平台无关性、高性能及语言互操作等优点。

3. C#语言

C#语言是针对.NET 平台而开发的一种面向对象编程语言。

作为一种针对.NET 平台开发的语言，C#继承了 C++强大的功能又兼顾 VB 等语言的易用性，同时也吸取了目前绝大多数开发平台中可借鉴的优点，可以说是一个各种优点的集大成者。C#具有如下优势。

(1) 易于掌握

C#具有 C++所没有的一个优势就是学习简单。在 C#中，没有 C++中流行的指针。默认，代码工作在受托管的环境中，在那里不允许进行如直接存取内存等不安全的操作。C#取消了 C++中的域运算符“::”及指向运算符“->”，仅保留了“.”运算符，应用时只需要注意名称之间的包含关系就行了。C#同时也放弃了 C++中诸如常数预定义、不同字符类型等内容，从而大大降低了程序开发的复杂性。

(2) 支持跨平台

随着 Internet 应用程序的应用越来越广泛，开发人员所设计的应用程序必须具有强大的跨平台性。C#编写的应用程序就具有强大的跨平台性，这种跨平台性也包括了C#程序可以运行在不同类型的客户端上，如 PDA 和手机等非 PC 设备。

(3) 面向对象

C#支持面向对象程序设计，如封装、继承和多态性。同时借鉴了 Java 中的“一切皆为类”的思想，所有的东西都封装在类中，包括事例成员或静态成员。这些特性使 C#代码可读性增强且有助于减少潜在的命名冲突。C#不仅支持 C++中原有的 private、protected 和 public 3 种访问权限，而且还增加了 internal 这种仅可以访问当前程序集的权限。

(4) 与 XML 的融合

由于 XML 技术真正融入到了.NET 之中，C#的编程变成了真正意义的网络编程，甚至可以说.NET 和 C#是专为 XML 而设计，使用 C#的开发人员可以轻松地通过 C#内嵌的类来使用 XML 技术。

4. 动态语言运行时

.NET Framework 4.0 发布于 2010 年，它是微软公司推出的最新版本.NET Framework 框架。与以前的旧版本相比增加了许多功能并对旧版本进行了功能上的改进。下面简要介绍.NET Framework 4.0 中最主要的新功能——动态语言运行时。

.NET Framework 4.0 框架中最令人激动的新特性是动态语言运行时(Dynamic Language Runtime，DLR)。就像公共语言运行时(CLR)为静态型语言如 C# 和 VB.NET 提供了通用平台一样，动态语言运行时(DLR)为像 JavaScript、Ruby、Python 甚至 COM 组件等动态型语言提供了通用平台。这代表.NET 4.0 框架在互操作性方面向前迈进了一大步。

动态语言运行时是一种运行时环境，它将一组适用于动态语言的服务添加到公共语言运行时。借助于动态语言运行时，可以更轻松地开发要在.NET 4.0 框架上运行的动态语言，而且向静态类型化语言添加动态功能也会更容易。

动态语言可以在运行时标识对象的类型，而在类似 C# 和 Visual Basic 的静态类型化语言中，必须在设计时指定对象类型。动态语言在开发中体现的优点如下：

- 可以使用快速反馈循环。在输入几条语句之后立即执行它们以查看结果。
- 同时支持自上而下的开发和更传统的自下而上的开发。例如，当使用自上而下的方法时，可以调用尚未实现的函数，然后在需要时添加基础实现。
- 更易于进行重构和代码修改操作，原因是不必在代码中四处更改静态类型声明。
- 利用动态语言可以生成优秀的脚本语言。
- 利用新的命令和功能，客户可以轻松地扩展使用动态语言创建的应用程序。
- 动态语言还经常用于创建网站和测试工具、维护服务器场、开发各种实用工具以及执行数据转换。

动态语言运行时的目的是允许动态语言系统在.NET 框架上运行，并为动态语言提供.NET 互操作性。在 Visual Studio 2010 中，动态语言运行时将动态对象引入到 C#和 Visual Basic 中，以便这些语言能够支持动态行为，并且可以与动态语言进行互操作，同时动态语言运行时还可帮助您创建支持动态操作的库。

与公共语言运行时类似，动态语言运行时随.NET Framework 4.0 和 Visual Studio 2010 安装包一起提供。

动态语言运行时与公共语言运行时相比具有以下优点。

(1) 简化动态语言到.NET 4.0 框架的移植

借助于动态语言运行时，语言实施者不必再按传统的方式来创建词法分析器、语法分析器、语义分析器、代码生成器以及其他工具。动态语言运行时和.NET 4.0 框架可以自动执行许多代码分析和代码生成任务。这样，语言实施者就可以将精力集中在独有的语言功能上。

(2) 允许在静态类型化语言中使用动态功能

现有的.NET 4.0 语言(如 C#和 Visual Basic)可以创建动态对象，并将动态对象与静态类型化对象一起使用。例如，C#和 Visual Basic 可以将动态对象用于 HTML、文档对象模型(DOM)和.NET 反射。

(3) 在.NET 框架版本升级后同步获益

通过使用动态语言运行时实现的语言可以从将来的动态语言运行时和.NET 框架改进中获益。例如，如果.NET 框架发布的新版本改进了垃圾回收器或加快了程序集加载时间，则通过使用动态语言运行时实现的语言会立即获得相同的益处。如果动态语言运行时优化了某些方面(如编译功能得到改进)，则通过使用动态语言运行时实现的所有语言的性能也会随之提高。

(4) 允许共享库和对象

动态语言运行时在让使用一种语言实现的对象和类库可供其他语言使用的同时，还允许在静态类型化语言和动态语言之间进行相互操作。例如，C#可以声明一个动态对象，而此对象可以使用动态语言编写的类库。同时，动态语言也可以使用.NET 框架中的类库。

(5) 提供快速的动态调度和调用

动态语言运行时通过支持高级多态缓存，能够快速执行动态操作。

动态语言运行时首先会创建一些规则以将使用对象的操作绑定到必须的运行时实现，然后缓存这些规则，以避免在对同一类型的对象连续执行相同代码期间，出现将耗尽资源的绑定计算。

图 1.1 显示了动态语言运行时的体系结构。

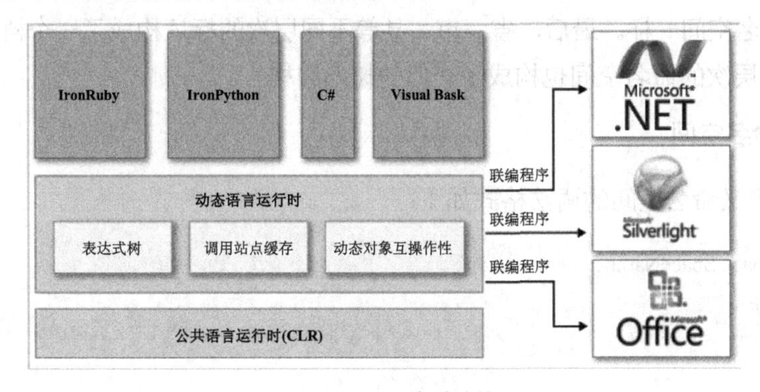

图 1.1　DLR 体系结构

图 1.1 中动态语言运行时向公共语言运行时中添加了一组服务，以便更好地支持动态语言。这些服务包括以下内容。

(1) 表达式树

动态语言运行时使用表达式树来表示语言语义。为此，动态语言运行时对 LINQ 表达式树进行了扩展，以便包括控制流、工作分配以及其他语言建模节点。

(2) 调用站点缓存

动态调用站点是代码中用于对动态对象执行类似 a + b 或 a.b( )的操作的位置。动态语言运行时将缓存 a 和 b 的特性(通常是这些对象的类型)以及有关操作的信息。如果之前已执行过此类操作，则动态语言运行时将从缓存中检索所有必须的信息，以实现快速调度。

(3) 动态对象互操作性

动态语言运行时提供一组表示动态对象和操作的类和接口，可供语言实施者和动态库的作者使用。这些类和接口包括 IDynamicMetaObjectProvider、DynamicMetaObject、DynamicObject 和 ExpandObject。

动态语言运行时通过在调用站点中使用联编程序，不仅可以与.NET Framework 通信，还可以与其他基础结构和服务(包括 Silverlight 和 COM)通信。联编程序将封装语言的语义，并指定如何使用表达式树在调用站点中执行操作。这样，使用动态语言运行时的动态和静态类型化语言就能够共享类库，并获得对动态语言运行时支持的所有技术的访问权。

1.1.2 理解命名空间

.NET Framework 提供了丰富的类资源，为了能在程序中引用这些类，必须先引用这些类所在的命名空间。一个命名空间是一个逻辑的命名系统，用来组织庞大的系统类资源，使开发者使用起来结构清晰、层次分明、使用简单，同时，开发者可以使用自定义的命名空间以解决大型应用中可能出现的名称冲突。事实上，将命名空间看做是虚拟的组织架构更容易被理解和接受。如全国名字为张三的人很多，为了区分和引用某个特定、具体的张三，现实生活中就通过指定他所属的不同的省、市、县等来唯一标识，.NET 中的命名空间类似于现实生活中的省、市、县等。

首先，名字同为张三的不同的个体才是程序设计中真正需要使用的，类似于命名空间中的一个个不同的类。其次，张三所属的省、市、县等只是逻辑上的表示，就相当于程序中的不同层次的命名空间一样。最后，省、市、县等不同层次的标识构成了一个树形结构，同样程序中的不同层次的命名空间也构成了类似的树形结构。

1. 定义命名空间

在 C#中定义命名空间的语法格式如下：

```
namespace SpaceName{
    ...
}
```

其中，namespace 为声明命名空间的关键字，SpaceName 为命名空间的名称，在整个{ }内的内容都属于名称为 SpaceName 的命名空间的范围。其中可以包含类、结构、枚举、委托和接口等可在程序中使用的类型。

请参考代码清单 1.1 所示的例子(只需理解命名空间，不必细究语法内容)。

代码清单 1.1

```
using System;
namespace Space1{
    class Test{
```

```
            static void Main( ){
                Console.WriteLine("My NameSpace Space1");
            }
        }
    }
```

至此，就声明了一个命名空间。在此可以对代码清单 1.1 所示的例子进行修改，将输出内容写入另一个命名空间里的一个类中，在 Main 函数中引用该类完成输出功能，如代码清单 1.2 所示。

代码清单 1.2

```
using System;
namespace Space1{
    class Test{
        static void Main( ){
            A.Print a = new A.Print( );
            a.DoPrint( );
        }
    }
}
namespace A{
    public class Print{
        public void DoPrint( ){
            Console.WriteLine("My NameSpace A");
        }
    }
}
```

在开发大型应用程序时，通常会遇到在同一个文件中定义相同的类或其他可编程元素，但是它们执行的内容却不一样，这就很容易造成命名冲突。利用命名空间就可以很好地解决这种冲突，假定在同一范围内需要定义两个包含 DoPrint 接口的 Print 类，但是在 DoPrint 方法中所做的操作不同，这时就可以通过声明另外一个命名空间来包含另一个 Print 类。修改后的内容如代码清单 1.3 所示。

代码清单 1.3

```
using System;
namespace Space1{
    class Test {
        static void Main( ) {
            A.Print a = new A.Print( );
            a.DoPrint( );
            B.Print b = new B.Print( );
            b.DoPrint( );
        }
```

```
        }
    }
    namespace A{
        public class Print{
            public void DoPrint( ){
                Console.WriteLine("My NameSpace A");
            }
        }
    }
    namespace B{
        public class Print {
            public void DoPrint( ){
                Console.WriteLine("My NameSpace B");
            }
        }
    }
```

这样，有相同类名的不同的类就可以在同一个程序段中使用了。

2. 嵌套命名空间

命名空间内包含的可以是一个类、结构、枚举、委托和接口，同时也可以在命名空间中嵌套其他命名空间，从而构成树状层次结构。

```
namespace Wrox{
  namespace ProCSharp{
    namespace Basics{
      class NamespaceExample{
        // 这里是类的具体代码
      }
    }
  }
}
```

每个类名的全称都由它所在命名空间的名称与类名组成，这些名称用“.”隔开，首先是最外层的命名空间，最后是它自己的短名。所以 ProCSharp 命名空间的全名是 Wrox.ProCSharp，NamespaceExample 类的全名是 Wrox.ProCSharp.Basics.NamespaceExample。

需要指出的是，命名空间是一个逻辑上的组织，与程序集无关。同一个程序集中可以有不同的命名空间，也可以在不同的程序集中定义同一个命名空间中的类型。

3. using 语句

当出现多层命名空间嵌套时，输入起来很烦琐，用这种方式指定某个特定的类也是不必要的。如本章开头所述，C#允许简写类的全名。为此，要在文件的顶部列出类的命名空间，前面加上 using 关键字。在文件的其他地方，就可以使用其类型名称来引用命名空间中的类型。

```
using System;
using Wrox.ProCSharp;
```

所有的 C#源代码都以 using System;语句开头，因为 Microsoft 提供的许多有用的类都包含在 System 命名空间中。

如果 using 指令引用的两个命名空间包含同名的类，在引用该类时就必须使用其完整的名称(或者至少较长的名称)，确保编译器知道访问哪个类。

1.2　Visual Studio 2010 简介

Visual Studio 2010 是一套完整的开发工具集，包含了大量的功能，主要用于生成 ASP.NET Web 应用程序、XML Web Services、桌面应用程序和移动应用程序。Visual Basic、Visual C++、Visual C#和 Visual J#全都使用相同的集成开发环境(Integrated Development Environment，IDE)。利用此 IDE 可以共享工具且有助于创建混合语言解决方案，使程序可以使用不同的语言共同开发。另外，这些语言利用了.NET Framework 的功能，通过此框架可使用简化 ASP.NET Web 应用程序和 XML Web Services 开发的关键技术。

Visual Studio 2010 的集成开发环境中为开发人员提供了大量的实用工具以提高工作效率。这些工具包括自动编译、项目创建向导和创建部署工程等。Visual Studio 2010 还包括许多非常实用的功能，大家可以在使用中掌握这些工具。

相比较于 Visual Studio 2008，Visual Studio 2010 不仅是在.NET 版本的支持上发生了变化，其在许多方面都提供了改进乃至全新的功能。Visual Studio 2010 的新增功能集中在以下几个方面：

- Visual Studio 2010 精心打造了云计算架构，使在线应用软件的开发及应用更为简洁；
- 在敏捷开发中，Visual Studio 2010 把 Scrum 作为基本 Agile 开发模型，真正实现了方法论，这是 Visual Studio 的一大成就；
- Visual Studio 2010 搭配 Windows 7, Silverlight 4，在 RIA 和 Web 应用上有较大突破，使 Web 应用达到了一个新境界；
- Visual Studio 2010 加大了对多核并行运算的支持；
- Visual Studio 2010 中的 C++ IDE 有所增强，可更好地支持 C++。

可以看到，Visual Studio 2010 新增了很多功能，在每一个分类中还有细分，本书不再细述，详见 MSDN 相关文档。

1.2.1　Visual Studio 2010 开发环境概览

单击“开始”|“所有程序”| Microsoft Visual Studio 2010 | Microsoft Visual Studio 2010 命令，进入 Microsoft Visual Studio 2010 开发环境，出现图 1.2 所示的 Microsoft Visual Studio 2010 起始页界面。

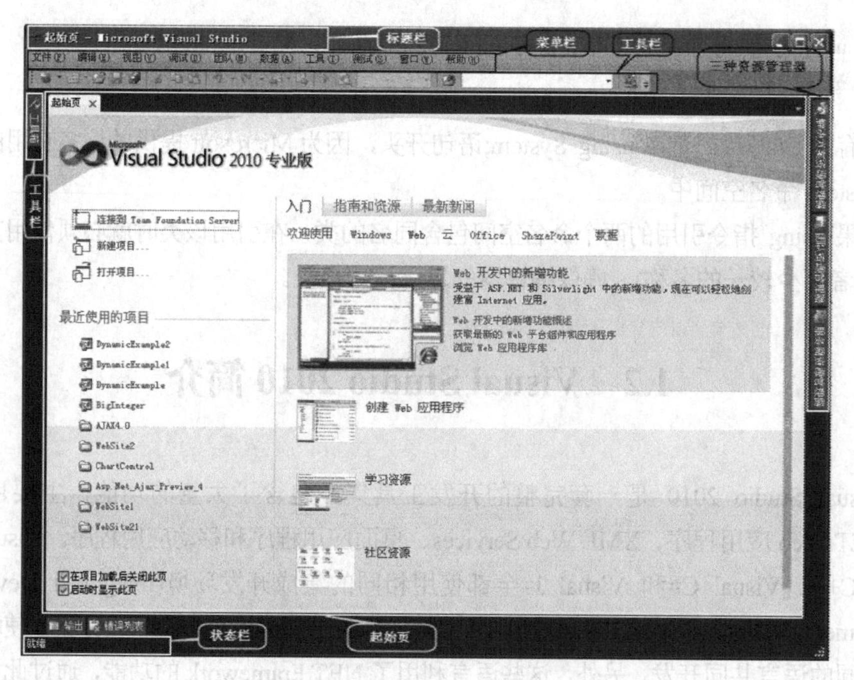

图 1.2　Microsoft Visual Studio 2010 起始页

Microsoft Visual Studio 2010 的起始页各组成部分如下。

- 标题栏、菜单栏、工具栏和状态栏：用于实现软件所有的功能和功能导航。
- 起始页：包括连接到团队、新建项目和打开项目的快捷按钮，最近使用的项目列表和 Visual Studio 2010 入门、指南和新闻列表的选项卡。
- 工具箱：提供了设计页面时常用的各种控件，只要简单地将控件拖动到设计页面即可方便地使用。
- 解决方案资源管理器：用于对解决方案和项目进行统一的管理，其主要组成是各种类型的文件。
- 团队资源管理器：它是一个简化的 Visual Studio Team System 2010 环境，专用于访问 Team Foundation Server 服务。
- 服务器资源管理器：用于打开数据连接，登录服务器，浏览它们的数据库和系统服务。

下面将逐步介绍 Visual Studio 2010 集成开发环境中各个方面的功能以及简单的工具。

1.2.2　菜单栏

菜单栏中包括了 Visual Studio 2010 的大多数功能，菜单项众多。Visual Studio 2010 的菜单随着不同的项目、不同的文件进行着动态的变化。此处不对所有的菜单进行一一介绍，只是对常用的“文件”菜单、“编辑”菜单和“视图”菜单进行简单地介绍，以方便读者尽快地熟悉 Visual Studio 2010 常用菜单的使用。

1. “文件”菜单

文件菜单提供了对 Visual Studio 2010 中文件及项目操作的各种功能，其菜单项功能如表 1.1 所示。

表 1.1　“文件”菜单中的各项功能

菜 单 项	功　　能
新建项目	创建一个新的项目
新建网站	创建一个新的网站
新建团队项目	创建一个由团队共同开发的项目
新建文件	创建一个新的文件
打开项目	打开一个现有的项目
打开网站	打开一个现有的网站
连接到团队项目	和一个现有的团队项目进行连接
打开文件	打开一个现有的文件
关闭项目	关闭当前使用的项目
保存选定项	保存当前打开的项目或文件
将选定项另存为	将项目另存为其他项目或文件
高级保存选项	采用不同的编码方式保存当前文件
全部保存	将所有未保存文件保存
导出模板	导出当前项目为基础项目模板
页面设置	打印页面设置
打印	打印功能
退出	退出 Visual Studio 2010

2. “编辑”菜单

“编辑”菜单提供了大多数常见的文本编辑操作，以及 Visual Studio 2010 中所特有的部分操作。“编辑”菜单项功能如表 1.2 所示。

表 1.2　“编辑”菜单中的各项功能

菜　单　项	功　　能
撤消	撤销上次操作
重做	重复上次操作
剪切	剪切选中内容到剪切板
复制	复制选中内容到剪切板
粘贴	粘贴剪切板中的内容
粘贴替换内容	粘贴所要替换的内容
删除	删除选中内容
全选	选择当前文件中全部内容
查找和替换	查找和替换功能
转到	转到指定行
定位到	定位到要搜索的内容
书签	在文档中实现各种书签功能

3. “视图”菜单

“视图”菜单中各菜单项提供的功能比较简单，主要是对各种窗口视图的显示和隐藏的控制。本节稍后部分对各个视图的功能有较详细的说明。

1.2.3 工具栏

工具栏提供了最常用的功能按钮。熟练使用工具栏可以大大节省工作时间，提高工作效率。同菜单栏一样，Visual Studio 2010 的工具栏也是动态变化的。随着文件的不同，工具栏也不尽相同。工具栏的内容还可以根据个人的使用情况进行自定义，以方便不同开发人员的使用。图 1.3 给出的是位于菜单栏下方的第一个工具栏。

图 1.3　工具栏

图 1.3 所示工具栏提供了本节中提到的“文件”菜单、“编辑”菜单和“视图”菜单中的部分功能。另外还提供了部分编译选项功能。用户可以将光标悬停于工具栏相应的按钮上，观察 Visual Studio 2010 给出的提示，提示中一般会给出简单的帮助，可以帮助读者快速熟悉相应的功能。

工具箱包含 Visual Studio 2010 的重要工具，每一个开发人员都必须对这些工具非常熟悉。工具箱提供了进行 Windows 窗体应用程序开发所必需的控件。通过工具箱，开发人员可以方便地进行可视化的窗体设计。工具箱的存在简化了程序设计的工作量，提高了工作效率。

图 1.4 所示为工具箱的外观。若工具箱无显示，可以从“视图”菜单中找到“工具箱”菜单项，或使用 Ctrl+W 或 Ctrl+X 快捷键以激活工具箱窗口。展开工具箱中的“公共控件”列表，可以看到图 1.5 所示的效果。

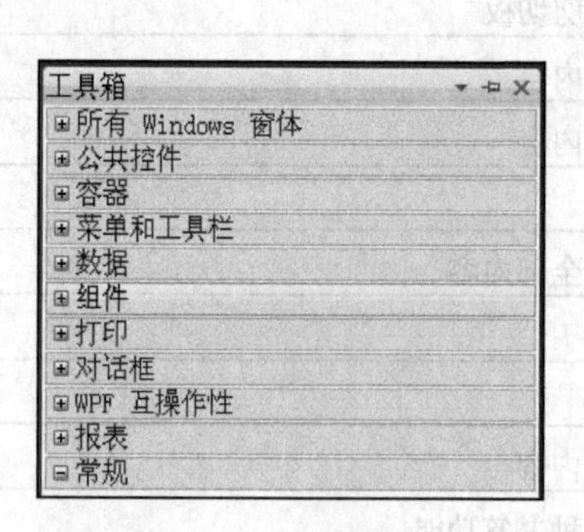

图 1.4　工具箱图示一

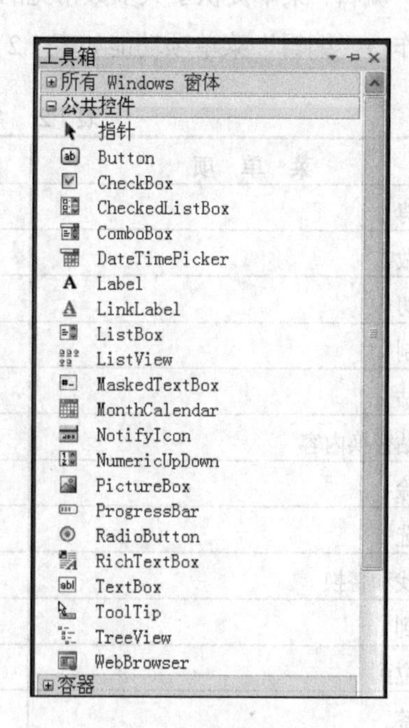

图 1.5　工具箱图示二

由于“公共控件”列表中的内容太多，此处只展示了其部分内容。在图 1.5 中可以发现几乎所有的程序中都会用到的 Button(按钮)，还有经常会用到的 CheckBox(复选框)等诸多控件。在工具箱的其他列表中还有许多控件，感兴趣的读者可以自行查看。

1.2.4 “属性”及“解决方案资源管理器”面板

“属性”面板是 Visual Studio 2010 中另一个重要的工具。该窗口为 Windows 窗体应用程序的开发提供了简单的属性修改方式。对窗体应用程序开发中的各个控件属性的修改都可以由“属性”面板来完成。“属性”面板不仅提供了属性的修改功能，还提供了事件的管理功能。“属性”面板可以管理控件的事件，方便编程时对事件的处理。

“属性”面板同时采用了两种方式来管理属性和方法，即按分类方式和按字母顺序方式，用户可以根据自己的习惯采取不同的方式进行操作。面板的下方还有简单的帮助，方便开发人员对控件的属性和方法进行操作和修改。图 1.6 所示是按分类方式列出的窗体属性的“属性”面板。

在“布局”列表下可以看到窗体的 Location(位置)、Size(大小)等属性，通过“属性”面板可以对其进行设置。

“解决方案资源管理器”面板是一个非常方便的工具，该面板提供了非常直观地观察项目结构的功能。通过“解决方案资源管理器”面板可以方便地对文件组织进行查看。图 1.7 所示为“解决方案资源管理器”面板。

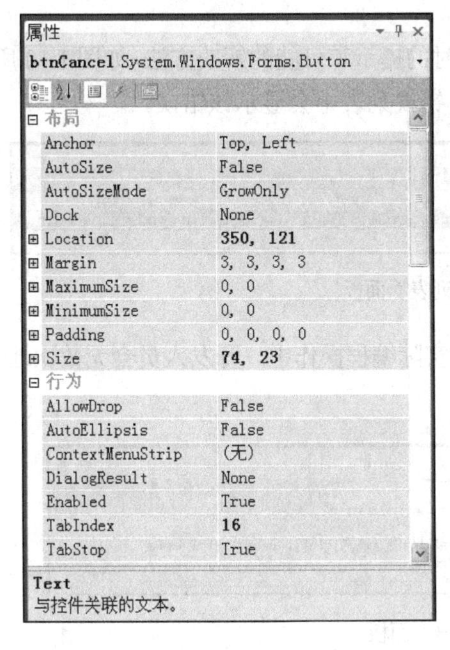

图 1.6 “属性”面板

图 1.7 “解决方案资源管理器”面板

1.2.5 其他面板

“类视图”面板是一个非常方便的工具，该面板提供了观察类结构的功能。通过“类视图”面板可以方便地对类的内部构造进行查看。图 1.8 所示为使用“类视图”面板查看类结构。

用户还可以对“类视图”面板进行自定义设置，可右击“类视图”面板，根据提示进行相应的操作。由于设置方法比较简单，此处就不进行介绍了。

代码编辑器是 Visual Studio 中开发人员需要面对和耗费时间最多的一个工具。该工具提供了强大的代码编辑功能。图 1.9 所示为一个典型的代码编辑器窗口。

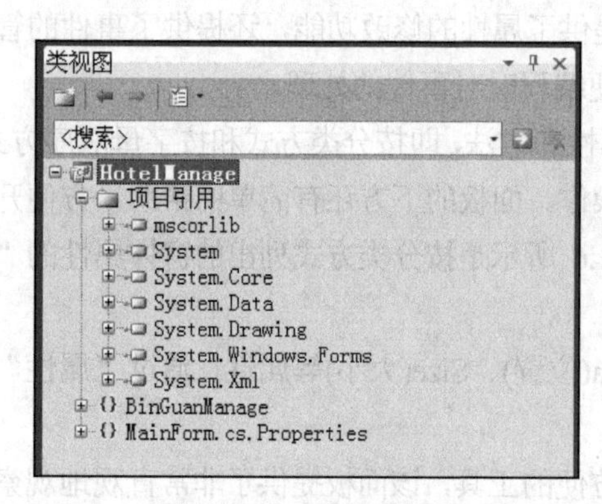

图 1.8　“类视图”面板

```
Program.cs*
例1_1.Program                Main(string[] args)
1  using System;
2  using System.Collections.Generic;
3  using System.Linq;
4  using System.Text;
5
6  namespace 例1_1
7  {
8      class Program
9      {
10         static void Main(string[] args)
11         {
12
13         }
14     }
15 }
16
```

图 1.9　代码编辑器

可以直观地看到代码编辑器为不同的关键字提供了高亮的语法显示，并且自动匹配与对齐。

“错误列表”面板为代码中的错误提供了即时的提示和可能的解决方法。如图 1.10 所示，当某句代码中忘记输入分号作为本句的结束时，错误列表中会显示该错误。

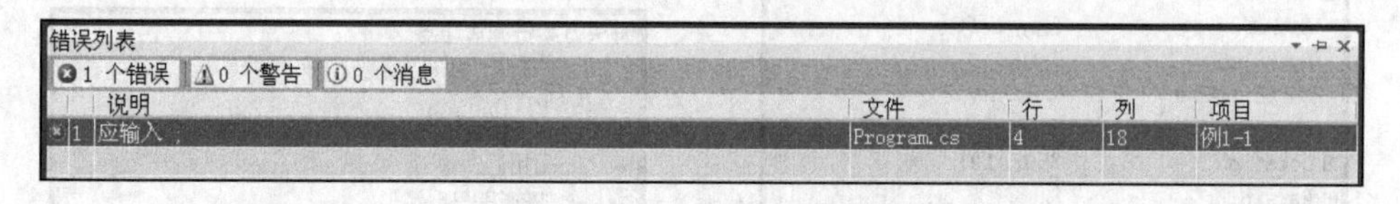

图 1.10　“错误列表”面板

“输出”面板用于提示项目的生成情况。在实际编程操作中，开发人员会无数次地看到图 1.11 所示的这个面板。

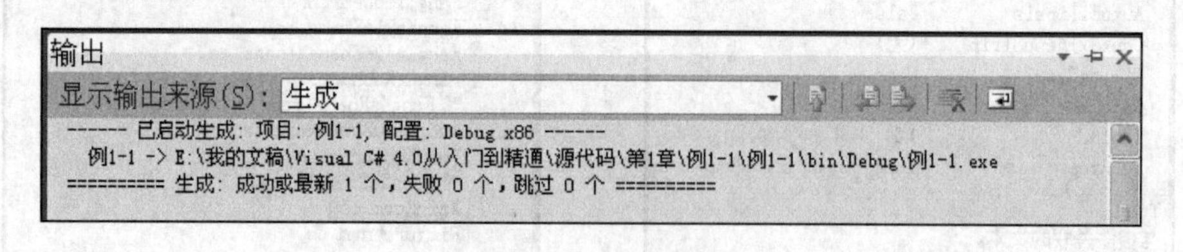

图 1.11　“输出”面板

1.2.6　Visual Studio 2010 的新特性

同 Visual Studio 2008 相比，Visual Studio 2010 集成开发环境新增的主要特性有以下几种。

1. 窗口移动

文档窗口不再受限于集成开发环境的编辑框架。现在可以将文档窗口停靠在IDE的边缘，或者将它们移动到桌面(包括辅助监视器)上的任意位置。如果打开并显示两个相关的文档窗口，则在一个窗口中所做的更改将会立即反映在另一个窗口中。

工具窗口也可以进行自由移动，使它们停靠在 IDE 的边缘、浮动在 IDE 的外部、填充部分或全部文档框架。这些窗口始终保持可停靠的状态。

2. 调用层次结构

调用层次结构可以帮助我们分析代码，并实现导航定位功能。在方法、属性、字段、索引器或者构造函数上单击，从弹出的快捷菜单中选择“查看调用层次结构”命令。在图 1.12 显示的“调用层次结构”窗口中能看到被调用的方法的层次结构，双击方法名称，立即可以定位到定义方法的位置。

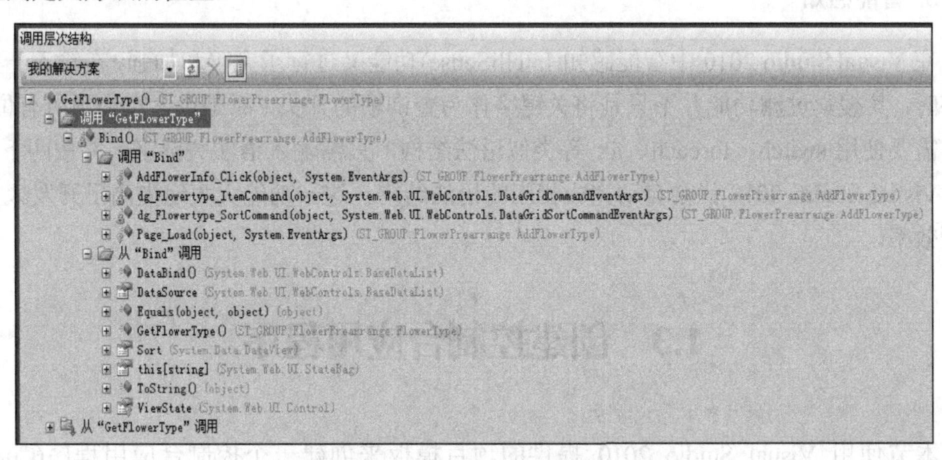

图 1.12　“调用层次结构”窗口

3. 定位搜索

这是一个使用字符进行快速搜索定位的工具。可以快速搜索源代码中的类型、成员、符号和文件。选择“编辑” | “定位到”命令，打开图 1.13 所示“定位到”窗口。在搜索栏中输入查询内容(支持模糊查询功能)后，将列出相关结果信息。双击搜索结果可以直接转到代码所在位置。

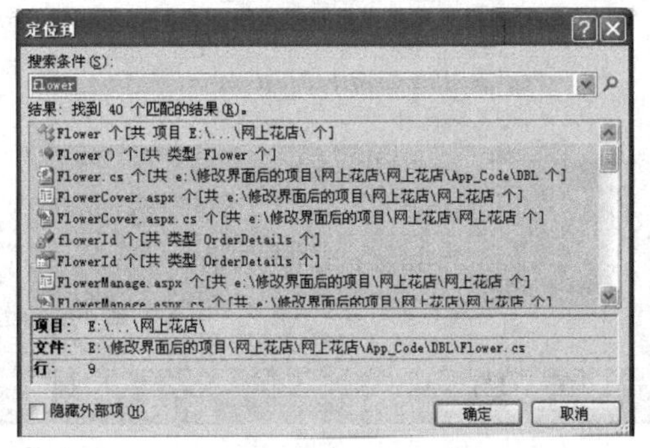

图 1.13　“定位到”窗口

4. 突出显示引用

将鼠标选中任何一个符号如方法、属性及变量等，在图 1.14 所示的代码编辑器中将自动突出显示此符号的所有实例，还可以通过快捷键“Ctrl+Shift+向上/向下方向键”来从一个加亮的符号跳转到下一个加亮的符号。

```
FlowerType flowerType=new FlowerType();
DataView dv = flowerType.GetFlowerType();
this.dropType.DataSource = dv;
this.dropType.DataTextField = "Name";
this.dropType.DataValueField = "Id";
this.dropType.DataBind();
dropType.Items.Add("所有类型");
dropType.Items[dropType.Items.Count-1].Value = "-1";
dropType.SelectedIndex = dropType.Items.Count-1;
}
```

图 1.14　突出显示引用

5. 智能感知

在 Visual Studio 2010 中智能感知(IntelliSense)功能又进行了完善和加强，在输入一些关键字时，其搜索过滤功能并不只是将关键字作为查询项的开头，而是包含查询项所有位置。有时需要使用 switch、foreach、for 等类似语法结构，只需输入语法关键字，并按两下 Tab 键，Visual Studio 2010 就会自动完成相应的语法结构。这一功能大大地提高了开发人员的编程效率。

1.3　创建控制台应用程序

本节使用 Visual Studio 2010 提供的项目模板来创建一个控制台应用程序(Console Application)。这个程序将在窗口中显示“我的第一个 C#应用程序！”字符串。具体步骤如下。

(1) 选择“文件”|“新建项目”命令，弹出图 1.15 所示的“新建项目”对话框。该对话框左边窗口中显示“已安装的模板”的树状列表，中间窗口显示与选定模板相对应的项目类型列表，右边窗口是对模板的描述。

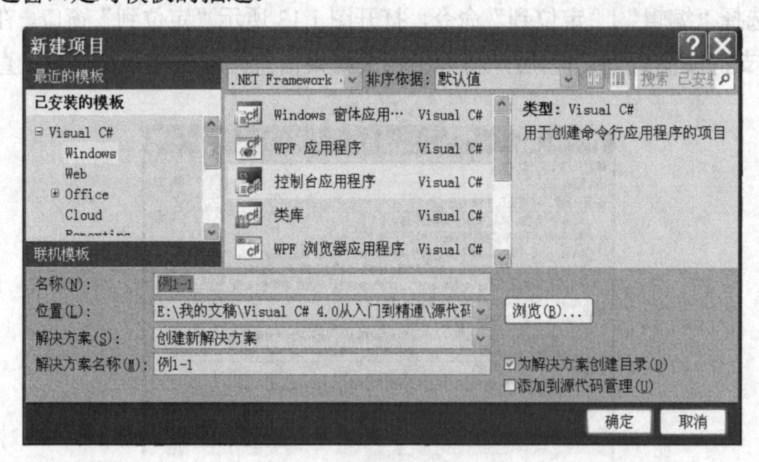

图 1.15　“新建项目”对话框

(2) 打开“Visual C#”类型节点，选择 Windows 子节点这个模板，同时在右边窗口选择“控制台应用程序”。在“名称”文本框中输入“例 1-1”，并在“位置”文本框中输入相应的存储路径。最后，单击“确定”按钮。

(3) 在图 1.16 所示的解决方案资源管理器中自动生成名为“例 1-1”的控制台应用程序。

图 1.16 创建的控制台应用程序

(4) 双击解决方案资源管理器中的 Program.cs 文件，进入代码编辑窗口。

(5) 在代码编辑器中编辑如下代码：

```
1.  using System;
2.  using System.Collections.Generic;
3.  using System.Linq;
4.  using System.Text;
5.  namespace 例 1-1{
6.      class Program{
7.          static void Main(string[ ] args){
8.              Console.WriteLine("我的第一个 C#应用程序!");
9.          }
10      }
11  }
```

以上代码中第 1 行～第 4 行使用 using 关键字引入程序需要的 4 个命名空间。第 5 行使用 namespace 关键字定义名为“例 1-1”的命名空间。第 6 行使用 class 关键字定义了名为 Program 的类。第 7 行使用 static 关键字定义了静态的名为 Main 的方法。在 C#中规定，名字为 Main 的静态方法就是程序的入口，一个 C#程序只能有一个 Main 方法且必须包含在一个类中。当程序执行时，就直接调用这个方法，这个方法包含一对大括号“{}”，在这两个括号间的语句就是该方法所包含的可以执行的语句，也就是该方法所要执行的功能。第 8 行调用 Console 类的 WriteLine 方法在控制台输出“我的第一个 C#应用程序！”字符串。其实这里除了第 8 行的代码，其他的代码都是由 Visual Studio 2010 提供的“控制台应用程序”项目模板自动生成的，这里只是为了让大家对代码编写有所了解。

(6) 选择“生成”|“生成例 1-1”命令。这时，C#编译器将会开始编译、连接程序，并最终生成可执行的文件。在编译过程中，会打开“输出”面板，显示编译过程中所遇到的错误和警告等信息。

在 Visual Studio 2010 中，用户可以采用两种方式运行程序：一种是调试运行；一种是不进行调试而直接运行。要调试可以通过选择菜单栏中的“调试”|“启动调试”命令，或者使用工具栏中的“调试”按钮，还可以直接按 F5 快捷键。要直接运行程序，则使用菜单栏中的“调试”|“开始执行(不调试)”命令，或者按 Ctrl+F5 组合键。运行本程序，将显示图 1.17 所示的结果。

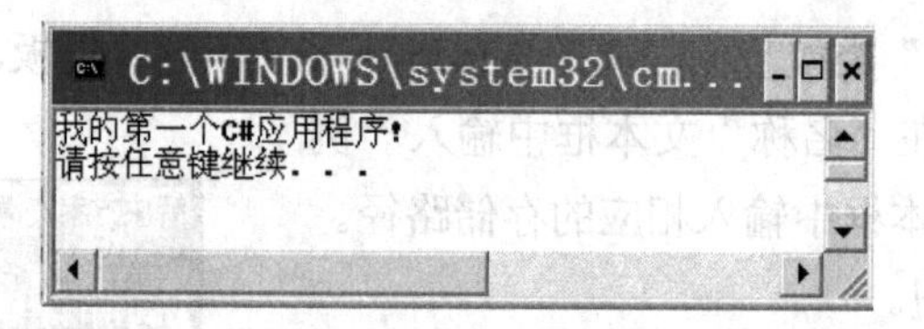

图 1.17　程序显示结果

1.4　本章小结

.NET 平台作为 Microsoft 主推的编程架构，近年来得到广大开发者的普遍认可与接受。本章首先概述了 Microsoft .NET 平台的功能和内容，对.NET Framework 4.0 版本做了概要说明，并简单介绍了命名空间的概念与使用。接着介绍了 Visual Studio 2010 开发环境，给出了利用 Visual Studio 2010 创建控制台应用程序的示例，帮助读者对 Visual Studio 2010 开发环境有一个初步的认识。

1.5　习　题

一、简答题

(1) 说明.NET Framework、Visual Studio.NET 和 C#三者之间的联系。

(2) C#有哪些优点？

(3) 命名空间有哪些作用？怎样理解命名空间？

二、上机练习题

使用 Visual Studio 2010 开发环境建立、调试和运行 1.3 节中的示例。

第2章　Visual C# 2010语法基础

任何一门计算机语言的学习都是从最简单的元素开始的，如变量、标识符、表达式以及程序结构控制等。C#也不例外，C#的语法大部分继承于C++的风格，对于C++比较熟悉的读者可以在本章少投入些精力。

本章重点：

- C#基本元素的组成
- 变量的创建和使用
- C#中的数据类型
- 运算符与表达式的使用

2.1　C#语言概述

C#是由Microsoft的Anders Hejlsberg所领导的团队创造的新语言，并且交由ECMA和ISO完成标准化。C#是一种面向对象程序设计语言，这表示C#具有对象、类和继承的程序语言功能，它是一种简单但类型安全的高级程序语言，主要用于在.NET Framework环境下创建不同类型的应用程序。

C#主要沿袭了C/C++语言，而其语法又与Java相近。它摒弃了C++的复杂性，不再支持宏、模板和多重继承，使它更易用、更少出错。并且C#对C++也做了相应的扩充，如严格的类型安全、版本控制、垃圾收集(Garbage Collect)等。这些功能不仅提高了C#语言的安全性与可靠性，同时使C#更适合于开发组件级应用。

作为一种针对.NET平台开发的语言，C#继承了C++强大的功能又兼顾VB等语言的易用性，同时也吸取了目前绝大多数开发平台可以借鉴的优点，可以说是一个各种优点的集大成者。C#具有以下一些优势。

1. 语法简单

由于C#源于C和C++，因此这三者在语法风格上保持了基本一致。同时它又抛弃了C和C++中一些晦涩不清的表达。在默认情况下，C#的代码在.NET框架提供的可操作环境中运行，不允许直接操作内存。C#的最大特色是没有C和C++的指针操作。另外，使用C#创建应用程序，不必记住复杂的基于不同处理器架构的隐含类型，包括各种类型的变化范围，这样大大降低了C#语言的复杂性。

2. 完全的面向对象

C#语言具有面向对象语言所应有的一切特性，包括封装、继承和多态。同时，在C#类型中，每种类型都可以被看做一个对象。任何值类型、引用类型和Object类型之间都可以进行相互转换。

3. 消除了大量的程序错误

C#的现代化设计能够消除很多常见的 C++编译错误。例如，C#的资源回收功能减轻了内存管理的负担，变量由环境自动初始化，变量的类型是安全的。这样，使用C#语言编写和维护那些复杂的应用程序就变得很方便了。

4. 与 Web 开发紧密结合

C#可以在.NET平台上轻松地构造Web应用程序的扩展框架。C#语言包含了内置的特性，使任何组件可以转换为XML网络服务，从而可通过Internet被任何操作系统上运行的组件调用。更为重要的是，XML网络服务框架使处理XML网络服务的过程变得简单。

2.2　C#基础元素

每一种程序语言都是由各种基础的语言元素组成的，C#自然也不例外。正是语句、块结构、关键字和标识符这些最基础的元素构成了强大的C#语言。

2.2.1　语句

C#代码由一系列语句组成，每条语句都以分号结束，物理上的一行可以容纳多条语句，但为了使程序可读性更强，不建议在一行上放置多条语句，而将一条语句放在多行上则比较常见。

C#是一个块结构的语言，所有的语句都是代码块的一部分。这些块用一对大括号({})来界定，一个语句块可以包含任意多条语句，或者根本不包含语句。大括号字符本身不加分号且最好独占一行，大括号字符必须成对出现，“}”自动与自身以前的且最临近的“{”进行匹配。

简单的C#代码块格式如下所示。

```
1.  using System;
2.  class Test{
3.      public static void print( ){
4.          Console.WriteLine("Function print!");
5.      }
6.      public static void Main( ){
7.          Console.WriteLine("this is my first C# program
8.              hello world!");
9.      }
10. }
```

在该段代码中，第7和第8行虽然物理上是两行，但是由于第7行后面没有语句结束标志符“;”，所以 7、8 两行应被看做是一条语句。代码块可以互相嵌套(块中可以包含其他块)，而被嵌套的块要缩进得多一些。在上面的实例代码中，第 3 行～第 9 行之间的内容可以“看做”是一条语句，嵌套在外层大括号内部，根据匹配原则，第 6 行与第 9 行相匹配，第 3 行与第 5 行相匹配，第 2 行与第 10 行相匹配。

在该段代码中还使用了缩进格式，使得 C#代码的可读性更强。很多开发工具如 UltraEdit 默认情况下都会自动缩进代码。在一般情况下，每个代码块都有自己的缩进级别，即它向右缩进了多远。这种样式并不是强制的。但如果不使用它，读者不仅在阅读本书时会陷入迷茫，阅读任何类似书籍的时候也都会变得糊涂。

在 C#代码中，另一类常见的文本是注释。注释是一段解释性文本，是对代码的描述和说明。通常在开始处理比较长的代码段或者处理关键的业务逻辑时添加到代码中，这样可以增加程序的可读性和易修改性。注释不参与源程序的编译与执行，不会影响程序的执行效率。C#与 C++添加注释的方式基本相同，一般情况下分为以下两类。

1. 行注释

使用行注释标识符“//”，表示从该标识符开始后的“一行”为注释部分。这里的一行是指物理上的一行，即行注释的作用范围是从标识符“//”开始，到“回车符”结束。而 C#编译器会忽略非注释 C#语句中的“回车符”，只以“;”为语句结束符。

2. 块注释

块注释分别以“/*”和“*/”为开始和结束标识符，在此中间的内容均为注释部分。

在 C#中，还有第 3 类注释，用于说明代码。它们都是单行注释，用 3 个“/”符号来开头，而不是两个。如下所示。

```
/// A special comment
```

通常情况下，编译器也会忽略它们，但可以通过配置相关工具，在编译工程时，提取注释后面的文本，创建一个特殊格式的文本文件。该文件可用于创建文档说明书。

2.2.2　标识符与关键字

标识符(Identifier)是 C#开发者为类型、方法、变量及常量等所定义的名字。关键字(Keyword)是 C#程序语言保留作为专用的字，不能作为通常的标识符来使用。

1. 标识符

标识符名以字母、下划线(_)等 Unicode 字符开头，但是不能以数字开头，不能包含空格，关键字不可以用作普通标识符，但可以用@前缀来避免这种冲突。

下面是合法的标识符。

```
abc
Abc
_abc
```

下面是不合法的标识符。

```
Abc-abc    //中间使用了减号而非下划线
3abc       //以数字开头
Abc abc    //中间有空格
class      //使用关键字作为标识符
```

C#中标识符是区分大小写的，Myabc 和 myabc 是两个完全不同的标识符。

2. 关键字

关键字也称为保留字(Reserved Word)，就是指对编译器具有特殊意义的文字所组成的保留标识符。这些关键字不能当成变量来使用，主要是留给程序语言指令所使用的。如果希望关键字可以成为程序中的标识符，就要在关键字前面加上一个前置的@符号。例如，@string 是一个合法的标识符。在 Visual C# 2010 中有如下 77 个关键字。abstract、as、base、bool、break、byte、case、catch、char、checked、class、const、continue、decimal、default、delegate、do、double、else、enum、event、explicit、extern、false、finally、fixed、float、for、foreach、goto、if、implicit、in、int、interface、internal、is、lock、long、namespace、new、null、object、operator、out、override、params、private、protected、public、readonly、ref、return、sbyte、sealed、short、sizeof、stackalloc、static、string、struct、switch、this、throw、true、try、typeof、uint、ulong、unchecked、unsafe、ushort、using、virtual、volatile、void、while。

前一代中的一些关键字，如 get、set、value 等在 Visual C# 2010 中已经不是关键字了，它们被转变成“内容关键字”(Contextual Keywords)。所谓内容关键字是指在特定的程序内容中才具有特殊意义的关键字。例如，声明 LINQ 语言。在 C# 4.0 语言中有如下 13 个内容关键字。from、into、orderby、select、where、get、join、partial、set、group、let、value、yield。

2.3 变　量

变量是编程语言中最基本的元素，它关系到数据的存储，在源程序中通过使用变量的名称来访问变量的值。实质上，经过编译器编译以后，源程序中的变量名即转化为存储该变量的存储单元的地址，然后通过地址访问变量的值。

2.3.1 变量的命名

在 C#中命名一个变量应遵循如下规范：

- 变量名必须以字母开头。
- 变量名只能由字母、数字和下划线组成，而不能包含空格、标点符号及运算符等其他符号。
- 变量名不能与 C#中的关键字名称相同。
- 变量名不能与 C#的库函数名称相同。

C#允许变量名前加上前缀“@”。在这种情况下可以使用前缀“@”加上关键字作为变量的名称。这样做主要是为了与其他语言进行交互时避免冲突。因为前缀“@”实际上并不是名称的一部分，其他语言就会把它作为一个普通的变量名。在一般情况下是不推荐使用前缀“@”的。

下面给出一些合法与非法的变量名的例子：

```
int i;                    //合法
int 3a                    //不合法，以数字开头
float student.name        //不合法，含有非法的字符“.”
float namespace           //不合法，与关键字名称相同
float @namespace          //合法
float   Main              //不合法，与系统函数名相同
```

尽管符合了上述要求的变量名就可以正确使用了，但给变量命名时还应给出具有描述性质的名称，这样写出来的程序就具有很高的可读性和开发效率。

目前，在.NET Framework 命名规则中常用的命名方法有两种，称为 PascalCase(帕斯卡命名法)和 CamelCase(骆驼命名法)。它们都应用于由多个单词组成的名称中，并指定名称中的每个单词除了第一个字母大写外，其余字母都是小写。PascalCase 中组成名称的每一个单词的首字母都要大写，而 CamelCase 中还有一个规则，即第一个单词以小写字母开头，剩余的单词段则是以大写字母开头。

下面是 CamelCase 变量名示例：

```
age
firstName
timeOfDeath
```

下面是 PascalCase 变量名示例：

```
Age
LastName
WinterOfDiscountent
```

2.3.2　变量的声明和赋值

要使用变量，就必须声明它们。即给变量指定一个名称和一种类型。声明了变量后，编译器才会申请一定大小的存储空间，用来存放变量的值。

C#中声明变量的语法格式如下所示：

```
<type> <name>
```

例如：

```
int age; //定义一个 int 型变量 age
```

然后使用赋值运算符“=”为变量赋值如下。

```
age = 25;
```

C#编译器执行严格的类型检查，使用未声明或未赋值的变量都将出现编译错误。除了上面标准的定义语法外，变量的声明与赋值还有以下两种变体。

(1) 同时声明多个类型相同的变量，方法是在类型的后面有逗号分割变量名，如下所示：

```
int xPose,yPose;    //其中 int 为类型名，xPose、yPose 是 int 类型的变量
```

(2) 在声明变量的同时为它们赋初值，即把两项任务合并到一条语句内完成：

```
int age = 23;
```

当然，也可以同时使用这两种方式，如下所示。

```
int xPose = 100 , yPose=100;
```

这里不但同时声明了两个 int 类型的变量 xPose 和 yPose，还同时为它们赋初值 100。

2.4 数 据 类 型

C#语言提供了多种数据类型，总体上可以分为值类型、引用类型和指针类型。指针类型仅在不受托管的代码中使用。值类型又包括简单类型(如字符型、浮点型和整数型等)、枚举类型和结构类型。引用类型又包括类类型、接口类型、委托类型和数组类型。

2.4.1 简单类型

简单类型就是组成应用程序中最为基本的一类数据，也称为纯量类型，如数值和布尔值(true 或 false)。由简单类型还可以组成比较复杂的类型。大多数简单类型都是存储数值的。

C#中提供了一组已经定义的简单类型。从计算机的表示角度划分，这些简单类型可以分为整数类型、布尔类型、字符类型和实数类型。

1. 整数类型

C#中支持 8 种整数类型，即 sbyte、byte、short、ushort、int、uint、long 和 ulong。这 8 种类型通过其占用存储空间的大小，以及是否有符号来存储不同极值范围的数据来划分，根据实际应用的需要，选择不同的整数类型。8 种整数类型的比较如表 2.1 所示。

表 2.1　整数类型的比较

类　型	别　名	有无符号	占据位数	允许值的范围
sbyte	System.Sbyte	是	1	– 128～127
short	System.Int16	是	2	– 32 768～32 767
int	System.Int32	是	4	– 2 147 483 648～2 147 483 647
long	System.Int64	是	8	– 9 223 372 036 854 775 808～ 9 223 372 036 854 775 807

(续表)

类　型	别　名	有无符号	占据位数	允许值的范围
byte	System.Byte	否	1	0~255
ushort	System.Uint16	否	2	0~65 535
uint	System.Uint32	否	4	0~4 294 967 295
ulong	System.Uint64	否	8	0~18 446 744 073 709 551 615

2. 布尔类型

布尔类型用来表示“真”和“假”这两个概念。这虽然看起来很简单，但实际应用却非常广泛。布尔类型变量只有“真”和“假”两种取值。在 C#中，分别采用 true 和 false 两个值来表示。

在 C 和 C++语言中，用 0 来表示“假”值，其他任何非 0 的式子都可以表示“真”这样一个逻辑值。这种的表达方式在 C#中是非法的，在 C#中，true 值不能被其他任何非零值所代替，且在其他数据类型和布尔类型之间不存在任何转换，并且 C++中常见的将整数类型转换成布尔类型是非法的，如下所示。

```
Bool x = 2;        //错误，不存在这种写法，只能是 x=true 或 x=false
Int x = 10;        //正确，为整型变量 x 赋值
If(x == 100)       //正确，x==100 表达式将返回一个 bool 型结果
If(x)              //错误，C++中的写法不够严谨，C#中被放弃
```

3. 字符类型

字符包括数字字符、英文字母及表达式符号等，C#提供的字符类型按照国际上公认的标准，采用 Unicode 字符集。一个 Unicode 的标准字符长度为 16 位，用它可以来表示世界上大多数语言。字符类型变量赋值形式有以下 3 种。

```
char chsomechar="A";
char chsomechar="\x0065";          //十六进制
char chsomechar="\u0065";          //unicode 表示法
```

在 C 和 C++中，字符型变量的值是该变量所代表的 ASCII 码，字符型变量的值实质是按整数进行存储的，可以对字符型变量使用整数赋值和运算。如下所示。

```
Char c = 65;    //在 C 或 C++中该赋值语句等价于 char c = 'A';
```

C#中不允许这种直接的赋值，但可以通过显式类型转换来完成。如下所示。

```
Char c=(char)65;
```

同 C、C++中一样，在 C#中仍然存在着转义字符(Escape Sequences)，用来在程序中指代特殊的控制字符。C#中的转义字符如表 2.2 所示。

表 2.2　转义字符

转义字符	字符名	转义字符	字符名
\'	单引号	\"	双引号
\\	反斜杠	\0	空字符
\a	感叹号	\b	退格
\f	换页	\n	换行
\r	回车	\t	水平 Tab
\v	垂直 Tab		

4. 实数类型

C#支持 float 和 double 两种浮点类型，该类型与其他数据类型的比较如表 2.3 所示。

表 2.3　浮点类型比较

类型	别名	有无符号	占据位数	允许值的范围
float	System.Single	是	4	可能值从$\pm1.5\times10^{-45}$到$\pm3.4\times10^{38}$，小数点后 7 位有效数字
double	System.Double	是	8	可能值从$\pm5.0\times10^{-324}$到$\pm1.7\times10^{308}$，小数点后 15～16 位有效数字
decimal	System.Decimal	是	16	可能值从$\pm1.0\times10^{-28}$到$\pm7.9\times10^{28}$，小数点后 28～29 位有效数字
char	System.Char	N/A	2	任何 16 位 Unicode 字符
bool	System.Boolean	N/A	1 / 2	true 或者 false

如同整数类型一样，浮点类型的差别在于取值范围和精度不同。计算机处理浮点数的速度要远远低于对整数的处理速度。在对精度要求不是很高的浮点数计算中，可以采用 float 型，而采用 double 型获得的结果将更为精确。当然，如果在程序中大量地使用双精度浮点数，将会占用更多的内存单元，对性能的影响较大。

C#还专门定义了一种十进制的类型(Decimal)，称为小数类型。该类型主要用于方便用户在金融货币方面的计算。小数类型较浮点类型而言，具有更大的精确度，但是数值范围相对小了很多。将浮点类型的数向小数类型的数转化时会产生溢出错误，将小数类型的数向浮点类型的数转化时会造成精确度的损失。因此，两种类型不存在隐式或显式转换。

2.4.2　结构类型

结构类型是一种可以自己定义的数据类型，它是一个可以包含不同类型数据成员的结构。在结构类型中可以声明多个不同数据类型的组成部分，这些组成部分被称为结构体的成员或域。当然，它的成员也可以是另一个自定义结构体类型，即结构体允许嵌套。

结构类型的变量采用 struct 关键字来进行声明。例如，地址结构的定义如下。

```
struct Address{
        public string nation;
        public string province;
        public string city;
        public string street;
}
struct friend{
        string name;
        int age;
        Address add;   //嵌套定义
}
friend zhangsan;
```

zhangsan 就是一个 friend 结构类型的变量。

结构类型所包含的成员类型没有限制，如上述示例中 Address 作为 friend 结构体中的一个成员，它本身就是一个结构体，此时构成了结构体的嵌套。结构体的成员是没有限制的，任何合法的成员都可以包含在一个结构体内。

2.4.3 枚举类型

枚举(enum)实际上是为一组在逻辑上密不可分的整数值提供便于记忆的符号。例如，声明一个代表星期的枚举类型的变量如下。

```
enum WeekDay{
      Sunday,Monday,Tuesday,Wednesday,Thursday,Friday,Saturday
};
WeekDay day;
```

以上示例结构是由不同类型的数据组成的一组新的数据类型，结构类型的变量值是由各个成员的值组合而成的，而枚举则不同。枚举类型的变量在某一时刻只能取枚举中某一个元素的值，如 day 这个表示“星期”的枚举类型的变量，它的值要么是 Sunday 要么是 Monday 或其他的星期元素，但它在某一个时刻只能代表具体的某一天，不能既是星期二，又是星期三，也不能是枚举集合以外的其他元素，如 yesterday 或 tomorrow 等。

系统默认枚举中的每个元素类型都是 int 型，且第一个元素删去的值为 0，其后每一个连续的元素的值按加 1 递增。在枚举中，也可以给元素直接赋值，如把星期天的值设为 1，其后的元素 Monday、Tuesday 等的值分别为 2、3 等，依次递增。

```
enum WeekDay{
      Sunday=1, Monday, Tuesday, Wednesday, Thursday, Friday, Saturday
};
```

为枚举类型的元素所赋的值的类型限于 long、int、short 和 byte 等整数类型。

以上所介绍的 3 种数据类型在 C#中均称为值类型。所谓值类型，它是一种由类型的实际值表示的数据类型，即是源代码中值类型的变量对应到栈内存中一定大小的存储空间，该空间内直接存储所包含的值，其值就代表数据本身。由于编译器编译后将源代码中的值类型变量直接对应到唯一的存储空间上，可直接访问该存储空间，故值类型的数据具有较快的存取速度。

2.4.4 引用类型

C#除支持值类型外还支持引用类型。一个具有引用类型(Reference Type)的数据并不驻留在栈内存中，而是存储于堆内存中，也就是在堆内存中分配内存空间直接存储所包含的值，而在栈内存中存放定位到存储具体值的索引。当访问一个具有引用类型的数据时，需要到栈内存中检查变量的内容，而该内容指向堆中的一个实际数据。图 2.1 给出了值类型与引用类型的示意。

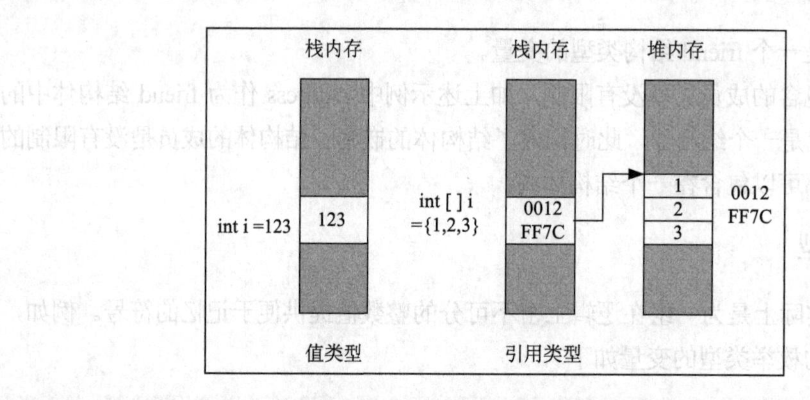

图 2.1　值类型与引用类型示意图

表 2.4 给出了值类型与引用类型在各个方面的差异。

表 2.4　值类型与引用类型的比较

比 较 项	值 类 型	引 用 类 型
变量中存放	真正的数据	指向数据的引用指针
内存空间分配	堆栈(Stack)	托管堆(Managed Heap)
内存需求	一般来说较少	较大
执行效能	较快	较慢
内存释放时间点	执行超过定义变量的作用域	由回收站负责回收
可以为 null	不可	可以

引用类型主要包括类类型、接口类型、委托以及数组类型等，下面对这几种引用类型进行简要说明。

1. 类类型

类(class)是 C#或者面向对象程序设计中最重要的组成部分，如果没有类，所有使用 C#编写的程序都不能进行编译。由于类声明创建了新的引用类型，所以就生成了一个类类型(Class Types)。类类型中包括了数据、函数和嵌套。其中，数据中又可以包括变量、字段和事件；函数包括了方法、属性、索引器、操作符、构造器以及析构器。

在 C#中，类类型只能单继承，即一个对象的基类(父类)仅有唯一的一个，所以类只能从一个基类中派生出来，并具有它的部分或者全部属性。不过 C#中一个类可以派生出多个接口。

对象类型是系统提供的基类型，是所有类型的基类，也是其他类型的最终基类。在 C#中每种类型都直接或者间接派生于对象类型。用户可以直接声明一个对象类型的数据，这样不用重新创建就可以直接使用对象类型提供的各种系统功能，如格式转换或者输出等。

C#中还定义了一个字符串类 string。字符串数据在实际应用中非常方便，如下所示。

```
string String1="How";   //定义一个 string 类型对象 String1，初始值为 How
string String2="are you!";
char d=String1[3];   //获取 String1 的第 3 个字符
bool r=(String1== String2);   //比较 String1 与 String2 是否相等
string String3="How"+"are you!"; //连接两个字符串，String3 的值为"How are you!"
```

2. 接口类型

接口类型声明了一个抽象成员，而结构和类应用接口进行操作就必须获取这个抽象成员。接口中可以包含方法、属性、索引器和事件等成员。C#的接口只有署名，没有实现代码，接口能完成的事情只有名称，所以只能从接口衍生对象而不能对接口进行实例化。从面向对象的角度考虑，使用接口最大的好处就是，它使对象与对象之间的关系变为松耦合。对象之间可以通过接口进行调用，而不是直接通过函数。接口就相当于对象之间的协议，在调用接口时可以不关心接口的具体实现方法。这样某个对象进行改变时，其他对象不用进行任何修改还可正常运行。

3. 委托

C#代码在托管状态下不支持指针操作，为了弥补去掉指针对语言灵活性带来的影响，C#引入了一个新的类型：委托类型，它相当于 C++中指向函数的指针。与 C++的指针不同，委托完全是面向对象的，它把一个对象实例和方法都进行了封装，所以委托类型是安全的。

一个委托声明定义了一个从类 System.Delegate 延伸的类。一个委托实例封装一个方法及可调用的实体。对于一个实例方法来说，一个可调用的实体由一个实例和一个实例中的方法组成；而对于静态方法来说，一个可调用实体完全只是由一个方法组成。如果有一个委托的实例和一个适当的参数集合，就可以用参数来调用这个委托。

委托的一个有趣而又有用的特性是它不知道或不关心引用的对象的类，只要方法的声明与委托的声明一致，任何对象都可以，这使得委托适合作匿名“调用”。

在声明委托时只需要指定委托指向的原型类型，它不能有返回值也不能带有输出类型的参数。例如，可以声明一个指向 int 类型函数原型的委托，如下所示。

```
delegate int MyDelegate( );
```

如果用户声明了自己的一个委托，那么它就是对系统定义的类 System.delegate 的一个扩展。在委托的实例中，可以封装一个静态方法，也可以封装一个非静态的方法。如以下示例所示。

```
using System;
delegate int MyDelegate( ); //声明一个委托
public class MyClass{
  public int MyMethod ( ) {
        Console.WriteLine("Call MyMethod.");
        return 0;
  }
  static public int StaticMethod ( ) {
        Console.WriteLine("Call the static method.");
        return 0;
  }
}
public class TestDelegate{
    static public void Main ( ){
        MyClass p = new MyClass( );
        // 将委托指向非静态的方法 MyMethod
        MyDelegate d = new MyDelegate(p.MyMethod);
        // 调用非静态方法 MyMethod
        d( );
        // 将委托指向静态的方法 StaticMethod
        d = new MyDelegate(MyClass.StaticMethod);
        // 调用静态方法
        d( );
    }
}
```

程序的输出结果如下。

```
call MyMethod.
call the static method.
```

委托的概念是 C#中新提出来的，它与 C#的事件等重要的程序机制都有密切的联系。

4. 数组类型

数组是指同类数据组成的集合，它是数据最常用的存储方式之一。C#中的数组有矩形数组(含一维和多维数组)锯齿形数组和嵌套数组。

数组能够存储整型及字符串等类型的数据。但是不论数组存储了多少个数据，其中的数据必须是同一种类型。与数组相关的内容请参考稍后的章节，在此不再赘述。

2.4.5 装箱与拆箱

装箱与拆箱是 C#引入的一种新机制，该机制在值类型与引用类型之间搭建了一座桥梁，使得两者可以相互转换，这也体现了 C#完全面向对象的特点。

1. 装箱

所谓装箱，就是将一个值类型变量转化为一个引用类型的变量。引用类型可以为类类型也可以为接口类型等。装箱的过程首先是创建一个引用类型的实例，然后将值类型变量的内容复制给该引用类型实例。装箱方式可以分为显式和隐式两种，如下所示。

```
int i = 123;
Object o = i; //隐式方式，先实例化一个 Object 对象 o，然后将其值赋成 i 的值
Object o = Object(i); //显式方式
```

无论显式方式还是隐式方式实质都是一样的，首先实例化一个引用类型的对象 o，然后将值类型变量 i 的值赋予 o。其过程如图 2.2 所示。

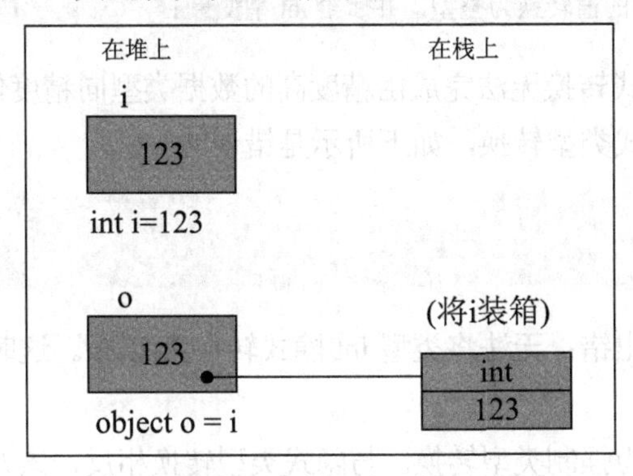

图 2.2　装箱操作示意图

2. 拆箱

拆箱与装箱在逻辑上是一对互逆的过程。拆箱转换是指将一个引用类型显式地转换成一个值类型，或是将一个接口类型显式地转换成一个执行该接口的值类型。需要指出的是，装箱操作可以隐式进行，但拆箱操作必须是显式的。拆箱过程分成两步：首先，检查这个对象实例，看它是否为给定的值类型的装箱值；然后，把这个实例的值复制给相应值类型的变量，如下所示。

```
int i = 123;          //定义 int 型变量 i，初值为 123
object o = i;         //执行装箱操作
int j = (int)o;       //执行拆箱操作，将对象 o 的值赋予变量 j
```

2.4.6　数据类型的转换

除了装箱与拆箱操作外，C#还支持其他数据类型的转换。根据转换的方式不同，可以将转换过程划分为隐式转换和显式转换；根据转换内容的不同，又可分为数值类型转换和其他类型转换。

1. 隐式转换与显式转换

隐式转换是编译系统自动进行的，不需要加以声明。在该过程中，编译器无须对转换进

行详细检查就能够安全地执行转换。隐式转换一般不会失败，不会出现致命隐患及造成信息丢失。

除装箱操作外，更多的隐式转换出现在值类型数据间的数据转换。隐式转换发生的场合不一，主要包含函数调用和表达式计算等。

常用的值类型根据精度由低到高排序为 byte、short、int、long、float 及 double 等。根据这个排列顺序，各种类型的值依次可以向后自动进行转换，即由精度低的到精度高的类型转换。如可以把一个 short 型的数据赋值给一个 int 型的变量，short 型值会自动转换成 int 型值，再赋给 int 型变量。如下所示。

```
short s = 1;   //定义 short 类型变量 s，初值为 1
int i = s;     //将 s 的值转换为整型，并赋给 int 型变量 i
```

需要注意的是，隐式转换无法完成由精度高的数据类型向精度低的数据类型转换，char 类型数据也无法进行隐式类型转换，如下所示是错误的。

```
int i = 1;
short s = i;  //错误
```

此时编译器将提示出错：无法将类型 int 隐式转换为 short。这时如果必须进行转换，就应该使用显式类型转换。

显式类型转换又称为强制类型转换。与隐式类型转换相反，该方式需要用户明确指定转换的目标类型，如下所示。

```
short s = 1;
int i = (int)s;  //将 s 的值显式转化为 int 类型，并赋值于 int 类型变量 i
```

显式类型转换包含所有的隐式类型转换，即把任何编译器允许的隐式类型转换写成显式类型转换都是合法的。

显式类型转换并不一定总是能成功，并且在转换过程中会出现数据丢失。

2. 数值字符串和数值之间的转换

在 C#中，字符串是用一对双引号包含的若干字符来表示的，如 abc 和 123 等。其中 123 又相对特殊，因为组成该字符串的字符都是数字，这样的字符串就是数值字符串。现实生活中 123 有时会被理解为一串数字符号，有时又可被理解为表示大小或度量的数值，但计算机却只认为它是一个字符串，不是数值。因此，在某些情况下，如设计输入数值的时候，可以先获取数字字符串，然后再将该字符串转化为数值，以进行计算等操作；而在另一些情况下，则需要进行相反的转换。

需要指出的是，字符串为 System.String 类引用类型，故将数值转换成字符串时首先要进行隐式的装箱操作，将值类型转化为引用类型，因为每个引用类型都拥有一个 ToString( )方法。调用该方法即可将数据转换为数值字符串。例如，123.ToSting( )就能得到字符串 123。

反过来，将数值型字符串转换成数值时需要使用相关数值类型对应类的 Parse( )函数。这个函数就是用来将字符串转换为相应数值的。以一个 double 类型的转换为例，代码清单 2.1 给出了一个简单的转换实例，该例实现了 double 类型与 string 类型之间的相互转换。

代码清单 2.1

```
using System;
using System.Collections.Generic;
class MainClass{
    public static void Main(string[ ] args){
        double d = 51.2;
        string str = "123";
        //利用 ToString( )函数将 double 类型变量转化为 string 类型，并输出
        Console.WriteLine("d={0} ",d.ToString( ));
        if (System.double.Parse(str) == 123) { //将 string 类型转化为 double 类型
            Console.WriteLine("str convert to int successfully.");
        }
        else{
            Console.WriteLine("str convert to int failed.");
        }
        Console.ReadLine( );
    }
}
```

除使用相应类的 Parse（)方法外，还可以使用 System.Convert 类的对应方法将数字字符串转化为相应的值。实例如代码清单 2.2 所示。

代码清单 2.2

```
using System;
using System.Collections.Generic;
class MainClass{
    public static void Main(string[ ] args){
        string str = "123.4";
        //调用 Convert.ToDouble( )方法，将数字字符串转化为对应的数值
        if (System.Convert.ToDouble(str) == 123.4){
            Console.WriteLine("str convert to double successfully.");
        }
        else{
            Console.WriteLine("str convert to double failed.");
        }
        Console.ReadLine( );
    }
}
```

需要指出的是，在将字符串类型转化为对应数值类型时，一定要使用值数据的类型对应类的 Parse( )方法，若使用 Convert 类，必须指定正确的方法，否则将会出现错误。

3. 字符串和字符数组之间的转换

字符串类 System.String 提供了一个 void ToCharArray( )方法，该方法可以实现字符串到字符数组的转换；反之，可以使用 System.String 类的构造函数来实现字符数组到字符串的转换，System.String 类实现了两个通过字符数组来构造字符串的构造函数，即 String(char[ ]) 和 String(char[ ], int, int)。后者的后两个参数用来指定字符串的开始和结束字符在字符数组参数中的边界，若需要获取字符串中某个特定位置上的字符，可以使用直接索引字符串的方式。代码清单 2.3 给出了字符串与字符数组相互转换的实例。该实例首先实例化一个 string 类型对象 str 并赋初值，然后利用 string 类的 ToCharArray( )方法将其转化为字符数组，再调用 string 类的相关构造函数由字符数组来构造新的 string 类对象，从而完成 string 类与字符数组之间的相互转换。

代码清单 2.3

```
using System;
using System.Collections.Generic;
 class MainClass{
        public static void Main(string[ ] args){
                string str = "asdfg";
                char [ ] ch = str.ToCharArray( );                //字符串转换为字符数组
                foreach(char c in ch){
                        Console.WriteLine("{0} \n",c);           //输出转换结果
                }
                //修改字符数组的内容
                ch[0] = 'h';
                ch[1] = 'e';
                ch[2] = 'l';
                ch[3] = 'l';
                ch[4] = 'o';
                string str2 = new string(ch);                    //使用修改后的字符数组构造新字符串
                Console.WriteLine(str2);
                char cc = str2[3];                               //获取字符串中特定位置的字符
                Console.WriteLine(cc);
                Console.ReadLine( );
        }
 }
```

需要注意的是，由字符串转化初始化的字符数组(如示例中的 ch)，其大小由实际字符串中包含的字符个数决定，在引用该字符数组时需注意该字符数组的边界，否则将出现运行错误。

2.5　运算符与表达式

C#中的表达式类似于数学运算中的表达式，它是操作符、操作数和标点符号按照一定的

规则连接而成的式子。运算符的范围非常广泛，有简单的，也有非常复杂的。简单的操作包括所有的基本数学操作，如“+”、“–”、“*”、“/”等，复杂的操作则包括通过变量内容的二进制表示来处理它们。还有专门用于处理布尔值的逻辑运算符和赋值运算符“=”。

可以从不同的角度对操作符进行分类。

以操作符需要的操作数的个数来划分，C#中有以下 3 种类型的操作符：

(1) 一元操作符：只作用于一个操作数，它又可分为前缀操作符和后缀操作符。

(2) 二元操作符：作用于两个操作数，使用时在两个操作数的中间插入操作符。

(3) 三元操作符：C#中仅有一个三元操作符“?:”。三元操作符作用于 3 个操作数，使用时在操作数中间插入运算符。

大多数操作符都是二元操作符，只有几个一元操作符和一个三元操作符。

以操作符的作用来划分，可以分为赋值运算符、算术运算符、关系运算符、逻辑运算符、位运算符以及其他一些特殊的操作符等。

2.5.1　赋值运算符与表达式

赋值就是给一个变量赋一个新值。C#中提供的赋值表达式有：=、+=、-=、*=、/=、%=、&=、|=、^=、<<=和>>=。

赋值的左操作数必须是一个变量。C#中可以对变量进行连续赋值，这时赋值操作符是右关联的。这意味着从右向左操作符被分组，如 a = b = c 等价于 a = (b = c)。如果赋值操作符两边的操作数类型不一致，那就要先进行类型转换。

赋值表达式又分为简单赋值和复合赋值两种。

1. 简单赋值

“=”操作符被称为简单赋值操作符。在一个简单赋值中，右操作数必须为某种类型的表达式，且该类型必须可以隐式地转换成左操作数类型。该运算将右操作数的值赋给作为左操作数的变量、属性或者索引器类型。简单赋值表达式的结果是被赋给左操作数的值。结果类型和左操作数的类型相同。

2. 复合赋值

在“=”之前加上其他运算符，这样就构成了复合赋值，如下所示。

```
x += 5;       //等价于 x = x + 5
x %= 3;       //等价于 x = x % 3
x *= y+1;     //等价于 x = x*(y+1)
```

2.5.2　关系运算符与表达式

关系运算实际上是逻辑运算的一种，可以把它理解为一种“判断”的结果。要么是“对(真)”的，要么是“错(假)”的，关系表达式的返回值总是布尔值。C#中关系操作符的优先级低于算术操作符，高于赋值操作符。

1. 比较运算

C#中定义的比较操作符有==(等于)、!=(不等于)、<(小于)、>(大于)、<=(小于或等于)及>=(大于或等于)。

2. is 操作符

is 操作符被用于动态地检查运行时对象类型是否和给定的类型兼容。假设 a 是一个表达式或值，Type 是一个类型，运算 a is Type 的结果，返回一个布尔值。它表示 a 是否能通过引用转换、装箱转换或拆箱转换，成功地转换为 Type 类型。

如代码清单 2.4 所示。

代码清单 2.4

```
using System;
    class Test{
        public static void Main( ){
            int i = 1;
            double f = 1.1;
            Console.WriteLine(i is int);
            Console.WriteLine(i is float);
            Console.WriteLine(f is float);
            Console.WriteLine(f is double);
        }
}
```

本例用来判断 i 与 f 两个变量是否为某一数据类型。输出结果如下。

```
True
False
False
True
```

3. as 操作符

as 运算符类似于强制转换操作。但是，如果转换不可行，as 会返回 null 而不会引发异常。假设 a 为某一具体的值或表达式，Type 为某一类型，形如 a as Type 的运算，若 a 可以转化为 Type 类型，则返回 Type(a)否则返回 null，且表达式 a 只被计算一次。

2.5.3　逻辑运算符与表达式

C#语言提供了 3 种逻辑操作符：&& (逻辑与)、||(逻辑或)和！(逻辑非)。其中，逻辑与和逻辑或都是二元操作符，要求有两个操作数。而逻辑非为一元操作符，只有一个操作数。它们的操作数都是布尔类型的值或表达式。操作数为不同的组合时，逻辑操作符的运算结果可以用逻辑运算的“真值表”来表示，如表 2.5 所示。

表 2.5　逻辑运算真值表

a	b	!a	a&&b	a‖b
True	True	False	True	True
True	False	False	False	True
False	True	True	False	True
False	False	True	True	False

如果表达式中同时存在着多个逻辑运算符，逻辑非的优先级最高，逻辑与的优先级高于逻辑或。

2.5.4　其他运算符与表达式

除了前面介绍的常用操作符与表达式外，还有一些比较特殊的操作符。

1. 自增和自减操作符

自增操作符“++”对变量的值加 1，而自减操作符“− −”对变量的值减 1。它们适合于 sbyte、byte、short、ushort、int、uint、long、ulong、char、float、double、decimal 和任何 enum 类型。

自增和自减操作符的操作数必须是一个变量、一个属性访问器或一个索引指示器，而不能是常量或者其他的表达式。如 3++和 x+y–都是非法的。如果操作数是一个访问器，那么这个访问器必须同时支持读和写。

自增和自减操作符又有前后缀之分，对于前缀操作符，遵循的原则是“先增减，后使用”，而后缀操作符则正好相反，是“先使用，后增减”。

下面以一个简单的例子来说明这个问题，如代码清单 2.5 所示。

代码清单 2.5

```
using System;
class Test{
    public static void Main( ){
        int x = 5;
        int y = x++;
        Console.WriteLine(y);
        y = ++x;
        Console.WriteLine(y);
    }
}
```

第一次是先使用后加，即 x 的值先赋给 y，然后 x 再执行加 1 操作，所以输出为 5。第二次是先加后使用，即在原有 6 的基础上先做加 1 操作，然后将值赋予 y，输出为 7。

2. new 操作符

new 操作符用于创建一个新的类型实例，它有以下 3 种形式。

(1) 对象创建表达式，用于创建一个类类型或值类型的实例。

(2) 数组创建表达式，用于创建一个数组类型实例。

(3) 委托创建表达式，用于创建一个新的委托类型实例。

new 操作符暗示一个类实例的创建，但不一定必须暗示动态内存分配，这和 C++中对指针的操作不同。例如，下面 3 行代码分别创建了一个对象、一个数组和一个委托实例。

```
class A{}; A a = new A;                                          //创建对象
int[ ] intArr = new int[10];                                     //创建数组
delegate double DFunc(int x);   DFunc f = new DFunc(5);          //创建委托
```

3. typeof 操作符

typeof 操作符用于获取类型的 System.Type 对象，请参考代码清单 2.6 中的示例。

代码清单 2.6

```
using System;
class Test{
    static void Main( ) {
        Console.WriteLine(typeof(int));
        Console.WriteLine(typeof(System.Int32));
        Console.WriteLine(typeof(float));
        Console.WriteLine(typeof(double));
    }
}
```

在 C#中，标识一个整型变量时使用 int 和 System.Int32 是同一个效果，typeof 操作符就是将 C#中的数据类型转化为.NET 框架下的类型。编译输出结果如下。

```
System.Int32
System.Int32
System.Single
System.Double
```

4. 三元操作符

三元操作符“?:”也称为条件操作符。对条件表达式 b? x:y，先计算条件 b，然后进行判断，如果 b 的值为 true，计算 x 的值，运算结果为 x 的值；否则，计算 y，运算结果为 y 的值。一个条件表达式从不会既计算x又计算y。条件操作符是向右关联的，如表达式为a? b:c?d:e 将按 a? b:(c? d:e)形式执行。

2.5.5 运算符的优先级

当一个表达式包含多种类型操作符时，操作符的优先级控制着单个操作符运算的顺序。例如，表达式 x + y * z 按照 x + (y * z)顺序求值，因为“*”操作符比“+”操作符有更高的优先级，这和数学运算中的先乘除后加减是一致的。表 2.6 总结了所有操作符从高到低的优先级顺序。

表 2.6　操作符的优先级

类　别	操 作 符
初级操作符	( )、x.y、f(x)、a[x]、x++、x--、new、typeof、sizeof、checked、unchecked
一元操作符	！、~、++x、--x、(T)x
乘除操作符	*、/、%
加减操作符	+、-
位移操作符	<<、>>
关系操作符	<、>、<=、>=、is
等于操作符	==、!=
按位与	&
逻辑异或	^
按位或	|
逻辑与	&&
逻辑或	||
条件操作符	?:
赋值操作符	=、*=、/=、%=、+=、-=、<<=、>>=、&=、^=、|=

当一个操作数出现在两个有相同优先级的操作符之间时，操作符按照出现的顺序由左至右执行。除了赋值的操作符和条件操作符(?:)之外，所有的二进制的操作符都是左结合(left-associative)的，如 x + y + z 按(x + y) + z 进行求值；赋值操作符和条件操作符(?:)按照右结合(right-associative)的原则，即操作按照从右向左的顺序执行，如 x = y = z 按照 x = (y = z)进行求值。

由于操作符的优先级比较复杂又有不同的结合规则，建议程序员在书写表达式时，如果无法确定操作符的有效顺序，应尽可能采用括号来保证运算的顺序，这样能使表达式结构清晰、一目了然。

2.6　Visual C# 2010 的新特性

Visual C#经历几个版本的变革，虽然在大的编程方向和设计理念上没有太多的变化，但每次版本更新都会增加一些新的特性，这些新特性使程序开发更加方便。本节介绍几个比较常用的新特性，这里只是让读者对这些新特性能有一个大致的了解，具体如何使用还需要读者在实践中不断加深理解。

2.6.1　大整数类型(BigInteger)

在 Visual C# 2010 中增加了一个数据类型 BigInteger，即大整数类型。它位于 System.Numerics 命名空间中。BigInteger 类型是不可变类型，代表一个任意大的整数，它不同于.NET Framework 中的其他整型，其值在理论上已没有上部或下部的界限。BigInteger 类型的成员与其他整数类型的成员几乎相同。

可以通过以下 3 种方法实例化 BigInteger 对象。

(1) 用 new 关键字并提供任何整数或浮点值以作为 BigInteger 构造函数的一个参数。下面的示例阐释如何使用 new 关键字实例化 BigInteger 值。

```
1.  BigInteger big = new BigInteger(179032.6541);
2.  BigInteger bigInt = new BigInteger(934157136952);
```

以上代码，第 1 行声明了 BigInteger 类型的对象 big，参数是浮点值，但仅保留小数点之前的整数值。第 2 行声明了 BigInteger 类型的对象 bigInt，参数是一个大整数。

(2) 声明 BigInteger 变量并向其分配一个值，分配的值可以是任何数值，只要该值为整型即可。下面的示例利用赋值从 Int64 创建 BigInteger 值。

```
1.  long value = 6315489358112;
2.  BigInteger big = long value;
```

以上代码，第 1 行声明了一个 long 类型的变量 value 并赋值。第 2 行将该值再分配给 BigInteger 类型的变量 big。

(3) 通过强制类型转换实例化一个 BigInteger 对象，使其值可以超出现有数值类型的范围，如下所示。

```
1.  BigInteger big = (BigInteger)179032.6541;
2.  BigInteger bigInt = (BigInteger)64312.65;
```

上面的代码中，直接使用强制类型转换的方式声明 BigInteger 的对象，仅保留整数部分的值。

可以像使用其他任何整数类型一样使用 BigInteger 实例。BigInteger 重载标准数值运算符，能够执行基本数学运算，如加法、减法、乘法、除法求反和一元求反。还可以使用标准数值运算符对两个 BigInteger 的值进行比较。与其他整型类型类似，BigInteger 还支持按位运算符。对于不支持自定义运算符的语言，BigInteger 结构还提供了用于执行数学运算的等效方法。其中包括 Add、Divide、Multiply、Negate、Subtract 和多种其他内容。

BigInteger 结构的许多成员直接于对应于 Math 类(该类提供处理基元数值类型的功能)的成员。此外，BigInteger 还增加了自己特有的成员，如下所示。

- Sign：可以返回表示 BigInteger 值符号的值。
- Abs：可以返回 BigInteger 值的绝对值。
- DivRem：可以返回除法运算的商和余数。
- GreatestCommonDivisor：可以返回两个 BigInteger 值的最大公约数。

2.6.2　动态数据类型

动态数据类型(dynamic)是 Visual C# 2010 引入的一个新的动态数据类型，它会告诉编译器，在编译期不去检查 dynamic 类型，而是在运行时才决定。这表示了不再需要在程序中去声明一个固定的数据类型，而是由 C#框架自动在执行期间获得数值的类型即可。

在大多数情况下，dynamic 类型与 object 类型的行为是一样的。但是，不会用编译器对包含 dynamic 类型表达式的操作进行解析或类型检查。编译器将有关该操作信息打包在一起，并且该信息以后用于运行计算时操作。在此过程中，类型 dynamic 的变量会编译到类型 object 的变量中。因此，类型 dynamic 只在编译时存在，在运行时则不存在。例如下列的代码所示。

```
1.  dynamic v = 124;
2.  Console.Write(v.GetType( ));
```

以上代码，声明了一个 dynamic 类型的对象 v 并赋值。第 2 行通过 GetType( )方法，输出对象 v 的类型。最后显示的结果是 System.Int32。并且在输入对象 v 时，Visual Studio 2010 不会出现 Intellisense 智能提示，因为 Visual Studio 2010 不知道 v 的数据类型是什么，所以也无法自动提示可用的成员。要使用方法也需要手动输入。同时 typeof( )方法在 dynamic 类型上也无法使用。

dynamic 类型和其他数据类型之间，可以直接做隐式的数据转换，不论左边是 dynamic 还是右边是 dynamic 都一样，如下所示。

```
1.  dynamic d1 = 7;
2.  dynamic d2 = "a string";
3.  dynamic d3 = System.DateTime.Today;
4.  int i = d1;
5.  string str = d2;
6.  DateTime dt = d3;
```

以上代码，第 1 行～第 3 行定义了 3 个 dynamic 类型的数据，分别是整型、字符串型和时间类型。第 4 行～第 6 行再将这些 dynamic 类型的数据分别赋给对应的数据类型。

dynamic 类型和 var 隐式局部变量粗看有些类似，实则它们有许多的不同，最本质的区别是 var 虽然可以不指定具体的数据类型，但是它却会在编译时检查数据类型，所以当使用 var 声明的数据不存在时，编译器会指出编译错误，而且使用 var 来声明数据，其成员也会由智能提示来提供。

2.6.3　命名参数和可选参数

在 Visual C# 2008 版本中，当希望用类似于 C++的可选参数为参数指定默认值时，会得到一个编译器错误，指示“不允许参数的默认值”。这个限制是因为在 C#中，引入了面向对象的思想，所以尽量使用重载而不是可选参数。但在 Visual C# 2010 中这一点得到了改变。

开放命名参数和可选参数是出于动态语言运行时兼容性的要求。动态语言中存在动态绑定的参数列表，有时候并不是所有的参数值都需要指定。另外，在一些 COM 组件互操作时，往往 COM Invoke( )的方法参数列表非常的长。例如，ExcelApplication.Save( )方法可能需要 12 个参数，但 COM 暴露的参数的实际值往往为 null，只有很少一部分参数需要指定值或者仅有一个值。这就需要 C#的编译器能够实现开放命名参数和可选参数。

1. 可选参数

方法、构造函数、索引器或委托的定义可以指定其参数为必选参数还是可选参数。任何调用都必须为所有必选的参数提供参数值，但可以为可选的参数省略参数值。每个可选参数都具有默认值作为其定义的一部分。如果没有为该参数发送参数值，则使用默认值。

可选参数在参数列表的末尾定义，位于任何必选的参数之后。如果调用方为一系列可选参数中的任意一个参数提供了参数值，则它必须为前面的所有可选参数提供参数值。参数值列表中不支持使用逗号分隔。如以下代码所示。

```
public void ExampleMethod(int required, string optionalstr = "default string", int optionalint = 10)
```

以上代码中，使用一个必选参数和两个可选参数定义实例方法 ExampleMethod( )。其中，int required 是必选参数，而由于 string optionalstr 和 int optionalint 都设置了默认值，所以是可选参数。

接下来看如何正确地调用 ExampleMethod 方法，示例代码如下。

```
1.    ExampleMethod (18，"Hello", “28”);
2.    ExampleMethod (18);
3.    ExampleMethod (optionalstr：“Hello”);
4.    ExampleMethod (18，，28);
5.    ExampleMethod (18，optionalint ：“Hello”);
```

以上代码，第 1 行的调用方法正确地对每一个参数都提供了参数值。第 2 行的调用方法仅对必选参数指定了参数值，也是正确的。第 3 行的调用是方法错误的，因为没有给必选参数指定参数值。第 4 行的调用方法错误，参数值列表中不支持使用逗号分隔且为第 2 个可选参数而不是第 1 个可选参数提供参数值。第 5 行的调用方法正确，给必选参数和第 2 个可选参数提供了参数值，其中可选参数指定参数值使用了“参数名：参数值”的正确格式。

2. 命名参数

命名参数让我们可以在调用方法时指定参数名字来给参数赋值，这种情况下可以忽略参数的顺序。利用命名参数，将能够为特定参数指定参数值，方法是将参数值与该参数的名称关联，而不是与参数在参数列表中的位置关联。

命名参数的语法如下。

```
参数名称 1：参数值 1，参数名称 2：参数值 2……
```

有了命名参数，将不再需要记住或查找参数在所调用方法的参数列表中的顺序。可以按参数名称指定参数值，如下所示。

```
public int MyFunction(int ArgA, int ArgB, int ArgC)
```

上面的代码定义了一个方法，有 3 个 int 类型的参数列表。根据命名参数的规则，可以按以下的方法去调用。

```
MyFunction(ArgA：8, ArgB：18, ArgC：28);
MyFunction(ArgB：18, ArgA：8, ArgC：28);
MyFunction(ArgC：28, ArgB：18，ArgA：8);
```

以上代码中的 3 种调用方法突破了以前需要按照参数列表中顺序进行指定实参的限制。如果不记得参数的顺序，但却知道其名称，可以按任意顺序发送参数值。

不过要记住的是命名参数和可选参数虽然非常好用，但是绝对不要滥用，否则会对程序的可读性造成相当大的伤害。

2.7　本章小结

本章介绍了C#的基础内容，包括标识符、关键字、变量、数据类型、数据类型的转换及运算符和表达式等内容。通过本章的学习，读者可以真正了解 C#的数据类型、变量、运算符和表达式的丰富内容，以及灵活而规范的特点。这些内容是掌握 C#语言的基础与前提，对于有其他语言基础的读者，应重点掌握 C#语言的特点。

2.8　上机练习

(1) 上机调试代码清单 2.1 和 2.2 所示示例，并分析其执行结果。

(2) 编写程序，实现由键盘输入一串字符，输出该串字符中包含的字母、数字及其他字符的个数。

(3) 设长方形的高为 1.5cm，宽为 2.3cm，分别用面向过程及面向对象方式编程求该长方形的周长和面积。

(4) 参照代码清单 2.3 所示示例，编写程序，实现将一个字符串的内容倒置，要求首先将字符串转化为字符数组，对字符数组进行倒置操作，再转化为字符串输出。

(5) 定义一个 Object 类型数组，向其中分别存储一个雇员的信息，包括雇员 ID(int)、姓名(string)、婚否(bool)、薪水(decimal)，由键盘输入这些数据，并显示到屏幕中。

2.9　习　　题

一、选择题

(1) 下列关于 C#的特点描述正确的有(　　)。

A. C#继承于 C/C++，所以 C#的功能要比前两者强大。

B. C#语言的跨平台性是基于.NET 平台的。

C. C#语言对面向对象机制的支持要比 C++全面。

D. C#语言能更好地与 XML 融合。

(2) 下列说法中不正确的是(　　)。

A. C#中以“;”作为一条语句的结束。

B. C#中注释是不参与编译的。

C. C#有 3 种不同的注释类型。

D. switch 语句中 case 标签结束可以有跳转语句，也可以没有。

(3) 下列标识符合法的是(　　)。

A. Student　　B.3_A　　C. new　　D. @public　　E. _age

(4) 下列关于变量的说法中正确的是(　　)。

A. C#中变量可划分为值类型和引用类型。

B. 在同一行中可以申请多个变量。

C. 可以在定义变量的同时为其赋值。

D. 变量是用来存放数据值的。

(5) 下列是 C#引用类型的有(　　)。

A. 类类型　　B. 接口类型　　C. 结构类型　　D. 字符串类型

二、填空题

(1) float f= – 123.567F;int i=(int)f;则 i 的值现在是＿＿＿＿＿＿。

(2) 委托声明的关键字是＿＿＿＿＿＿。

(3) 当整数 a 赋值给一个 object 对象时，整数 a 将会被＿＿＿＿＿＿。

(4) 要想在输出中换行，可以使用＿＿＿＿＿＿转义字符。

(5) 引用类型的数据将被编译系统存放到＿＿＿＿＿＿中。

(6) 数据类型转换可以分为＿＿＿＿＿＿和＿＿＿＿＿＿两种。

(7) 可以使用字符串类提供的＿＿＿＿＿＿方法将字符串转换为字符数组。

(8) 设 a=true，b=true，c=false，d=5，下列表达式的值为＿＿＿＿＿＿。

!a||d&&b||c

a&&3<=7||d>=8&&c

(9) 优先级最高的运算符是＿＿＿＿＿＿。

三、简答题

(1) 值类型和引用类型数据的主要区别在哪里？

(2) C#中如何实现装箱操作？

(3) 给变量命名时应注意哪些规定？

(4) 比较 C#中 decimal 类型与浮点类型的特点及优势。

(5) 通常都是在什么情况下使用 new 操作符？

第3章　程序流程控制

计算机程序由若干条语句组成，从执行方式上看，如果从第一条语句到最后一条语句完全按顺序执行，就是简单的顺序结构；如果在程序执行过程中，根据用户的输入或中间结果去执行若干不同的任务则为选择结构；如果在程序的某处，需要根据某条件重复地执行某项任务若干次或直到满足或不满足该条件为止，这就构成了循环结构。大多数情况下，程序都不会是简单的顺序结构，而是顺序、选择、循环 3 种结构的复杂组合。

同大多数编程语言一样，在程序模块中 C#可以通过条件语句控制程序的流程，从而形成程序的分支和循环。C#中提供了以下程序流程控制关键字。

- 选择控制(if、else、switch、case)
- 循环控制(while、do、for、foreach)
- 跳转语句(break、continue、return、goto)

除此之外，C#中异常处理语句也可以控制和改变程序的流程。C#中异常处理相关的关键字有 try、catch 和 finally。

本章重点：

- 选择结构程序设计
- 循环结构程序设计
- 异常处理结构

3.1　选择结构程序设计

选择结构也称分支结构，是程序设计中一种常见的结构。如图 3.1 所示，虚线框内是一个选择结构。在此结构中必须包含一个判断框。根据给定的条件 p 是否成立而选择执行 A 框或 B 框的内容。

需要注意的是，无论条件 p 是否成立，只能执行 A 或 B 之一，不可能既执行 A 又执行 B。无论走哪一条路径，在执行完 A 或 B 后都会经过 b 点，然后脱离本选择结构。

C#提供了 if 语句实现该选择结构，同时还提供了 switch 语句实现多路选择(分支)结构。

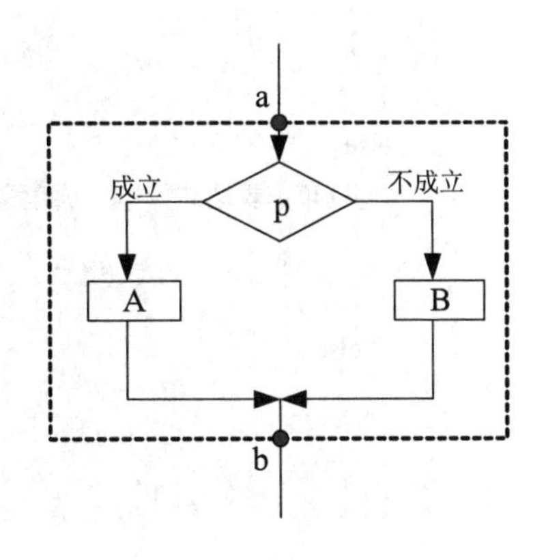

图 3.1　选择结构示意图

3.1.1　if 语句

if 语句是最常用的选择语句，它根据布尔表达式的值来判断是否执行后面的内嵌语句。if 语句的基本语法格式如下：

```
if (布尔表达式)
    真值运算;
else            //可选项
    假值运算
```

当布尔表达式的值为真，则执行 if 后面的内嵌语句“真值运算”；为假时执行 else 后面的内嵌语句“假值运算”，不是所有的 if 语句都有 else 匹配。如果仅有 if 子句，则当布尔表达式为真时执行“真值运算”，否则，当前 if 语句结束，继续执行 if 后面的语句。

例如，下面的程序片段用来对一个浮点数 x 进行四舍五入，结果保存到一个整数 i 中：

```
if (x – int(x) > 0.5){
    i = int(x)+ 1;
}
else{
    i = int(x);
}
```

如果 if 或 else 之后的内嵌语句只包含一条执行语句，则嵌套部分的大括号可以省略，如果包含两条以上的执行语句，对嵌套部分一定要加上大括号，表示嵌套部分的多条语句为一个语句块，要么全执行要么全不执行。if 语句可以嵌套使用，即在判断之中又有判断。具体形式如下：

```
if (布尔表达式){
   if (布尔表达式) {      //嵌套的 if 语句
                          //业务逻辑需要时，可以嵌套多层
   }
   else{

   }
}
else{
   if (布尔表达式) {      //嵌套的 if 语句

   };
   else{

   }
}
```

if 语句中，如果有 else 子句，则 else 与在它前面离它最近且没有其他 else 与之对应的 if

相搭配，如下面一条语句：

```
if(x)if(y)Fun1( );else Fun2( );
```

它实际上应该等价于下面的写法：

```
if(x){
  if(y){
    Fun1( );
  }
  else{
    Fun2( );
  }
}
```

本书建议采用第 2 种写法，即作为 if 或 else 的内嵌语句，即使只有一条语句，也应该加上一对“{}”。

例如，假设考查课的成绩按优秀、良好、中等、及格和不及格分为 5 等，分别用“优秀”、“良好”、“中等”、“及格”和“不及格”来表示，但实际的考卷为百分制，分别对应的分数段为 90～100、80～89、70～79、60～69 及 0～59，使用 if 语句将考卷成绩 x 转换为考查课成绩 y。程序如代码清单 3.1 所示。

代码清单 3.1

```
using System;
class Test{
  public static void Main(string[ ] args){
        int x;
      string y="";
        Console.WriteLine("请输入百分制分数：");
        x = Convert.ToInt32(Console.ReadLine( ));
        if(x >= 70){
              if(x >= 80){
                    if(x >= 90){
                          y ="优秀";     //优秀
                    }
                    else{
                          y ="良好";     //良好
                    }
              }
              else{
                    y ="中等";           //中等
              }
        }
        else{
              if(x >= 60){
```

```
                y ="及格";          //及格
            }
            else{
                y ="不及格";        //不及格
            }
        }
        Console.WriteLine("百分制下{0}分经转换，为 5 分制下的{1}分",x,y);
    }
}
```

读者可以根据例子上机调试，以查看相应结果。

C#的 if 语句与 C、C++有所不同，即 if 后的逻辑表达式必须是布尔类型的。而 C、C++可以是布尔类型、整型的，也可以是别的类型的。

请看一个判断是否往应用程序传送参数的例子，如代码清单 3.2 所示。

代码清单 3.2

```
using System;
class Test{
    static void Main(string[ ] args) {
        if (args.Length == 0){
            Console.WriteLine("无参数传入");
        }
        else{
            Console.WriteLine("有参数传入");
        }
    }
}
```

其中 args.Length==0 是一个布尔表达式，返回的是一个布尔值。但是对于 C 或者 C++程序员来说，可能会习惯于编写如下被认为是“好”的代码：

```
if (args.Length)
{
    …
}
```

这在 C#中是不被允许的，因为 if 语句的判断条件仅允许布尔(bool)数据类型的结果，而字符串的 length 属性对象返回一个整型 int，编译器将会报告错误信息。

3.1.2　switch 语句

if 语句只能处理从两者间选择之一，当要实现几种可能之一时，就需要使用 if...else、if 甚至多重的 if 语句嵌套来实现。当分支较多时，程序变得复杂冗长，可读性降低且容易造成隐患，如同代码清单 3.1 所示。C#提供了 switch 开关语句专门处理多路分支的情形，使程序变得简洁，它的一般格式如下。

```
switch(表达式){
   case value1:
       内嵌语句块 1
   case value2;
       内嵌语句块 2
   default:
       内嵌语句块 N
}
```

switch 语句的控制类型，即其中控制表达式(Expression)的数据类型可以是 sbyte、byte、short、ushort、uint、long、ulong、char、string 或枚举类型(enum-type)。每个 case 标签中的常量表达式(value)必须属于或能隐式转换成控制类型，如果有两个或两个以上 case 标签中的常量表达式值相同，编译时将会报错。switch 语句中最多只能有一个 default 标签。

仍以代码清单 3.1 为例，说明 switch 语句的用法，如代码清单 3.3 所示。

代码清单 3.3

```
using System;
class Test{
  public static void Main(string[ ] args){
        int x;
        string   y ="";
        Console.WriteLine("请输入百分制分数：");
        x = Convert.ToInt32(Console.ReadLine( ));
        int temp = x/10;
        switch(temp){
              case 10: y ="优秀"; break;
              case 9:   y ="优秀"; break;
              case 8:   y ="良好"; break;
              case 7:   y ="中等"; break;
              case 6:   y ="及格"; break;
              default:   y ="不及格"; break;
        }
        Console.WriteLine("百分制下{0}分经转换，为 5 分制下的{1}分",x,y);
  }
}
```

对比代码清单 3.1 和 3.3，可以看出，在多分支选择结构中使用 switch 语句具有结构清晰、可读性强等优点。

在使用 switch 语句时应注意以下几点。

(1) 不允许遍历。C 和 C++语言允许 switch 语句中 case 标签后不出现 break 语句，但 C#不允许这样，它要求每个 case 标签项后使用 break 语句或跳转语句 goto，即不允许从一个 case 自动遍历到其他 case，否则编译时将报错。

(2) 允许任意排列 switch 语句中的 case 项而不会影响 switch 语句的执行结果。

(3) 每个 switch 项都以 break、goto、case 或 goto default 结束，事实上任何一种不导致“遍历”效果的语句都是允许的。例如，throw 和 return 语句同样可以达到不“遍历”。

3.2 循环结构程序设计

循环结构又称为重复结构，即根据条件反复执行某一部分操作。C#支持 4 种类型的循环结构，分别为 for 循环、foreach 循环、while 循环和 do…while 循环。4 种类型大同小异，分别适用于不同的条件，下面逐一介绍。

3.2.1 for 语句

for 循环语句在 C#中使用频率最高。在事先知道循环次数的情况下，使用 for 循环语句是比较方便的。for 循环语句的格式如下：

```
for(初始条件;结束条件;循环变量迭代器) {
   循环体
}
```

其中“初始条件”、“结束条件”及“循环变量迭代器”这 3 项都是可选项。“初始条件”为循环控制变量做初始化，循环控制变量可以有一个或多个(用逗号隔开)。“结束条件”为循环控制条件，也可以有一个或多个语句。“循环变量迭代器”按规律改变循环控制变量的值。初始化、循环控制条件和循环控制都是可选的，如果忽略了条件，则产生一个死循环，要用跳转语句 break 或 goto 才能退出，形式如下。

```
for (;;){
   …        //满足某些条件
   break;
}
```

for 语句的执行过程如下：

(1) 执行“初始条件”，初始化循环变量。

(2) 判断“结束条件”是否满足。

(3) 若不满足结束条件，则执行一遍内嵌语句，并按“循环变量迭代器”改变循环控制变量的值，返回到执行第 2 步。

(4) 若条件不满足，则 for 循环终止。

下面的代码段非常简单，打印数字从 1～9，它清楚地显示出 for 语句是怎样工作的。

```
for (int i = 0; i < 10; i++)
Console.WriteLine(i);
```

for 语句也可以嵌套使用，用来完成大量重复性、规律性的工作。

3.2.2　foreach 语句

foreach 语句是在 C#中新引入的，C 和 C++中不支持这个语句，而 Visual Basic 或 ASP 的程序员应该对它并不陌生，它表示遍历一个集合中的各元素，并针对各个元素执行内嵌语句。foreach 语句的语法格式如下：

```
foreach(type identifier in expression)embedded-statement
```

循环变量由类型 type 和标识符 identifier 声明，且表达式 expression 与集合相对应。循环变量代表循环正在处理的集合元素。在循环体内不能赋一个新值给循环变量，也不能把它当做 ref 或 out 参数。

下面通过一个例子来演示 foreach 的使用。在这个例子中使用 foreach 循环来遍历当前系统中的磁盘，并输出每个磁盘的详细信息，如代码清单 3.4 所示。

代码清单 3.4

```
using System;
using System.Management;
class test{
  public static void Main( ){
     string temp="";
     ManagementClass MyDisk = new ManagementClass("Win32_LogicalDisk");
     ManagementObjectCollection    disks;
     disks = MyDisk.GetInstances( );
     foreach(ManagementObject disk in disks){
        temp ="";
        temp += " ID:"+ disk["DeviceID"];
        temp += "名称:" + disk["Name"];
        temp += "卷标:" + disk["VolumeName"];
        if(disk["FileSystem"].ToString( )!= ""){
             temp += "文件系统:" + disk["FileSystem"];
             temp += "描述:" + disk["Description"];
             if(System.Convert.ToInt64(disk["Size"])> 0){
                  temp += "大小:"+System.Convert.ToInt64(disk["Size"].ToString( ));
             }
             temp+= "类型:" + System.Convert.ToInt16(disk["DriveType"].ToString( ));
             }
             Console.WriteLine(temp);
        }
     }

}
```

该例输出当前系统中磁盘的详细信息，系统不同输出内容也不一样，读者可以自行演示，以查看其结果。与 foreach 语句相关的详细内容请参考第 4 章。

3.2.3　while 语句

while 语句有条件地将循环体内的语句执行 0 遍或若干遍。其语法格式如下：

```
while (布尔表达式) {
   embedded-statement
}
```

它的执行过程如下：

(1) 计算布尔表达式的值。

(2) 当布尔表达式的值为真时，执行一遍循环体内语句 embedded-statement，程序转至第 1 步。

(3) 直到布尔表达式的值为假时 while 循环结束。如果首次判断布尔表达式的值即为假，则 embedded-statement 不被执行。

下面来看一个简单的例子。该例为在数组中查找一个指定的值，如找到就返回该值所在位置，否则返回并报告，如代码清单 3.5 所示。

代码清单 3.5

```
using System;
        class Test{
        static int Find(int value, int[ ] array){
        int i = 0;
        while (array[i] != value) {
            if (++i > array.Length)
            Console.WriteLine("当前没有找到！ ");
        }
        return i;
    }
    static void Main( ){
        Console.WriteLine(Find(3, new int[ ] {5, 4, 3, 2, 1}));
    }
}
```

输出结果为 2，即找到了目标，且其位置为第 3 个元素。

while 语句中允许使用 break 等跳转语句结束循环，执行后续语句；也可以用 continue 语句来停止内嵌语句的执行，继续进行 while 循环。

下面的程序片段用来计算一个整数 x 的阶乘值。

```
long y = 1;
while(true){
   y *= x;
   x --;
   if(x==0){
      break;
   }
}
```

3.2.4　do…while 语句

do…while 语句与 while 语句框架上相似，不同之处在于，它将循环体内的语句至少执行一次。其语法格式如下：

```
do {
   embedded-statement
}
while(布尔表达式)
```

它的执行顺序如下：

(1) 执行内嵌语句 embedded-statement 一遍。

(2) 计算布尔表达式的值，为 true 则回到第 1 步，为 false 则终止 do 循环。

在 do…while 循环语句同样允许用 break 语句和 continue 语句实现与 while 语句中相同的功能。下面的代码使用 do…while 循环来实现求整数的阶乘：

```
long y = 1;
do{
  y *= x;
  x --;
}
while(x>0)
```

无论使用 for 循环、do 循环还是 while 循环，都要小心循环的边界值。它是绝大部分错误的根源，同时要准确判断业务逻辑，正确选择不同的循环类型。

3.2.5　跳出循环

当循环条件不满足时循环自动结束，如在循环体内遇到特定的情况需要在循环条件满足的情况下终止循环，就需要用到中断循环语句。C#为此提供了以下 4 个命令。

- break：立即终止循环。
- continue：立即终止当次的循环(并不影响循环的继续执行)。
- return：跳出循环及其包含的函数。
- goto：可以跳出循环，到已标记好的位置上。

1. break 语句

break 语句可以退出循环，继续执行循环后面的第 1 行代码，如代码清单 3.6 所示。

代码清单 3.6

```
using System;
class Test{
    public static void Main( ){
        int i = 1;
        for (i = 1 ; i < 100 ; i ++){
```

```
                Console.WriteLine(i);
                if (i == 2)
                break;
            }
        }
    }
```

本例中当循环变量自增到 2 时，尽管循环条件仍然满足，但当前循环体内的 if 语句条件满足，执行 break 操作，整个循环过程结束，3～99 将不会被输出。编译并输出结果如下。

```
1
2
```

2. continue 语句

除了 break 语句之外，还有另外一条语句用来控制循环体内语句的执行顺序，即 continue 语句。该语句是用来终止循环过程中的当次循环，也就是循环体中 continue 语句后面的部分将在本次执行过程中被忽略。注意，只是在本次执行过程中被忽略，而不影响循环变量改变后下次循环的执行，且不对循环次数产生直接影响，如代码清单 3.7 所示。

代码清单 3.7

```
using System;
class Test{
    public static void Main( ){
        int i = 99;
    while(i > 0){
                Console.WriteLine(i);
                i --;
                if (i % 2 == 0){
                    i --;
                }
                else{
                    continue;
                    i --;
                }
            }
        }
}
```

输出结果为 99～1 之间的所有奇数。程序执行过程中，如果循环变量 i 为偶数时，执行自减操作，而为奇数时由于有 continue 语句，else 子句里面的自减操作将不被当次循环执行，相当于 else 子句在当次循环中什么也没有做。

3. return 语句

return 语句用来返回到当前函数被调用的地方。如果 return 语句放在循环体内，当满足条件时执行 return 语句返回，循环自动结束，如代码清单 3.8 所示。

代码清单 3.8

```
using  System;
class  Test{
  public static void Ret( ){
        Int i  =99;
        while(i > 0){
                Console.WriteLine(i);
                i--;
                if (i ==50)
                  return;
        }
  }
  Public static void Main( ){
        Ret( );
        Console.WriteLine("函数调用结束！");
  }
}
```

程序运行结果为 99～51，函数调用结束。

可以看到，当循环变量等于 50 时，满足 if 条件，执行 return 语句，跳出当前函数，当然当前循环也就结束了。

goto 语句是一个比较有争议的内容，本书不提倡使用 goto 语句。有关 goto 语句的详细内容，请参考相关资料。

本节列举了几种常见的程序结构控制语句，如分支结构和循环结构等。除此之外，还有 goto 语句及条件编译等，此处不再一一赘述。读者若有兴趣可参考相关资料。

3.3　异常处理结构

在编写程序时，可能会发生一些不可预期的错误，如用户输入错误、内存不足、磁盘出错等。在程序中需要采用异常处理结构来解决这些错误。C#中的异常结构与 C++非常相似，但和 C++有一些区别。在 C#中，所有的异常必须由从 System.Exception 中派生的类的实例来表示。在 C#中，可以在 finally 块中编写中止代码，这些代码既可在正常情况下执行，也可以在异常情况下执行。在 C#中，系统级别的异常，如溢出和被零除等，与应用程序级别的错误条件一样拥有定义完好的异常类。

3.3.1　异常的产生

C#在以下两种情况下会产生异常。

(1) 在 C#语句和表达式的处理过程中激发了某个异常的条件，使得操作无法正常结束，引发异常。如代码清单 3.9 所示，当用户从控制台输入的不是数值而是字母时，就会产生异常 System.FormatException。

代码清单 3.9

```
using System;
class Test{
    public static void Main( ){
        Console.WriteLine("enter the number:");
        float x=Convert.ToSingle(Console.ReadLine( ));
        if(x<0)
            goto less;
        Console.WriteLine("Y=1");
            goto endpro;
        less:
            Console.WriteLine("Y= -1");
        endpro:
            Console.WriteLine("End of this program!");
    }
}
```

(2) throw 语句抛出异常。throw 语句的格式如下：

```
throw    [表达式]
```

带有表达式的 throw 语句抛出的异常是在计算这个表达式时产生的。这个表达式必须表示一个 System.Exception 类型或它的派生类型的值。如果对表达式的计算产生的结果是 null，则抛出的将是一个 NullReferenceException 异常，如代码清单 3.10 所示。

代码清单 3.10

```
using System;
class Test{
    public static void Main( ){
        Console.WriteLine("enter the number:");
        float x=Convert.ToSingle(Console.ReadLine( ));
        if(x<0)
            goto less;
        Console.WriteLine("Y=1");
        goto endpro;
        less:
            Console.WriteLine("Y= - 1");
        endpro:
            throw new Exception("please enter a number");
    }
}
```

这里的 System.Exception 类是所有异常的基本类型。这个类有几个值得注意的特性，这些特性由所有的异常类共享。Message 是一个只读特性，它包含了人们可读的对该异常发生原因的描述。InnerException 是一个只读特性，它包含了该异常的“内层异常”。如果它不是 null，就表示当前异常是在响应另一个异常时发生的。引起当前异常的那个异常可以在 InnerException 特性中得到。

3.3.2 处理异常

在代码中对异常进行处理，一般要使用以下 3 个代码块。

- try 块的代码是程序中可能出现错误的操作部分。
- catch 块的代码是用来处理各种错误的部分(可以有多个)。必须正确排列捕获异常的 catch 子句，范围小的 Exception 放在前面的 catch 子句中，即如果 Exception 之间存在继承关系，就应把子类的 Exception 放在前面的 catch 子句中。
- finally 块的代码用来清理资源或执行要在 try 块末尾执行的其他操作(可以省略)，且无论是否产生异常，finally 块都会执行。

异常是由 try_catch_finally 语句块组合来处理的。执行异常处理过程通常有以下 3 种可能的形式：

(1) try-catch(s)

(2) try-finally

(3) try-catch(s)-finally

当异常发生时，系统将搜寻最近的能够处理该异常的 catch 从句，这由异常的运行期类型来决定。首先，在当前方法中搜寻封闭的 try 语句，按文本顺序考虑与该 try 语句相关的 catch 从句。如果无效，就搜寻调用 try 语句的方法和当前方法，按文本顺序考虑包含调用当前方法的位置的封闭 try 语句。继续这样的搜寻，直到找到一个能够处理当前异常的 catch 从句为止。该 catch 从句命名的异常类与当前异常发生时的运行期类型相同，或者是它的基类。没有命名异常类的 catch 从句可以处理任何异常。

一旦找到了匹配的捕捉从句，系统就将控制权传递给该捕捉从句的第一条语句。在执行捕捉从句之前，系统首先要按顺序执行与该 try 语句相关的、比捕捉到当前异常的语句嵌套更深的 finally 从句。

如果没有找到匹配的捕捉从句，就会发生以下情况：如果搜寻匹配的捕捉从句的操作到达了一个静态构造函数或者静态字段初始化符，那么在触发静态构造函数调用的地方就会发生 System.TypeInitializationException 异常，而 System.TypeInitializationException 的内层异常就包含了原来发生的那个异常。如果搜寻匹配的捕捉从句的操作到达了最先启动线程或程序的代码，那么就会中止对该线程或程序的执行。代码清单 3.11 给出了一个进行简单异常处理的示例，该示例在 F 函数中进行除法运算，可能产生异常，故由 try 语句进行捕获。若无异常抛出，则不执行 catch 语句块中的内容。

代码清单 3.11

```
using System;
using System.Collections.Generic;
class MainClass{
```

```
    static int F(int a, int b) {
      if (b == 0 )
            throw new Exception("Divide by zero");
      return (a/b);
    }
    public static void Main( ){
            try{   //可能出现异常的部分
              Console.WriteLine(F(5, 0) );          //若第 2 个实参不为 0，则不会抛出异常
            }
            catch (Exception e) {                   //捕获异常，并进行处理
                  Console.WriteLine("Error！ {0}",e.Message);
            }
            Console.ReadLine( );
    }
  }
```

下面以一个示例来说明如何使用 try_catch_finally 语句块进行异常处理操作。该示例根据输入的参数不同产生不同类型的异常，并由不同的 catch 语句块来捕获，最后执行 finally 语句块中的内容，详细内容如代码清单 3.12 所示。

代码清单 3.12

```
using System;
class trycatchfinally{
public static void Main(string[ ] args){
  long flag = Int64.Parse(args[0]);
  int i = 0;
  int x = 3000;
  int temp = 1;
  try{
        if(flag == 1) {              //如果输入 1 则抛出除 0 异常
              temp= 10/i;
        }
        else if (flag == 2) {      //如果输入 2 则抛出计算溢出
              do{
                    checked{temp = temp*x;}
                    x --;
              }
              while(x > 0);
        }
  }
  catch(DivideByZeroException DE) {        //捕获除 0 异常
        Console.WriteLine("除 0 错误被抛出");
  }
  catch(Exception Ex) {                      //捕获其他异常
        Console.WriteLine("第 2 个 catch 语句");
```

```
            Console.WriteLine(Ex.Message.ToString( ));
        }
        finally {                                   //无论是否发生异常，该语句块总被执行
            Console.WriteLine("Finally 语句块！");
        }
    }
}
```

传入参数 1，运行结果如下：

```
除 0 错误被抛出
Finally 语句块!
```

传入参数 2，运行结果如下：

```
第 2 个 catch 语句
算术运算导致溢出
Finally 语句块!
```

从上例可以看出，除 0 异常由第 1 条 catch 语句捕获，剩余错误则由第 2 条 catch 语句捕获，通常只需要写一个 catch 程序块去捕获异常即可。finally 语句块中的内容无论是否发生异常、发生何种类型的异常都将被执行。

由上面的例子可以看出，异常的处理过程通常为捕捉、消除及继续执行程序。这里只是对异常处理进行了简单的介绍，读者可以在以后的使用中逐步掌握。

3.4 本章小结

本章介绍了C#程序设计流程控制，C#语言支持选择、分支以及循环等常见程序结构，并给出了在 C#中如何实现这些结构，这些是构成程序的基础。需要注意的是，C#还支持 foreach 循环，这为程序中处理集合操作提供了极大的方便。最后介绍了异常处理的相关内容，并通过示例说明异常的产生、捕获及处理过程。读者在学习编程的过程中要养成进行异常处理的习惯，这样才能编写出高质量的程序代码。

3.5 上机练习

(1) 上机调试运行代码清单 3.12 所示示例，并分析其结果。

(2) 分析下面程序的运行结果。

```
using System;
class Test{
    public static void Main( ){
        int[,] a=new int[6,6];
```

```
            a[0,0]=1;
            for(int i=1;i<=5;i++){
                a[i,0]=1;
                a[i,i]=1;
                for(int j=1;j<=i;j++){
                    a[i,j]=a[i-1,j-1]+a[i-1,j];
                }
            }
            for(int i=0;i<=5;i++){
                for(int j=0;j<=i;j++){
                    Console.Write(" {0} ",a[i,j]);
                }
                Console.WriteLine( );
            }
        }
    }
```

(3) 将题(2)中的程序修改为如下内容，请分析输出结果并说明原因。

```
using System;
class Test{
    public static void Main( ){
        int[,] a=new int[5,5];
        a[0,0]=1;
        for(int i=1;i<=5;i++){
            a[i,0]=1;
            a[i,i]=1;
            for(int j=1;j<=i;j++){
                a[i,j]=a[i-1,j-1]+a[i-1,j];
            }
        }
        for(int i=0;i<=5;i++){
            for(int j=0;j<=i;j++){
                Console.Write(" {0} ",a[i,j]);
            }
            Console.WriteLine( );
        }
    }
}
```

(4) 编写一个程序，在输入的 4 个整数中求最大值和最小值。

(5) 分别用 for、while 及 do…while 语句编写程序，求 50 以内自然数之和。

3.6　习　　题

一、选择题

(1) 下列语句中存在语法错误的是(　　)。

bool a=true　　　　bool b=false　　　　bool c=true　　　　int i=0

A. if(a||b)　　　　B. if(i)　　　　C. if(i!=3)　　　　D. if((i==3)==false)

(2) 下列关于 switch 语句的表述错误的是(　　)。

A. switch 语句的控制表达式可以是任何数据类型。

B. switch 可以出现 default 标签，也可以不出现 default 标签。

C. switch 中可以有两个或两个以上的 case 标签的常量与控制表达式的值相同。

D. switch 语句中 case 标签结束可以有跳转语句，也可以没有。

(3) 下列关于异常处理的表述中正确的是(　　)。

A. try、catch 及 finally3 个子句必须同时出现，才能正确处理异常。

B. catch 子句能且只能出现一次。

C. try 子句中所抛出的异常一定能被 catch 子句捕获。

D. 无论异常是否抛出，finally 子句中的内容都会被执行。

(4) 以下程序的执行结果为(　　)。

```
class MainClass{
        public static void Main(string[ ] args){
              int x = 10;
              int temp = 0;
              for(int i = 0 ; i < x++; i++){
                    temp += i;
              }
              Console.WriteLine(temp);
              Console.ReadLine( );
        }
  }
```

A. 45　　　　B. 55　　　　C. 66　　　　D. 抛出异常

(5) 将下面 while 循环语句改为 for 循环语句正确的是(　)。

```
while(i <= 100){
sum = sum + i ;
i++;
}
```

A. for(;i<=100;)
   { sum = sum + i ;
     i++;}

B. for(i=0;i<101;i++)
   { sum = sum + i ;
     i++;}

C. for(i=0;i<100;i++)
{ sum = sum + i ;
++i;}

D. for(i=0;i<=99;i++)
{ sum = sum + i ;
++i;}

二、填空题

(1) 常用的程序结构包括________、________、________。

(2) 能跳出循环的语句有________、________、________、________。

(3) 程序代码如下：

```
class MainClass{
        public static void Main(string[ ] args){
                int x = 3;
                bool y=false;
                if(x==3)if(y)Console.WriteLine(y);else Console.WriteLine(x);
                Console.ReadLine( );
        }
}
```

该程序输出结果为________。

(4) foreach 循环结构中迭代变量的类型为________。

(5) C#中产生异常的方式有________、________。

三、简答题

(1) 使用 if 语句时应注意哪些问题？

(2) 举例说明 C#中 switch 语句的执行过程。

(3) 异常处理在程序中起到什么作用？

(4) 举例说明语句 try、catch 和 finally 执行时的相互关系。

第4章 数组与集合

数组与集合是C#中常用的元素，.NET Framework提供了用于数据存储和检索的预定义集合类。这些类提供对堆栈、队列、列表和哈希表等数据结构的支持。大多数集合类实现相同的接口，可继承这些接口来创建适应更为专业的数据存储需要的新集合类。

本章重点：

- 数组的声明与使用
- 集合的定义和使用

4.1 数　组

数组是一个包含了一些通过计算出来的标号来访问变量的数据结构。这些包含在一个数组中的变量通常称为变量的元素，它们都有相同的类型，而这个类型被称为数组的元素类型。在C#中，要访问数组元素，需要利用索引(Index)。同C/C++一样，C#中的数组索引也是从0开始，数组中的所有元素都具有相同的类型。在数组中，每一个成员叫做数组元素，数组元素的类型叫做数组类型，数组类型可以是C#中定义的任意类型，其中也包括数组类型本身。C#中的数组类型是从系统抽象类System.Array中派生而来的引用型数据。

4.1.1 数组的声明

在C#中，数组元素的类型可以是任何C#定义的类型。数组的维数被称为秩(Rank)，数组的秩直接决定了数组元素的下标数。如果一个数组的秩为1，那就是最常用的一维数组；如果秩大于1，则为多维数组。每一维数组中数组元素的个数叫做这个维中的数组长度。无论一维数组还是多维数组，每个维的下标都是从0开始，结束于这个维的数组长度减1。

同C/C++定义格式不一样，C#中数组的定义格式如下：

```
数组类型修饰符[ ] 数组名=new 数组类型[ ]{数组元素初始化列表};
```

数组类型修饰符可以是任何在C#中定义的类型，数组类型修饰符后面的方括号不能少，否则就成了普通变量的定义了，数组名只要符合普通变量命名规则，并且不和其他成员名发生冲突就行。这种定义格式和C/C++格式不一样。在C/C++中，定义格式如下：

```
数组类型修饰符 数组名[数组元素个数]={数组元素初始化列表};
```

示例代码如下所示。

```
MyType[ ] myArray = new MyType[10];
```

该语句中数组 myArray 的类型取决于 MyType 是值类型还是引用类型。如果 MyType 是值类型，则该语句将创建一个由 10 个 MyType 类型的实例组成的数组。其中每个数组元素的值都设计为 MyType 类型的默认值。如果 MyType 是引用类型，则该语句将创建一个由 10 个元素组成的数组，其中每个元素都初始化为空引用。

在 C#中，如果数组的大小必须动态地被计算，用于数组创建的语句可以书写成如下形式。

```
int ArrayLength= 5;
int[ ] ArrayElement= new int[ArrayLength];
```

这样就定义了长度为 5 的整型数组，它的 5 个数组元素分别为 ArrayElement[0]、ArrayElement[1]、ArrayElement[2]、ArrayElement[3]和 ArrayElement[4]。new 运算符用于创建数组并将数组元素初始化为它们的默认值。在此例中，数组 ArrayLength 的 5 个数组元素的值都被初始化为 0 了。

同 C/C++一样，C#中也允许在定义数组时对数组元素进行初始化，定义如下：

```
//定义 string 类型数组，数组元素分别由 C、C++、C#进行初始化
string[ ] arrLanguages=new string[ ]{ "C", "C++", "C#" };
```

如果采用了这种初始化的定义后，就不用再指出数组的大小了。系统会自动把大括号里元素的个数作为数组的长度。这种定义方式还有一个如下所示更简洁的写法。

```
string[ ] arrLanguages = { "C", "C++", "C#" };
```

该简写的效果等同于如下形式。

```
arrLanguages[0]="C"; arrLanguages[1]="C++"; arrLanguages[2]="C#";
```

多维数组的定义格式和一维数组差不多，区别只是在不同的维数处理上。多维数组的定义格式如下：

```
数组类型修饰符[维数 1，维数 2，维数 3，……] 数组名；
```

例如，一个二维数组定义如下。

```
int[,] arr = new int[2,3];
```

当然，也可以在定义时直接为多维数组进行初始化工作，如下所示。

```
int[,] arr = {{0,1}, {2,3}, {4,5}};
```

这种形式等价于下面的赋值操作：

```
int[,] arr=new int[3,2];
arr[0,0] = 0;
arr[0,1] = 1;
arr[1,0] = 2;
```

```
arr[1,1] = 3;
arr[2,0] = 4;
arr[2,1] = 5;
```

与 C/C++不同的是，C#中的数组存在越界检查，同时类型的溢出也会被检查。但要注意的是，在编译时没有检查，只是在运行时才会被发现，如代码清单 4.1 所示。

代码清单 4.1

```
using System;
class Test{
    public static void Main( ){
        int[ ] arr={1,2,3};
        Console.WriteLine(arr[3]);
    }
}
```

程序编译通过，但如果运行，就会出现如下提示。

```
未处理的异常：System.IndexOutOfRangeException:索引超出了数组界限。
```

4.1.2　一维数组的使用

一维数组是最基本，也是最常用的数组。在 C#中通过指定索引(下标)的方式，访问特定的数组元素。即通过数组元素的索引(下标)去存取某个数组元素，如下所示。

```
int I = myIntArr[2];
myIntArr[2] = ++I;
```

对于数组元素的访问，最常用的是遍历，即遍历数组所包含的所有元素。在 C#中，除了常用的 for 循环外，还提供了 foreach 循环。下面分别以简单示例来说明两者的使用方式。

使用 for 循环遍历数组元素，例子参见代码清单 4.2。

代码清单 4.2

```
using   System;
class   Test{
  publicstatic void Main( ){
        int[ ] myIntArr = new int[6]{1,2,3,4,5,6};
        for(int i = 0 ; i < myIntArr.Length; i ++){
            Console.WriteLine("myIntArr[{0}]={1}",i,myIntArr[i]);
        }
  }
}
```

本例首先实例化一个数组对象，初值为 1、2、3、4、5、6，使用 for 循环，其中 i 为循环变量，按照数组元素的索引顺序遍历数组。编译后输出结果如下。

```
myIntArr[0]=1
myIntArr[1]=2
myIntArr[2]=3
myIntArr[3]=4
myIntArr[4]=5
myIntArr[5]=6
```

使用 foreach 循环遍历数组元素，例子参见代码清单 4.3。

代码清单 4.3

```
using System;
class Test{
  publicstatic void   Main( ){
        int[ ] myIntArr = new int[6]{1,2,3,4,5,6};
        foreach(int i in myIntArr){
              Console.WriteLine(i);
        }
    }
}
```

本例使用 foreach 循环遍历数组元素，循环变量 i 代表了集合(数组)中的元素。编译并输出结果如下。

```
1
2
3
4
5
6
```

下面通过示例说明数组的使用方法。本示例由用户输入一个字符串，要求统计输出该字符串中每个字母出现的次数，假设不区分大小写。本例设定了一个数组，用于统计每个字符出现的次数。从用户输入的字符串中一个一个地取字符，判断这个字符是哪个字符，然后将数组对应元素的值加 1，最后打印这个数组中的值。详细内容如代码清单 4.4 所示。

代码清单 4.4

```
using System;
class Test{
    public static void Main( ){
        int[ ] CharNum=new int[26];         //定义数组，用于 26 个字母的计数
        int Other;                          //记录除字母之外的任意字符的个数
        int i;
        char temp;
        string strTest;                     //要检测的字符串
        for (i=0;i<26;i++)
```

```
            CharNum[i]=0;
        Other=0;
        Console.Write("请输入要统计的字符串：");
        strTest=Console.ReadLine( );
        strTest=strTest.ToUpper( );        //都转成大写字母，目的是为了统计方便
        Console.WriteLine("字符      出现次数");
        for (i=0;i<strTest.Length;i++){
            temp=strTest[i];
            if (temp>='A' && temp<='Z')
                CharNum[temp-'A']++;  //分类统计
            else
                Other++;                    //如果不是字符
        }
        for (i=0;i<26;i++)
            if (CharNum[i]!=0)
                Console.WriteLine("    {0}      {1}",(char)(i+'a'),CharNum[i]);
        Console.WriteLine("Other    {0}",Other);
    }
}
```

其运行结果如下(其中加重部分为用户输入内容)。

```
请输入要统计的字符串：Madam, I'm Adam.
字符    出现次数
  a     4
  d     2
  i     1
  m     4
Other   5
```

从上述示例可以看出，定义一个数组其实就相当于同时定义了多个相同类型的变量，可以通过索引来方便地使用这些变量，同时，数组元素之间是完全独立的，不存在相互依赖的关系。

4.1.3　多维数组的使用

多维数组的使用和一维数组类似。假设有5名同学，在一次考试中每名同学参加5个科目的考试，成绩如下：

```
考生1    78、90、89、85、92
考生2    89、85、79、100、95
考生3    66、77、88、99、100
考生4    94、86、78、89、95
考生5    55、66、77、88、99
```

要求计算每位同学的总分和平均分。对于这种二维结构的数据就可以用二维数组来表

示。程序如代码清单 4.5 所示。

代码清单 4.5

```
using System;
class Test{
    public static void Main( ){
        const int Pupil=5;              //学生人数
        const int Class=5;              //考试科目数
        //存储学生成绩的二维数组
        int[,] Score={{78,90,89,85,92},{89,85,79,100,95},
                    {66,77,88,99,100},{94,86,78,89,95},{55,66,77,88,99}};
        int i,j;
        int Sum;
        int[ ] Aver=new int[5];  //存储平均成绩的一维数组
        Console.WriteLine("学号     总分     平均成绩");
        for (i=0;i<Pupil;i++){
            Sum=0;
            for (j=0;j<Class;j++){
                Sum=Sum+Score[i,j]; //每位同学成绩总分的统计
            }
            Aver[i]=Sum/3;  //平均成绩的统计
            Console.WriteLine("No.{0}     {1}       {2}",i+1,Sum,Aver[i]);
            Sum=0;
        }
    }
}
```

通过这个例子可以看出，二维数组和一维数组使用类似，同时更高维数组的使用也与此类似。由于使用较少，在此不再详述。

4.2 集　合

在知道索引的前提下，使用数组处理同类数据会非常方便，访问带索引的数组如同访问普通变量一样方便。但是，如果不知道索引，就只能遍历整个数组，在最差的情况下，可能会访问整个数组。例如，某数组中保存的是一个单位全部员工的资料，员工靠员工序号索引，如果要查某一名员工，只要知道他的员工号，很容易就能找到这名员工的资料，可如果不知道员工号，就只能扫描数组中的每一个数组元素，直到找到为止。

C#为用户提供了一个新类型：集合(Collection)。与数组类似，集合也用于存放与内容相关的内容，不同的是，集合可以通过一个主题词访问其项目，而数组要求用户自己编写查找程序。虽然也可以通过索引访问集合，但如果通过索引来访问集合的元素，集合并不比数组更具优势。

4.2.1　集合的定义

如果一个类型满足下列 3 个条件，实现 System.IEnumerable 接口或实现集合模式，就称它是集合类型。

(1) 类型包含一个签名 GetEnumerator( )，返回结构类型(struct)、类类型(class)或接口类型(interface)的 public 实例方法。

(2) 类型所包含的 public 实例方法具有签名 MoveNext( )和返回类型 bool。它递增项计数器并在集合中存在更多项时返回 true。

(3) 类型包含一个名为 Current 的 public 实例属性，此属性允许读取当前值。此属性的类型称为该集合类型的元素类型，读取时返回的是集合的当前元素。

4.2.2　集合的使用

由于集合本身和数组类似，所以两者在使用上也类似。C#系统为用户提供了 foreach 语句，更好地支持了集合的使用。利用 foreach 语句就可以方便地遍历集合中的每一个集合元素，foreach 语句表达式的类型必须是集合类型。

foreach 语句的格式如下。

```
foreach ( 类型 标识符 in 表达式 ) {
   嵌入语句;
}
```

foreach 语句的类型和标识符声明该语句的迭代变量。迭代变量对应于一个其范围覆盖整个嵌入语句的只读局部变量。在 foreach 语句执行期间，迭代变量表示当前正在为其执行迭代的集合元素。

foreach 语句的执行方式如下。

(1) 计算集合表达式以产生集合类型的实例。

(2) 如果这个实例为引用类型且具有 null 值，则引发 System.NullReferenceException。

(3) 如果集合类型的这个实例实现了上面定义的集合模式，且其类型实现了 System.IDisposable 接口，那么通过计算方法调用 GetEnumerator( )来获取枚举数实例。返回的枚举数存储在一个临时局部变量中，下面称其为 enumerator。嵌入语句不可能访问此临时变量。如果 enumerator 为引用类型且具有 null 值，则引发 System.NullReferenceException。否则，如果集合类型的这个实例实现上面定义的集合模式而其类型不实现 System.IDisposable 接口，那么通过计算方法调用 GetEnumerator( )来获取枚举数实例。返回的枚举数存储在一个临时局部变量中，同样称为 enumerator。嵌入语句不可能访问此临时变量。如果 enumerator 为引用类型且具有 null 值，则引发 System.NullReferenceException。

(4) 通过计算方法调用 enumerator.MoveNext( )将枚举数推进到下一个元素。

(5) 如果 enumerator.MoveNext( )返回的值为 true，则执行下列步骤：通过计算属性访问 enumerator.Current 获取当前的枚举数值，并通过显式转换将此值转换为迭代变量的类型。结果值存储在迭代变量中，这样就可以在嵌入语句中访问它。控制语句转到嵌入语句。当控制语句到达嵌入语句的结束点(可能是通过执行一个 continue 语句)时，执行另一个 foreach 迭代。

(6) 如果 MoveNext( )返回的值为 false，则控制语句转到 foreach 语句的结束点。

下面用一个示例来说明 foreach 语句和集合类型的使用。该示例将创建一个 Employees 类，用来存储员工名称，可以向该集合类对象中添加、移除或遍历元素(即员工名)。详细内容如代码清单 4.6 所示。

代码清单 4.6

```
using System;
using System.Collections;
using System.Collections.Generic;
namespace Employees{
  //在 Employees 类中实现 System.Collections.IEnumerable 接口
  public class Employees:IEnumerable {
        public ArrayList EmployeeNames;
        public Employees( ) {
            EmployeeNames = new ArrayList( );
        }
        public void Add(string name) {
            EmployeeNames.Add(name);
        }
        public void Remove(string name) {
            EmployeeNames.Remove(name);
        }
        public IEnumerator GetEnumerator( ) {
            return new EmployeesEnumerator(this);
        }
    }
  //创建一个实现 System.Collections.IEnumerator 接口的类
  public class EmployeesEnumerator:IEnumerator {
        private int position = -1;
        private Employees employees;
        public EmployeesEnumerator(Employees es) {
            this.employees=es;
        }
        public bool MoveNext( ) {
            if(position < employees.EmployeeNames.Count-1) {
                position++;
                return true;
            }
            else {
                return false;
            }
        }
        public void Reset( ) {
            position = -1;
```

```
            }
            public object Current {
                get {
                    return employees.EmployeeNames[position];
                }
            }
        }
        //测试程序
        class MyCollection {
            static void Main(string[ ] args) {
                Employees e = new Employees( );
                e.Add("张三");
                e.Add("李四");
                e.Add("王五");
                e.Remove("李四");
                foreach(string i in e) {
                    Console.WriteLine(i);
                }
                Console.Read( );
            }
        }
    }
```

输出结果如下：

```
张三
王五
```

4.2.3　常用系统预定义的集合类

.NET 提供了一系列预定义的集合类，这些集合类分别实现了一些常用的功能。通过引用 System.Collections 命名空间，可以使用这些预定义的集合类。较常用的集合类有 ArrayList、Queue、Stack、Hashtable 和 SortedList 等，下面分别进行介绍。

1. ArrayList 类

ArrayList 类被设计成为一个动态数组类型，其容量会随着需要而适当地扩充，不同于 Array。下面通过范例来说明 ArrayList 常用属性的方法。

ArrayList 具有如下方法：

- Add( )向数组中添加一个元素。
- Remove( )删除数组中的一个元素。
- RemoveAt(int i)删除数组中索引值为 i 的元素。
- Reverse( )反转数组的元素。
- Sort( )以从小到大的顺序排列数组的元素。

- Clone( )复制一个数组。

下面以一个简单的例子介绍 ArrayList 的使用，如代码清单 4.7 所示。

代码清单 4.7

```
using System;
using System.Collections;
class ArrayListSample{
 static void Main(string[ ] args){
        ArrayListSample c=new ArrayListSample ( );
        ArrayList al=new ArrayList( );
        Console.WriteLine("arraylist 的初始大小为：  {0}",al.Count);
        al.Add(7);
        al.Add(19);
        al.Add(21);
        al.Add(2);
        al.Add(54);
        al.Add(31);
        Console.WriteLine("Add( )操作后新容量为：  {0}",al.Count);
        c.printArray(al,"al");
        al.Reverse( );
        c.printArray(al,"al 反转后");
        al.Sort( );
        c.printArray(al,"al 排序后");
        ArrayList al2=(ArrayList) al.Clone( );
        c.printArray(al2,"al2");
        al.Remove(al[0]);
        al.RemoveAt(2);
        c.printArray(al,"删除后 al");
        }
        void printArray(ArrayList arraylist,string str){
            int size=arraylist.Count;
            Console.WriteLine("数组"+str+"的内容：");
            foreach(int i in arraylist){
                Console.Write(i+" ");
            }
            Console.WriteLine( );
        }
    }
```

本例首先实例化一个动态数组 a1，依次添加 6 个元素，分别示范了反转、排序和删除等操作，并输出操作后数组元素的变化情况。编译执行后输出如下结果。

```
arraylist 的初始大小为：  0
Add( )操作后新容量为：  6
下面输出数组 al 的内容：
7 19 21 2 54 31
```

```
数组 al 反转后的内容：
31 54 2 21 19 7
数组 al 排序后的内容：
2 7 19 21 31 54
数组 al2 的内容：
2 7 19 21 31 54
数组删除后 al 的内容：
7 19 31 54
```

2. Queue 类

Queue(队列)类是一种先进先出的数据结构，它定义了两个重要的方法：Enqueue( )和 Dequeue( )。其中，Enqueue( )方法用来将一个对象放到 Queue 结构的末尾，而 Dequeue( )方法则从 Queue 结构的顶端将对象删除。还有一个 Peek( )方法，此方法只是取得对象的值并不会删除对象的值。示例如代码清单 4.8 所示。

代码清单 4.8

```
using System;
using System.Collections.Generic;
using System.Text;
using System.Collections;
class QueueSample{
        static void Main(string[ ] args){
                Queue MyQu = new Queue( );
                Queue MyQu2 = new Queue( );
              foreach (int i in new int[4] { 1, 2, 3, 4 }){
                      MyQu.Enqueue(i);
                      MyQu2.Enqueue(i);              //为两个队列填充数据
                }
                Console.WriteLine("使用 foreach 遍历 queue！ ")
              foreach (int i in MyQu){
                      Console.WriteLine(i);          //遍历 MyQu 队列
                }
            MyQu2.Peek( );                           //弹出最后一项不删除
            Console.WriteLine("使用 Peek( )方法，获得一个数据后：");
           foreach (int i in MyQu2){
                   Console.WriteLine(i);
            }
            MyQu.Dequeue( );
            Console.WriteLine("使用 Dequeue( )方法，取出一个数据后：");
           foreach (int i in MyQu){
                   Console.WriteLine(i);
           }
           while (MyQu2.Count != 0){
```

```
                int i = (int) MyQu2.Dequeue( );        //清空
                MyQu2.Dequeue( );                      //清空
            }
            Console.WriteLine("清空后");
            foreach (int i in MyQu2){
                Console.WriteLine(i);
            }
        }
    }
```

本例首先实例化了两个 Queue 对象 MyQu 和 MyQu2，并分别演示了 Queue 对象的初始化、遍历、Peek( )方法以及 Dequeue( )方法。编译执行后输出结果如下：

```
使用 foreach 遍历 queue !
1
2
3
4
使用 Pee( )方法，获得一个数据后：
1
2
3
4
使用 Dequeue( )方法，取出一个数据后：
2
3
4
清空后
```

3. Stack 类

Stack 类是一个后进先出的数据结构，它定义了两个重要的方法 Push( )和 Pop( )。Push( )方法用以将一个对象放到 stack 的顶端，而 Pop 方法则从 stack 里将顶端的对象取出，并且将其删除。还有一个 Peek( )方法，此方法只是取得对象的值并不会删除对象的值，如代码清单 4.9 所示。

代码清单 4.9

```
using System;
using System.Collections;
class StackSample{
 static void Main(string[ ] args){
        int[ ] arr = new int[ ]{2,3,4,5,6,7};
        Stack MyStack=new Stack( );
        Console.WriteLine("MyStack 的初始大小为：{0}",MyStack.Count);
        Console.WriteLine("使用方法 Push( )将元素加入 MyStack：\n");
        for(int i = 0 ; i < 6 ; i ++){
```

```
            Console.WriteLine("第{0}个元素{1}入栈",i+1,arr[i]);
            MyStack.Push(arr[i]);
        }
        Console.WriteLine("压入数据后 MyStack 栈的大小为：{0}",MyStack.Count);
            Console.WriteLine("使用 Peek( )方法从 MyStack 中取得对象：");
            for(int i=0;i<MyStack.Count;i++){
                Console.WriteLine(MyStack.Peek( ));
            }
            Console.WriteLine("使用 Pop( )方法取得 MyStack 中的元素：");
            for(int i=0;i<6;i++){
                Console.WriteLine(MyStack.Pop( ));
            }
        }
    }
```

本例中首先实例化一个 Stack 对象，并主要演示了 Stack 对象的出栈、Peek( )方法以及入栈操作。编译运行，输出结果如下：

```
MyStack 的初始大小为：0
使用方法 Push( )将元素加入 MyStack：
第 1 个元素 2 入栈
第 2 个元素 3 入栈
第 3 个元素 4 入栈
第 4 个元素 5 入栈
第 5 个元素 6 入栈
第 6 个元素 7 入栈
压入数据后 MyStack 栈的大小为：6
使用 Peek( )方法从 MyStack 中取得对象：
7
7
7
7
7
7
使用 Pop( )方法取得 MyStack 中的元素：
7
6
5
4
3
2
```

从输出结果中可以看出，Peek( )方法取得的是同一个值，这是因为 Stack 是一种后进先出的数据结构，而 Peek( )方法只是单纯地将对象当前值取出而不对其进行删除，因此每次使用 Peek( )方法时，取出的都是同一个值 7。

4. Hashtable 类

Hashtable(哈希表)类是表示键/值对的集合，用于处理和表现类似 key/value(键/值)对，其中 key 通常可用来快速查找，同时 key 是区分大小写的；value 用于存储对应于 key 的值。Hashtable 中 key/value(键/值)对均为 object 类型，所以 Hashtable 可以支持任何类型的 key/value(键/值)对。下面例子演示了 Hashtable 类的用法，如代码清单 4.10 所示。

代码清单 4.10

```
using System;
using System.Collections;
class HTSample{
  public static void Main( ){
  Hashtable ht=new Hashtable( );                              //创建一个 Hashtable 实例
  ht.Add("E","e");                                            //添加 key/value 键值对
  ht.Add("A","a");
  ht.Add("C","c");
  ht.Add("B","b");
  Console.WriteLine("当前 ht 容量为:{0}", ht.Count);           //输出哈希表的当前容量
  Console.WriteLine(" –键– –值– ");                            //遍历 Hashtable 的内容
  foreach (DictionaryEntry de in ht)
      Console.WriteLine(" {0}: {1}", de.Key, de.Value);
  if(ht.Contains("E"))          //判断哈希表是否包含特定键，其返回值为 true 或 false
  Console.WriteLine("the E key:exist");
  ht.Remove("C");                                             //移除一个 key/value(键/值)对
  Console.WriteLine("A 对应的 value 值{0}",ht["A"]);          //此处输出 a
  ht.Clear( );                                                //移除所有元素
  Console.WriteLine(ht["A"]);                                 //此处将不会有任何输出
  }
}
```

本例主要演示了 Hashtable 的 Add( )方法、Remove( )方法、Clear( )方法以及如何遍历。编译执行，输出结果如下：

```
当前 ht 容量为:4
  – 键– –值–
 A: a
 B: b
 C: c
 E: e
the E key:exist
A 对应的 value 值为 a
```

5. SortedList 类

SortedList 类是表示键/值对的集合，这些键和值按键排序并可按照键和索引进行访问。

SortedList 最合适对一列键/值对进行排序。在排序时是对键进行排序，SortedList 是 Hashtable 和 Array 的混合。当使用 Item 索引器属性按照元素的键访问元素时，其行为类似于 Hashtable。当使用 GetByIndex 或 SetByIndex 按照元素的索引访问元素时，其行为类似于 Array。

SortedList 在内部维护两个数组以将数组存储到列表中，即一个数组用于键；另一个数组用于相关联的值。每个元素都是一个可作为 DictionaryEntry 对象进行访问的键/值对。键不能为空引用(Visual Basic 中为 Nothing)，但值可以。SortedList 的容量是列表可拥有的元素数。随着向 SortedList 中添加元素，容量通过重新分配按需自动增加。可通过调用 TrimToSize 或通过显式设置 Capacity 属性减少容量。SortedList 的元素将按照特定的 IComparer 实现(在创建 SortedList 时指定)或按照键本身提供的 IComparable 实现并依据键来进行排序。不论在哪种情况下，SortedList 都不允许重复键。

与哈希表类似，区别在于 SortedList 中的 Key 数组是排好序的。下面例子演示了 Sortedlist 类的用法，如代码清单 4.11 所示。

代码清单 4.11

```
using System;
using System.Collections;
public class SorterListSample   {
 public static void Main( ){
        SortedList sl = new SortedList( );     //创建一个 SortedList 实例
        sl.Add("First", "Hello");
        sl.Add("Second", "World");
        sl.Add("Third", "!");                 //填充数据
        Console.WriteLine( "sl" );            //显示 SortedList 对象的相关属性
        Console.WriteLine( " Count: {0}", sl.Count );
        Console.WriteLine( " Capacity: {0}", sl.Capacity );
        Console.WriteLine( " Keys and Values:" );
        PrintKeysAndValues( sl );             //调用方法打印键/值
  }
  public static void PrintKeysAndValues( SortedList myList )   {
     Console.WriteLine( "\t –KEY –\t –VALUE –" );
     for ( int i = 0; i < myList.Count; i++ ){
        Console.WriteLine( "\t{0}:\t{1}", myList.GetKey(i), myList.GetByIndex(i) );
     }
     Console.WriteLine( );
  }
}
```

本例演示了 SortedList 对象的 Add( )方法、GetKey( )方法以及 GetByIndex( )方法的使用。编译运行，输出结果如下：

```
sl
Count: 3
```

```
Capacity: 16
Keys and Values:
        -KEY -    -VALUE -
        First:   Hello
        Second: World
        Third:   !
```

4.3 本章小结

本章讲述了数组和集合类的使用，并通过示例介绍了如何建立自定义集合类及使用预定义集合类。数组是最常用的数据结构，需要注意的是，在C#中定义数组的方式与C++中是不同的，需要使用 new 运算符。集合类以及 foreach 语句的引入为编程带来了很大的便利，读者在学习过程中应通过使用逐步掌握常用集合类的用法。

4.4 上机练习

(1) 上机调试代码清单 4.1～4.11 所示示例，并分析其结果。

(2) 定义一个整型三维数组，并求其所有元素的和。

(3) 编写程序，找出二维数组的鞍点，即该位置上的元素在该行上最大、该列上最小。如果不存在，给出提示信息。二维数组的初值应由键盘输入。

(4) 求一个 3×3 的二维矩阵的对角元素之和，矩阵的初始值由键盘输入。

(5) 参考数据结构的内容，利用堆栈类实现一个将十进制数转化为二进制数的程序，其中十进制数由用户通过键盘输入，转化后的结果输出到屏幕。

(6) 编写程序，模拟手机电话本，分别完成联系人的添加、修改、删除及查询等操作。其中查询操作需要提供不同的版本，可以通过姓名、性别和电话号码等特征查询，在此基础上实现联系人的分组功能，并模拟手机电话本的操作界面。

4.5 习　题

一、选择题

(1) int[ ][ ] myArray3=new int[3][ ]{new int[3]{5,6,2},new int[5]{6,9,7,8,3},new int[2]{3,2}}; myArray3[2][2]的值是(　　)。

A. 9　　B. 2　　C. 6　　D. 越界

(2) 下列关于数组与集合类的描述中错误的是(　　)。

A. 数组大小固定，不能变化　　B. 集合元素的类型为 Object

C. 数组可以声明为只读　　　　D. 数组与集合都可以通过下标访问

(3) 下面程序的输出结果是(　　)。

```
class MainClass{
    public static void Main(string[ ] args){
        System.Collections.Queue qu = new Queue( );
        foreach (int i in new int[4]{ 1, 2, 3, 4 }){
            qu.Enqueue(i);
        }
        for(int i = 0 ; i < 4; i++){
            Console.WriteLine(qu.Dequeue ( ));
        }
        Console.ReadLine( );
    }
}
```

A. 1	B. 4	C. 1	D. 4
2	3	1	4
3	2	1	4
4	1	1	4

(4) 下列关于 Hashtable 的说法，正确的是(　　)。

A. Hashtable 中 key/value 的值既可以是值类型数据又可以是引用类型数据。

B. Hashtable 类可以通过 Add( )方法向其中加入一个名/值对。

C. 可以对 Hashtable 对象的内容进行排序。

D. 哈希表可以像数组一样，通过索引的方式访问其中的元素。

(5) 下面程序的输出结果是(　　)。

```
class Program{
    public static void Main( ){
        SortedList sl = new SortedList( );
        sl["c"] = 41;
        sl["a"] = 42;
        sl["d"] = 11;
        sl["b"] = 13;
        foreach (DictionaryEntry element in sl){
            string s = (string)element.Key;
            int i = (int)element.Value;
            Console.WriteLine("{0},{1}",s,i);
        }
    }
}
```

A. c,41	B. "c",41	C. a,42	D. "a",42
a,42	"a",42	b,13	"b",13

d,11	"d",11	c,41	"c",41
b,13	"b",13	d,11	"d",11

二、填空题

(1) ArrayList 类中将元素按从小到大的顺序排列数组的方法是＿＿＿＿＿＿。

(2) ArrayList aList = new ArrayList( )。

```
aList.Add("123");
aList.Add("abc")
foreach (string aStr in aList){
     if (aStr.Equals("abc")){
               aList.Remove(aStr);
               Console.WriteLine(aStr);
          }
     }
```

该程序段输出结果为＿＿＿＿＿＿，会有这样结果的原因是＿＿＿＿＿＿。

(3) Queue 类的 Peek( )方法的作用是＿＿＿＿＿＿。

(4) Stack 类的 Peek( )方法与 Pop( )方法的差异是＿＿＿＿＿＿。

(5) 能用 foreach 遍历访问的对象需要实现＿＿＿＿＿＿接口或声明＿＿＿＿＿＿方法的类型。

(6) 哈希表也称＿＿＿＿＿＿。

(7) Hashtable 与 SortedList 的区别是＿＿＿＿＿＿。

第5章　C#面向对象程序设计基础

C#语言继承并发扬了其他面向对象程序设计语言的特色，它是一种纯粹的面向对象编程语言，并真正体现了“一切皆为对象”的思想。在C#中，即使是最基本的数据类型，如int、double及bool类型，都属于System.Object类型。此外，使用C#编程，不会存在游离于对象之外的属于过程的东西。因此，学习C#，就必须具有面向对象思想，不明白所谓的“面向对象思想”，就不可能掌握C#的精髓。

本章重点：

- 面向对象程序设计方法
- 类与面向对象
- 类的构造函数与析构函数

5.1　面向对象程序设计概述

早期的程序设计方法多为面向过程的程序设计思想(Procedure-Oriented Programming，POP)，在这种设计方法下，编程人员的主要任务是把一个处理分解成若干个过程，然后编写这些过程。每个过程都基于某些特定的算法。对于C语言来说就是编写一个个函数，每个函数的数据和程序代码是分离的，当修改某段程序时，所有与之相关的部分都需要做相应的调整。随着问题规模的增大，程序变得容易出错，而且越来越难以管理。这种面向过程的程序设计语言有C、Pascal及Basic等。

面向对象的程序设计(Object-Oriented Programming，OOP)则是一种基于结构分析的，以数据为中心的程序设计方法。它的主要思想是将数据及处理这些数据的操作都封装到一个称为类的数据结构中，使用这个类时，只需要定义一个类的变量即可，这个变量叫做对象。通过调用对象的数据成员完成对类的使用。在这种方法下，编程人员不需要编写“如何做”，而只需完成“做什么”即可。这类编程思想较好地适应了现实中的问题，因而得以广泛应用。

5.2　类 与 对 象

类和对象是面向对象世界的基石，要学好C#语言，必须对类和对象有准确和清晰的理解。

5.2.1　类与对象概述

在面向对象的程序设计方法中，类是对自然现象或实体的程序语言描述，对象是对类的实例化。例如，对于普通意义上的“笔”，类可以泛指某一批外形、价格、生产厂家及出厂日期完全一致的笔，而用这个类声明的一个对象是这些笔中一支实实在在的笔。而且单纯从这一支笔中可以得到这样的描述：它具有一定的属性(外形、价格、颜色、长短)、具有一定的行为(写字、绘画)，同“笔”这个类具有相同的属性和行为。

如果程序中需要对笔进行操作，编程人员就可以先定义“笔”的类。对于“笔”的属性，可以用类的成员变量来实现，这些变量中有些可以让外界直接使用，那就把这些变量定义成公有变量，另一些不想让外界直接使用的可以定义成私有变量。而“笔”的行为则可以用这个对象的方法来描述，如设定笔的颜色、读取笔的价格等操作都可以通过调用类的方法来实现。

理解上述例子和面向对象编程设计的术语后，下面来说明一个非常重要又非常容易同“类”混淆的概念：对象。对象是类的实例。还拿前面所讲的笔、钢笔及硬笔书法笔的例子来进行说明，不管是哪个类都是指一个特定的类型，而不是指特定的某一支笔，这一点非常重要。要想使用这些类，必须把类型实例化，只有实例化了，才能利用实例来使用它的属性和方法。就像生活中，任何一支笔肯定有它的价格，但不指定特定的一支笔，就不能说明这个价格的具体值，更不能使用它来进行写作和绘画。一个类可以被多次实例化，也就是可以定义成多个对象，就像笔一样，一个人可以有多支笔，每个对象独立存在，相互不存在必然的联系。

5.2.2　面向对象程序设计相关概念

面向对象是一套完整的理论体系，除了理解类与对象外，还要掌握属性与方法、消息、继承和多态等内容。下面分别给予介绍。

1. 属性与方法

属性说明了这个类的特性，方法是对属性的操作。例如，“笔”这个类的属性可能是笔的长度和颜色等，而“笔”还可能有一种方法是“写”，它对属性进行操作，如“写”导致笔的长度减短。

2. 消息

消息是对象之间发出的行为请求。封装使对象成为一个相对独立的实体，而消息机制为它们提供了一个相互间动态联系的途径，使它们的行为能够互相配合，构成一个有机的运行系统。

对象通过对外提供的行为在系统中发挥自己的作用，当系统中的其他对象请求某个对象执行某个行为时，就向这个对象发送一条相应的消息。面向对象的消息处理机制使得这个对象能够响应该请求，完成指定的行为。

3. 继承

继承是指面向对象中一个类自动拥有另一个类的全部属性和方法。继承机制使得软件模块具有独立性和可重用性，从而缩短了软件开发周期并提高了软件开发效率，又使得软件易于扩充与维护。继承机制是面向对象方法的关键技术，它使得设计软件的过程与人类认识客观事物的过程和方法相吻合，从而使人们能够用和认识客观事物一致的方法来设计软件。

4. 多态

在面向对象技术中，多态性是指相同的对象收到相同的消息时，或不同的对象收到相同的消息时，产生不同的行为方式。多态性分静态多态性(编译时多态)与动态多态性(运行时多态)，前者一般由函数重载产生，后者则通过虚函数实现。面向对象技术中的多态性反映了客观世界的多态性。

5.2.3 类的声明与 System.Object 类

C#中类的声明格式如下：

```
[类修饰符] class 类名[:基类类名]{
    类的成员;
};
```

其中类还可以嵌套定义，即在一个类的内部定义另一个类，语法与定义一个简单类类似，如下面示例所示。

```
public class ClassA{    //外层类
        protected class ClassB{  //嵌套定义中的内层类，访问级别为 protected
            public int a=0;
    }
    ClassB cb = new ClassB( );
}
```

类的修饰符有多个，C#支持的类修饰符有 new、public、protected、internal、private、abstract 和 sealed。

- new：仅允许在嵌套类声明时使用，表明类中隐藏了由基类中继承而来的，与基类中同名的成员。
- public：一般使用在嵌套类的声明中，表示不限制对内层类的访问。
- protected：仅允许在嵌套类声明时使用，表示可以在外层类或外层类的子类中使用。如上例中类 ClassB 即被认为是外层类 ClassA 的一部分，在 ClassA 的外部使用 ClassB 时会受到一定的限制。
- internal：只有在同一个程序集中才可以访问。
- private：仅允许在嵌套类声明时使用，被 private 关键字修饰的内层类只能在外层类范围内使用。如上例中 ClassB，如果定义其访问修饰符为 private，则只能在 ClassA 中使用类 ClassB。

- abstract：抽象类，说明该类是一个不完整的类，只有声明而没有具体的实现。一般只能用来作为其他类的基类，而不能单独使用。
- sealed：密封类，说明该类不能作为其他类的基类，不能再派生新的类。

以上类修饰符可以两个或多个组合起来使用，但需要注意下面几点：

(1) 在一个类声明中，同一类修饰符不能多次出现，否则会出错。

(2) new 类修饰符仅允许在嵌套类中表示类声明时使用，表明类中隐藏了由基类中继承而来的、与基类中同名的成员。

(3) 在设置 public、protected、internal 和 private 这些类修饰符时，要注意这些类修饰符不仅表示所定义类的访问特性，而且还表明类中成员声明时的访问特性，并且它们的可用性也会对派生类造成影响。

(4) 在设置 public、protected、internal 和 private 这些类修饰符时需要注意，一般用在嵌套类的内层类中，这时内层类就被看做是外层类的一部分，这些修饰符的意义也就等同于其修饰一般类成员时的情形。

(5) 抽象类修饰符 abstract 和密封类修饰符 sealed 都是受限类修饰符，抽象类修饰符只能作为其他类的基类，不能直接使用，密封类修饰符不能作为其他类的基类，可以由其他类继承而来但不能再派生其他类。一个类不能同时既使用抽象类修饰符又使用密封类修饰符。

(6) 如果省略类修饰符，则默认为私有修饰符 private。

C#中所有的类都直接或间接继承自 System.Object 类，这使得 C#中的类得以单根继承。如果一个类没有明确指定继承类，编译器默认为该类继承自 System.Object 类。System.Object 类也可用小写的 object 关键字表示，两者完全相同。C#中所有的类都继承了 System.Object 类的公共接口，该类具有的接口如表 5.1 所示。

表 5.1　System.Object 的接口

名　称	说　明
Equals	确定两个 Object 实例是否相等
GetHashCode	用于特定类型的哈希函数，适合在哈希算法和数据结构(如哈希表)中使用
GetType	获取当前实例的 Type
ReferenceEquals	确定指定的 Object 实例是否是相同的实例
ToString	返回表示当前 Object 的 String
Object	构造函数
Finalize	允许 Object 在“垃圾回收”回收 Object 之前尝试释放资源并执行其他清理操作。在 C#和 C++中，使用析构函数语法来表示终结程序
emberwiseClone	创建当前 Object 的浅表副本

5.2.4　对象的声明与类的实例化

在 C#中，对象的声明很简单，就像定义普通变量一样。其定义格式如下：

```
类名 对象名;
```

对象声明后并不包含任何有效内容，要想使用它，还需要进行实例化。要实例化一个对象一般采用 new 类修饰符。

```
class ClassA{
}
class ClassB{
    static void Main( ){
        ClassA a;                //类的定义
        a=new ClassA( );         //创建一个实例
        ClassA a=new ClassA( );  //上面两行语句可合并为一行语句
    }
}
```

在上例中，类 ClassB 的方法 main( )中创建了类 ClassA 的一个实例，并通过对象名 a 引用。

5.2.5 类成员

在 C#中，按照类的成员是否为函数将其分为两大类，一类不以函数形式体现，称为“域”，在面向对象理论体系或其他面向对象编程语言中也称为数据成员或成员变量；另一类是以函数形式体现，称为成员方法。类的具体成员有以下类型：

- 常量：代表与类相关的常量值。
- 变量：类中的成员变量。
- 方法：完成类中所涉及的各种功能。
- 属性：用来封装类的域。利用属性完成对类的域的读写操作。
- 事件：由类产生的通知，用于说明发生了什么事情。
- 索引指示器：允许编程人员在访问数组时，通过索引指示器访问类的多个实例，又称下标指示器。
- 运算符：定义类对象能使用的操作符。
- 类型：属于类的局部类型。
- 构造函数：在类被实例化的同时被执行的成员函数，主要是完成对象初始化操作。
- 析构函数：在类被删除之前最后执行的成员函数，主要是完成对象结束时的收尾操作。

以上各类型中，方法、属性、索引指示器、运算符、构造函数和析构函数都是以函数形式体现，在这里统称为方法或成员函数，它们一般包含可执行代码，执行时完成一定的操作。其他类型统称为成员变量。

用户完全可以根据具体需要定义类的成员，但定义时需要注意以下原则。

(1) 由于构造函数名规定为和类名相同，析构函数名规定为类名前加一个波浪线(~)符号，所以成员变量名就不能命名为和类同名或在类名前加波浪线。

(2) 类中的常量、变量、属性、事件或类型不能与其他类成员同名。

(3) 类中的方法不能和类中其他成员同名，既包括其他非方法成员，又包括其他方法成员。

(4) 如果没有显式指定类成员访问修饰符，默认类型为私有类型修饰符。

成员又可以分为静态成员和非静态成员。声明一个静态成员只需要在声明成员的指令前加上 static 保留字。如果没有这个保留字就默认为非静态成员。二者的区别是：静态成员属于类所有，非静态成员则属于类的对象所有，访问时静态成员只能由类来访问，而非静态成员只能由对象进行访问。静态成员有如下特征：

(1) 当一个静态成员在形式 E.M 的成员访问中被引用时，E 必须表示一个类型。E 表示一个实例是错误的。

(2) 一个静态域确定一个存储位置。不管类中有多少实例被创建，只会有一个静态域的备份。

(3) 一个静态功能成员(方法、属性、索引、操作符或构造函数)不会在一个指定的实例中操作，而且在一个静态功能成员中使用 this 也是错误的。

代码清单 5.1 给出了使用静态成员的示例。

代码清单 5.1

```
class myClass{
    public int a;
    static public int b;
    void Fun1( ){ //定义一个非静态成员函数
        a=10; //正确，直接访问非静态成员
        b=20; //正确，直接访问静态成员
    }
    static void Fun2( ){ //定义一个静态成员函数
        a=10; //错误，不能访问非静态成员
        b=20; //正确，可以访问静态成员，相当于 myClass.b=20
    }
}
class Test{
    static void Main( ){
        myClass A=new myClass( ); //定义对象 A
        A.a=10; //正确，访问类 myClass 的非静态公有成员变量 a
        A.b=10; //错误，不能直接访问类中静态公有成员
        myClass.a=20; //错误，不能通过类访问类中非静态公有成员
        myClass.b=20; //正确，可以通过类访问类 myClass 的非静态公有成员变量 b
    }
}
```

5.2.6 类成员的访问限制

类中的每个成员都需要设定访问修饰符，不同的修饰符会造成对成员访问能力不同。类成员的访问限制是十分重要的决定，好的可访问性可以使程序既拥有良好的可扩展性，同时又具有可靠的保密性和安全性。C#支持4种类型的访问限制符，分别为public、private、protected和 internal。

- 公有类型访问限制符(public)：C#中的公有成员提供了类的外部界面，允许类的使用者从外部访问公有成员。这是限制最少的一种访问方式。
- 私有类型访问限制符(private)：C#中的私有成员仅限于类中的成员可以访问，从类的外部访问私有成员是不合法的。注意，如果在声明中没有出现成员的访问修饰符，按照默认方式成员就为私有的。
- 保护类型访问限制符(protected)：有时为了方便派生类的访问，希望成员对于外界是隐藏的，这时可以使用 protected 修饰符来声明成员为保护成员。它不允许外界对成员进行访问，但是允许其派生类对成员进行访问。
- 内部类型访问限制符(internal)：使用 internal 修饰符的类的成员是一种特殊的成员，这种成员在同一个应用程序中是透明的、可访问的，而对于其他应用程序集是禁止访问的。

下面以示例说明各访问限制符的用法。详细内容如代码清单 5.2 所示。

代码清单 5.2

```
using System;
using System.Collections.Generic;
namespace AccCon{
  class cup{
        public int height;            //公有成员
        internal int style;           //internal 类型成员
        protected int weight;         //保护类型成员
        private int color;            //私有类型成员
        public void Func1( ){         //类的成员函数，可以访问本类的所有成员
            color=4;
            weight=5;
            height=1;
            style =2;                 //4 种访问都是合法的
        }
  }
 class MainClass{
     static void Main( ){
      cup c1 = new cup( );
      //在类的外部访问类的成员
      Console.WriteLine(c1.height); //类的公有成员可以被外部程序直接访问
      Console.WriteLine(c1.color);  //类的私有成员不可以被外部程序访问，此处编译错误
      Console.WriteLine(c1.weight);       //同上
      Console.WriteLine(c1.style);  //internal 类型成员可以被同一个包内的应用程序访问
      }
   }
}
```

可见公有成员在任何情况下，任何类中都能够被访问，而私有成员只能在本类的成员函数中被访问。至于保护成员就比较复杂了，在不涉及继承的情况下保护类型成员的访问限制

同私有成员一致。

5.2.7　this 关键字

this 关键字仅限于在构造函数、类的方法和类的实例中使用，它有以下含义。

(1) 在类的构造函数中出现的 this，作为一个值类型，表示对正在构造的对象本身的引用。

(2) 在类的方法中出现的 this，作为一个值类型，表示对调用该方法的对象的引用。

(3) 在结构的构造函数中出现的 this，作为一个变量类型，表示对正在构造的结构的引用。

(4) 在结构的方法中出现的 this，作为一个变量类型，表示对调用该方法的结构的引用。

(5) 除此以外，在其他地方使用 this 保留字都是不合法的。

实际上在 C#内部，this 被定义为一个常量。因此使用 this++、this – –这样的语句都是不合法的，但是 this 可以作为返回值来使用。代码清单 5.3 给出了 this 关键字的使用示例。

代码清单 5.3

```
using System;
class A{
      public int x;
      public void Display( ){
              Console.WriteLine("The value of this.x is: {0}", this.x);
          }
    }
  class B{
         static void Main( ){
              A a = new A( );
              a.x = 5;
              a.Display( );
              Console.WriteLine("The value of x is: {0}",a.x);
         }
    }
```

这两个的结果是一样的，都是 5。

需要指出的是，在 C#中没有了像 C++中“::”和“->”符号，所以不用考虑 this 是什么类型的，只要使用“.”符号调用对象的成员即可。

5.3　构造函数与析构函数

构造函数与析构函数是一类特殊的方法，主要用来在创建对象时初始化对象及销毁对象前的清理工作。由类实例化一个对象时构造函数被编译器自动调用，当一个对象在离开它的生命周期之前析构函数被编译期自动调用。

5.3.1　构造函数

构造函数主要用于为对象分配存储空间，并对数据成员进行初始化。构造函数具有如下特点：

(1) 构造函数的名字必须与类同名。

(2) 构造函数没有返回类型，它可以带参数，也可以不带参数。

(3) 构造函数的主要作用是完成对类进行初始化的工作。

(4) 在创建一个类的新对象(使用 new 关键字)时，编译系统会自动调用给类的构造函数初始化新对象。

C#的类有两种构造函数：实例构造函数和静态构造函数。

(1) 实例构造函数：负责初始化类中的实例变量，它只有在用户用 new 关键字为对象分配内存时才被调用，而且作为引用类型的类，其实例化后的对象被分配在托管堆(Managed Heap)上。实例构造函数又分为默认构造函数和非默认构造函数。需要指出的是，一旦类有了自己的构造函数，无论有参数还是没有参数，默认构造函数都将无效，且如果仅声明一个类而不实例化类对象，则不会调用构造函数。

现实生活中，某个类可能拥有多个数据成员，并要求有多种不同的初始化方式，这就需要该类具有不同的构造函数，即重载构造函数。

(2) 静态构造函数：它是C#的一个新特性，一般在初始化一些静态变量时需要用到它。这个构造函数是属于类的，而不是属于类的实例的，也就是说这个构造函数只会被执行一次，即在创建第一个实例或引用任何静态成员之前，由编译系统自动调用。

在使用静态构造函数时应该注意以下几点：

- 静态构造函数既没有访问修饰符，也没有参数。因为是编译系统调用的，所以像 public 和 private 等修饰符就没有意义了。
- 在创建第一个类实例或任何静态成员被引用时，编译系统将自动调用静态构造函数来初始化类，也就是说，无法直接调用静态构造函数，也就无法控制什么时候执行静态构造函数了。
- 一个类只能有一个静态构造函数。
- 无参数的构造函数可以与静态构造函数共存。尽管参数列表相同，但一个属于类，一个属于类实例，所以不会发生冲突。
- 静态构造函数最多只能运行一次。
- 静态构造函数不可以被继承。
- 如果没有写静态构造函数，而类中包含带有初始值设定的静态成员，那么编译器会自动生成默认的静态构造函数。

一个类可以同时拥有实例构造函数和静态构造函数，这是唯一可以具有相同参数列表的同名方法共存的情况。

下面通过一个示例说明类的构造函数的使用。详细内容如代码清单 5.4 所示。

代码清单 5.4

```
using System;
using System.Collections.Generic;
namespace s1{
  class Book{
```

```
            public string name;
            public int price;
            public Book( ){                           //定义实例构造函数，用来初始化实例中的成员
                this.name = "C#教程";
                this.price = 18;
            }
            static Book( ){                           //定义静态构造函数
                Console.WriteLine("类的静态构造函数被执行");
            }
            ~Book( ){                                 //定义析构函数
            }
            public void printName( ){
                Console.WriteLine(this.name);
            }
        }
        class MainClass   {
            public static void Main(string[ ] args){
                s1.Book b = new s1.Book( );   //实例化一个 Book 类对象，自动执行实例构造函数
                b.printName( );                       //若无实例构造函数，此处将出现编译错误
                Console.ReadLine( );
            }
        }
    }
```

在本示例中定义了一个图书类 Book，该类具有两个域：书名和价格，同时类中定义了输出书名方法、实例构造函数、静态构造函数及析构函数。在 Main( )函数中声明并实例化一个 Book 类的对象 b，此时编译系统首先调用 Book 类的静态构造函数，并在实例化 Book 类实例 b 的同时执行实例构造函数，完成类中实例域的初始化工作，故此时 b 的 name 域的值为“C#教程”，price 域的值为 18。故调用 b 的 printName( )方法时，输出的结果为“C#教程”。

编译执行，输出结果如下：

```
类的静态构造函数被执行
C#教程
```

5.3.2　析构函数

类的另一个特殊成员函数是析构函数。与构造函数不同的是，析构函数在类撤销时运行，常用来处理类用完后的收尾工作。由于类一旦被撤销将不复存在，因此这里所说的收尾工作主要是对象在运行过程中动态申请内存的回收工作。析构函数不能带有参数，不能拥有访问修饰符，并且不能显式地被调用，一个对象实例的析构函数在该对象被撤销时自动调用。

析构函数的名称是在类名前加一个“～”符号，如下所示：

```
~Book( ){

}
```

析构函数不能被继承，也不需要用户显式调用。在实际编程过程中，如果所编写的类本身没有动态申请内存的操作，一般不需要析构函数。如果类中没有析构函数，编译系统就自动调用默认的析构函数，如果有则需要用户来完成内存的回收和类退出的各种操作。

在 C++中，程序员常常需要在析构函数中通过一系列 delete 语句来释放在程序运行过程中动态申请的内存，而在 C#中，系统提供了垃圾收集器以帮助用户完成内存的回收工作。

5.4 本章小结

本章介绍了面向对象程序设计思想及相关概念，并给出了 C#语言面向对象的基本特征。C#语言借鉴了 C++和 Java 语言的特点，它是纯面向对象程序设计语言。读者可以通过本章的学习掌握 C#的相关思想与机制，为以后的学习打下基础。

5.5 上机练习

(1) 上机调试代码清单 5.1～5.4 所示示例，并分析其结果。

(2) 定义一个学生类，该类具有学生姓名、年龄、身高和年级等成员，其中姓名为公有，其他成员为私有。完成对该类构造函数和析构函数的创建，体会这两种函数的作用。

(3) 定义一个雇员类 Employee，其中包括一个静态域 TotalSalary，实现该类的静态构造函数、实例构造函数以及输出所有员工姓名的功能。

(4) 在第(3)题的基础上实现输出全部雇员薪水的功能。

(5) 设计一个基本账户类，包括账号、持有人姓名、余额及密码等域，以及存款及取款的方法，并编写程序进行测试。在此基础上对类进行改进，以实现输出全部账户的余额并编写测试程序进行测试。

5.6 习　题

一、选择题

(1) 以下关于类的描述中，不正确的有(　　)。

A. 类是对自然现象或实体的程序语言描述。

B. 类是对一组相似对象的抽象。

C. 类是一种虚拟的概念。

D. 对象是类的实例化，所以先有类，后有对象。

(2) 下列关键字中不能作为修饰类的有(　　)。

A. sealed　　　　B. abstract　　　　C. override　　　　D. public

(3) 关于静态成员的描述，正确的有(　　)。

A. 静态成员属于类，不属于某一个类的实例。

B. 不同的类实例处理类的静态域时，访问的是同一个存储空间的数据。

C. 在静态方法中可以使用 this 关键字。

D. 通过一个类的实例可以访问类的静态成员。

(4) 下列关于 this 关键字的描述，不正确的是(　　)。

A. 在类的构造函数中 this 表示对正在构造的对象本身的引用。

B. 在类的方法中 this 表示对调用该方法的对象的引用。

C. this 可出现在任何地方。

D. this 指代的为某一个对象，故可对其进行算术运算。

(5) 关于构造函数，下列表述正确的是(　　)。

A. 构造函数是由编译系统自动调用，故构造函数只能由编译系统调用。

B. 构造函数只需完成初始化操作，故返回值类型为 void。

C. 构造函数分为静态构造函数和实例构造函数，实现不同类型成员的初始化。

D. 可以在静态构造函数中初始化实例成员，也可以在实例构造函数中初始化静态成员。

(6) 关于静态构造函数，下列表述中不正确的是(　　)。

A. 静态构造函数最多只运行一次且不可以被继承。

B. 如没有自定义静态构造函数，编译系统会自动生成默认构造函数。

C. 一个类只能有一个静态构造函数。

D. 静态构造函数像实例构造函数一样，可以有参数也可以无参数。

二、填空题

(1) 面向对象理论的三大特征是______、______、______。

(2) 下面程序的输出结果为______。

```
class A{
    public int a=8;
    public void display( ){
        System.Console.WriteLine(a);
    }
}
class B{
    static void Main( ){
        A mya;
        mya.display( );
    }
}
```

(3) 类的成员包括________、________、________、________、________、________。

(4) 类成员的访问限制符有______、______、______、______、______。

(5) 类的 protected 类型成员只允许在__________和__________被直接访问。

(6) this 关键字仅限于在________、________和________中使用。

三、简答题

(1) 面向对象程序设计方法较之于面向过程有哪些优势?

(2) 类和对象的关系是什么？举例说明两者间的联系和区别。

(3) 简述 C#中定义嵌套类的语法。

(4) 类的静态成员和非静态成员有哪些区别?

(5) 构造函数和析构函数分别有什么作用?

(6) 使用 return 语句的返回值和函数返回类型有什么关系?

(7) 试说明在哪种情况下需要使用类的静态成员。

第6章　域、属性与事件

域、属性以及事件都是 C#中类的成员类型，域用来存储类对象具有的特征，属性是对域的封装，事件则是 C#面向对象编程的典型特征。本章内容是学习 C#面向对象编程的基础，希望读者能认真领会。

本章重点：

- 域的使用
- 属性的声明与访问
- 委托与事件

6.1　域

域(Field)又称成员变量(Member Variable)，它表示类属性的存储位置，其他是 C#类中不可缺少的一部分。域的声明格式如下：

```
[域修饰符] 域类型　域名
```

域的修饰符可以是 new、public、protected、internal、private、static 和 readonly 等，分别代表不同的含义。其中 public、protected、internal、private、static 修饰符在前面的章节中已经详细介绍过了，在此不再赘述。

6.1.1　域的初始化

域的初始化是一个需要特别注意的问题。C#编译器默认将每一个域初始化为它的默认值。简单地说，数值类型或枚举类型的默认值为 0 或 0.0，字符类型的默认值为\x0000，布尔类型的默认值为 false，引用类型的默认值为 null，结构类型的默认值为其内的所有类型都取其相应的默认值。

虽然 C#编译器为每个类型都设置了默认类型，但按照面向对象的设计原则，还是需要对变量进行正确的初始化，这也是 C#推荐的做法，没有对域进行初始化会导致编译器发出警告信息。C#中对域进行初始化有两种方法：在声明的同时进行初始化和在构造器内进行初始化。域的声明初始化实际上被编译器作为赋值语句放在了构造器的内部最开始处执行。实例变量初始化会被放在实例构造器内，静态变量初始化会被放在静态构造器内。如果声明了一个静态的变量并同时对之进行了初始化，那么编译器将构造出一个静态构造器来把这个初始化语句变成赋值语句放在里面。

域的默认初始化分为两种情况。对于静态域，类在装载时对其进行初始化；而对于非静态域，在类的实例创建时进行初始化。在默认初始化之前，域的值是不可预测的。

6.1.2　只读域与 readonly 关键字

域的声明中如果加上了 readonly 修饰符，表明该域为只读域。只读域只能在域的定义中和它所属类的构造函数中进行修改，在其他情况下是只读的。下面代码定义了两个静态只读域 PI 和 i，并在定义的同时进行了初始化。

```
public class A{
   public static readonly double PI = 3.14159;
   public static readonly int i = 10;
   …
   }
```

这样在类中就可以直接使用 PI 来指代圆周率；i 用来表示一个只读的对象域等。C#引入了修饰符 readonly 来表示只读域，const 修饰符来表示常量( )。顾名思义，对只读域不能进行写操作，不变常量不能被修改。只读域具有如下特征：

- 只读域只能在初始化(声明初始化或构造器初始化)的过程中进行赋值，其他地方不能进行对只读域的赋值操作，否则编译器会报错。
- 只读域可以是实例域也可以是静态域。
- 只读域的类型可以是 C#语言的任何类型。

const 修饰的常量必须在声明的同时赋值，而且要求编译器能够在编译时计算出这个确定的值。const 修饰的常量为静态变量，不能够为对象所获取。Const 对修饰的值的类型也有限制，它只能为下列类型之一(或能够转换为下列类型的)：sbyte、byte、short、ushort、int、uint、long、 ulong、char、float、double、decimal、bool、string、enum 类型，或引用类型。

换句话说，当需要一个 const 常量时，但它的类型又限制了它不能在编译时被计算出确定的值来，可采取将之声明为 static readonly 来解决。但两者之间还是有一些细微的差别，具体内容如代码清单 6.1 所示。

代码清单 6.1

```
//file1.cs
using System;
public class ClassA{
    public static readonly int ROField = 10;
}
//file2.cs
using System;
public class ClassB{
    public static void Main( ){
    Console.WriteLine(MyNamespace1.ClassA.ROField);
    }
    }
```

两个类分别属于两个文件 file1.cs 和 file2.cs，并分开编译。在文件 file1.cs 内的域 myField 声明为static readonly时，假如由于某种需要改变了ROField的值为20，只需重新编译文件file1.cs 为 file1.dll，在执行 file2.exe 时会得到20。但假如将 static readonly 改变为 const 后，再改变ROField 的初始化值时，必须重新编译所有引用到 file1.dll 的文件，否则引用的 MyNamespace1.ClassA. ROField 将不会如人所愿而改变。这在大的系统开发过程中尤其需要注意。

6.2 属　　性

属性是对现实世界中实体特征的抽象，它提供了一种对类或对象的特性的访问机制。例如，一个表格的长度、一个文件的大小、一个窗口的标题都可以作为属性。属性所描述的是状态信息，在类的某个实例中，属性的值表示该对象相应的状态值。

属性是 C#中独具特色的新功能。通过属性来读写类中的域，这种机制具有一定的保护功能。在其他语言中，对域的访问功能通常是通过实现特定的 getter 和 setter 方法来实现的。要了解属性的用法，需先了解如何用传统的方法对域进行操作。详细内容如代码清单 6.2 所示。

代码清单 6.2

```
using System;
using System.Collections.Generic;
namespace pro{
    class age{
        private int _age;
        public void SetAge(int a){
            if (a < 0){
                Console.WriteLine("必须输入一个正数");
            }
            else{
                _age = a;
            }
        }
        public int GetAge( ){
            return _age;
        }
    }
    class TestAge{
        static void Main(string[ ] args){
            age Age = new age( );
            Console.WriteLine("Please input age");
            Age.SetAge(Int32.Parse( Console.ReadLine( )));
            int a = Age.GetAge( );
            Console.WriteLine("Age is {0}",a);
            Console.ReadLine( );
        }
    }
}
```

从示例可以看出，在没有属性这一机制时对对象域的访问是何其烦琐，需要定义相应的Get/Set函数与外界进行交互。有了属性机制就可以避免以上的情况。属性的优点就在于它有良好的封装性。属性不允许外部程序直接访问类的域，而是通过访问器进行访问(使用get/set对属性的值进行读写)。

6.2.1 属性的声明

C#中属性采用如下方式进行声明：

```
[属性修饰符] 属性的类型 属性名称{访问声明}
{
  set{ };
  get{ };
}
```

属性的修饰符包括new、public、protected、internal、private、static、virtual、override和abstract。

当一个属性声明中包含static修饰符，这个属性就被称为静态属性。当没有static修饰符时，这个属性被称为非静态属性(实例属性)。一个静态属性与特定的实例无关，并且在静态属性的访问符中使用this是错误的。在一个静态属性中包括virtual、abstract或override修饰符也是错误的。一个实例属性与一个类中特定的实例相关，并且这个实例可以被属性访问符中的this访问。当属性在形式E.M的成员访问中被引用时，如果M是一个静态属性，那么E必须表示一个类型；如果M是一个实例属性，那么E必须表示一个实例。

当一个实例属性声明包括一个abstract修饰符，这个属性就被称为抽象属性。一个抽象属性隐含的也是一个虚拟属性。

一个抽象属性声明引入一个新虚拟属性，但是没有提供属性访问符或访问符的执行。作为替代，非抽象派生类需要为访问符或覆盖的属性的访问符提供它们自己的执行。因为一个抽象属性声明的访问符不提供实际执行，其访问符主体完全由分号组成。

抽象属性声明只被允许存在于抽象类中，一个抽象属性声明中包括static或virtual修饰符是错误的。

根据get和set访问器是否存在，属性可分为如下类型。

- 读写(read-write)属性：同时包含get访问器和set访问器的属性。
- 只读(read-only)属性：只具有get访问器的属性。将只读属性作为赋值目标会导致编译时出现错误。
- 只写(write-only)属性：只具有set访问器的属性。除了作为赋值的目标外，在表达式中引用只写属性会在编译时出现错误。

因为属性的set访问器中可以包含大量的语句，所以可对赋予的值进行检查及一些其他必要的操作，如果值不安全或者不符合要求，就可以进行提示。这样就可以避免给类的数据成员设置了错误的值而导致的错误。

6.2.2 属性的访问

在属性的访问声明中，对属性的读操作用 get 访问符标出，而对属性的写操作用 set 访问符标出。请看下面的例子：

```
public class Class1{
private int s_age;
public int Age{
  get {
        return s_age;
  }
  set{
        if((value>18) && (value < 60)) { //对输入值进行检查
              s_age = value;
        }
        else                {
              Console.WriteLine("请输入合法年龄！");
        }
  }
}
}
```

首先声明一个私有的域 s_age，然后定义一个公有的属性 Age 对 s_age 进行封装。

使用 get 访问符为属性指定读数据的方法。在 get 语句中，使用 return 语句指定一个可隐含转换为属性类型的表达式作为读数据的结果。一个 get 访问符需要用 return 语句或 throw 语句作为结束标志。

相应地，set 访问符为属性指定写数据的方法。set 语句有一个隐含的参数称为 value，即可以用 value 指代用户将要写入的数据。当属性作为赋值的对象被引用时，有一个提供了新数据的参数的 set 访问符会被调用。set 语句必须与 void( )方法(没有返回值的方法)的规则相一致，即在 set 访问符主体中的 return 语句不允许指定一个表达式。

其实，在 C#的内部机制中，会有一个 get 语句与有一个属性类型的返回数值的无参数方法相对应；而一个 set 语句与一个有属性类型的单个数值参数的无返回值的方法相对应。

在程序中，使用属性来访问数据的方法就会非常简单了。例如，对于代码清单 6.2 所示例子中定义的年龄域_age，可以通过定义属性 AttributeAge 来对其进行封装。修改后的内容如代码清单 6.3 所示。

代码清单 6.3

```
using System;
using System.Collections.Generic;
namespace pro{
    class age{
        private int _age;           //私有 int 类型域_age
        public int AttributeAge{    //定义 AttributeAge 属性封装 _age 域
```

```
            get{                              //get 访问器
                return _age;
            }
            set{                              //set 访问器，在设置属性值时进行有效性验证
                if(value < 0){
                    Console.WriteLine("输入值非法！");
                }
                else{
                    _age = value;
                }
            }
        }
    }
    class TestAge{
        static void Main(string[ ] args){
            age Age = new age( );
            Console.WriteLine("Please input age");
            //设置属性值，可以通过输入非法值检验其有效性验证功能
            Age.AttributeAge = Int32.Parse( Console.ReadLine( ));
            //输出属性值
            Console.WriteLine("Age is {0}",Age.AttributeAge);
            Console.ReadLine( );
        }
    }
}
```

6.3　事　　件

事件是对象发送的消息，以发信号通知操作的发生。操作可能是由用户交互(如鼠标单击)引起的，也可能是由某些其他的程序逻辑触发的。引发(触发)事件的对象叫做事件发送方。捕获事件并对其做出响应的对象叫做事件接收方。在C++中没有事件的概念，它是在C#中首次被提出，其是C#对面向对象编程理论的完善。

要使用事件，必须先了解委托的概念。下面简要介绍C#中的委托机制。

6.3.1　委托

委托(Delegate)是一种特殊的类型，用于实现对一种方法的“封装”。在某种事件发生时，自动调用该方法。好处显而易见，它使用户可以自定义自己的方法实现，通过封装，CLR会在相应事件激发时调用自定义的方法，实现自定义的功能。

C#中的委托类似于C或C++中的函数指针，但两者有着本质的区别。C或C++不是类型安全的，但C#中的委托是面向对象的，而且是类型安全的。从某种角度来讲，委托是一个引

用类型，用来封装带有特定签名和返回类型的方法。

1. 声明委托

C#使用关键字 delegate 来声明委托类型，其具体格式如下：

```
[访问修饰符] delegate 结果类型 委托标识符([形参列表]);
```

委托类型可以在声明类的任何地方进行声明。

2. 实例化委托

委托使用 new 运算符来进行实例化，并且新创建的委托实例所引用的对象为以下情形之一：

- 委托创建表达式中引用的静态方法。
- 委托创建表达式中引用的目标对象(此对象不能为 null)和实例方法。
- 另一个委托。

下面代码给出了实例化委托的示例，在该段代码中定义一个委托 MyDelegate，在 TestClass 类中分别使用静态方法、实例方法以及另一个委托来进行实例化委托 delegate1、delegate2 和 delegate3。

```
delegate void MyDelegate(int x);
class MyClass{
    public static void Method1(int i) //自定义静态方法内容
    {
    }
    public void Method2(int i)   //实例方法
    {
    }
}
class TestClass{
    static void Main( ){
        //静态方法实例化委托
        MyDelegate delegate1=new MyDelegate(MyClass.Method1);
        //实例方法实例化委托
        MyClass class1=new MyClass( );
        MyDelegate delegate2=new MyDelegate(class1.Method2);
        //使用另一个委托实例化委托
        MyDelegate delegate3=new MyDelegate(delegate2);
    }
}
```

3. 使用委托

实例化一个委托后，可以通过委托对象的名称及放入括号的要传递给委托的参数来调用委托对象。调用委托时，调用表达式的主表达式必须是委托类型的值。下面以一个示例来说明委托的声明与使用，该实例使用委托完成输出公司女性员工的姓名及平均薪水的功能。详细内容如代码清单 6.4 所示。

代码清单 6.4

```
using System;
using System.Collections;
namespace HR {
    //定义员工结构体
    public struct Emp{
        public string Name;            //员工姓名
        public char Gender;            //员工性别
        public decimal Salary;         //员工薪水
        public Emp(string name, char gender, decimal salary) {  //构造员工对象
            this.Name = name;
            this.Gender = gender;
            this.Salary = salary;
        }
    }
    //定义一个员工信息处理委托
    public delegate void ProcessEmpDelegate(Emp emp);
    //对员工信息进行管理
    public class HRMan{
        //构造员工列表
        ArrayList emplist = new ArrayList( );
        //将员工添加到列表中
        public void AddEmp(string name, char gender,decimal salary){
            emplist.Add(new Emp(name,gender,salary));
        }
        //针对 female 员工，调用委托处理
        public void ProcessFemaleEmp(ProcessEmpDelegate processEmp){
            foreach (Emp e in emplist) {
                if (e.Gender == 'F')
                processEmp(e);    //调用委托处理
            }
        }
    }
}
namespace HRManClient{
    using HR;
    //对员工信息进行处理
    class SalaryTotaller{
        int countEmp = 0;
        decimal SalaryEmp = 0.0m;
        internal void AddEmpToTotal(Emp emp) {    //计算员工总工资及总人数
```

```
            countEmp += 1;
            SalaryEmp += emp.Salary;
        }
        internal decimal AverageSalary( ) {          //计算平均工资
              return SalaryEmp / countEmp;
        }
    }
    class Test{
        static void PrintName(Emp e){                  //输出员工姓名
              Console.WriteLine("      {0}", e.Name);
        }
        //初始化员工列表
        static void InitEmps(HRMan hr){
            hr.AddEmp("zhangsan",'F',1200);
            hr.AddEmp("lisi",'M',2631);
            hr.AddEmp("wangwu",'F',3254);
            hr.AddEmp("qianliu",'M',800);
        }
        static void Main( ){    //Main( )函数
              HRMan hrman = new HR.HRMan( );
              // 初始化员工列表
              InitEmps(hrman);
              // 输出 female 员工姓名
              Console.WriteLine("femal employeer name:");
              // 创建委托对象并与静态方法进行关联
              hrman.ProcessFemaleEmp(new ProcessEmpDelegate(PrintName));
              // 通过实例化 SalaryTotaller 对象得到平均薪水
              SalaryTotaller totaller = new SalaryTotaller( );
              // 创建一个委托对象，并且与非静态方法关联
              hrman.ProcessFemaleEmp(new ProcessEmpDelegate(totaller.AddEmpToTotal));
              Console.WriteLine("Average female salary: RMB {0}元",
                                totaller.AverageSalary( ));
              Console.ReadLine( );
        }
    }
}
```

本示例中，首先定义员工结构体，用以描述员工信息。HRMan 类用来封装员工信息处理，包括添加员工与处理女性员工信息。其中 ProcessFemaleEmp( )方法的参数为一个委托类型实例。在该方法中，遍历员工列表 emplist 并对符合条件的员工(女性员工)调用委托实例进行处理。在 SalaryTotaller 类中定义了计算员工总人数及平均工资的方法，test 类中定义了员工的初始化及输出服务。在 Main( )函数中创建委托对象并与静态方法 PrintName 进行关联，即对符合条件的员工(女性员工)调用 PrintName( )方法进行处理；同时创建新的委托对象并与实例方法 totaller.AddEmpToTotal( )进行关联，即对符合条件的员工调用 AddEmpToTotal( )方

法，获得女性员工的平均薪水。

下面再以一个简单的示例说明委托的定义及使用。假设有一个向顾客问好的服务，需要根据顾客不同的国籍而使用不同的语言，如果需要问好的顾客名为 Jimes，则需要用英文向他问好；如果名为“张三”，则需要用中文向他问好。

完成此项功能，需要定义两个方法 HelloEng( )和 HelloChin( )，将顾客名称以参数传入，如下所示：

```
void public HelloEng(string name){
    System.Console.WriteLine("Hello"+name);
}
void public HelloChin(string name){
    System.Console.WriteLine("您好"+name)
}
```

可以根据实际参数的值确定调用哪一个函数，这就需要在调用前判断实际参数即顾客姓名是中文还是英文。这当然很麻烦，也不利于升级。现在可以试着用委托来解决这个问题。可以定义一个委托用来封装 Hello( )方法，在传递名称实参时同时传递对应的处理方法。

详细内容如代码清单 6.5 所示。

代码清单 6.5

```
using System;
using System.Collections.Generic;
using System.Text;
public delegate void HelloDelegate(string name);  //声明一个委托
class Program {
    private static void HelloEng(string name) {    //英文版 Hello
      Console.WriteLine("Hello, " + name);
    }
    private static void HelloChin(string name) {   //中文版 Hello
            Console.WriteLine("您好  " + name);
    }
    //此方法接受一个委托类型变量
    private static void Hello(string name, HelloDelegate MakeHello){
            MakeHello(name);
    }
    static void Main(string[ ] args) {
            Hello("Jimes", HelloEng);
            Hello("张三", HelloChin);
            Console.ReadLine( );
    }
}
```

本示例中新定义了一个方法 Hello( )，在该方法中包含两个参数，即 name 与 MakeHello，其中前者是要输入的客户名称，后者是一个委托类型实例，根据 name 对应的实参，确定

MakeHello 封装的是哪一个方法，从而完成正确的功能。

6.3.2　事件的声明

事件的声明分为两种，一种是事件域声明；另一种是事件属性声明。

声明事件域的格式如下：

```
[事件修饰符] event 事件类型 事件名;
```

声明事件属性的格式如下：

```
[事件修饰符] event 事件类型 事件名 {访问符}；
```

其中，事件修饰符就是以前常提到的访问修饰符，如 new、public、protected、internal 和 private、static。事件所声明的类型(type)必须是一个代表 delegate 类型，而此代表类型应预先声明，示例代码如下所示。

```
public delegate void EventHandler
```

下面的代码给出了如何声明一个事件：

```
public delegate void EventHandler(object sender, Event e); //声明一个委托
public class MyString{
  public event EventHandler Changed; //声明一个事件
  public OnChanged(EnventArgs e){ //引发一个事件
      if ( Changed != null){
          Changed(this,e);
      }
  }
}
```

代码首先声明了一个代表类型 EventHandler，然后在类 MyString 中使用 EventHandler 声明了一个事件域 Changed。当类 MyString 的 OnChanged( )方法被调用时，它就触发了 Changed 事件。可见，引起一个事件的概念与调用由事件成员表示的代表正好相同。

6.3.3　事件的订阅与取消

事件的订阅是通过为事件加上左操作符“+=”来实现的，如下所示。

```
MyString mystring = new MyString( );
mystring.Changed += new EventHandler(mystring_Changed(object sender, EventArgs e));
```

这样，只要事件被触发，所订阅的方法才会被调用。

事件的撤销则是采用左操作符“－＝”来实现的，示例代码如下。

```
mystring.Changed – = new EventHandler(mystring_Changed);
```

下面以一个完整的示例说明事件的声明及使用，该示例定义了一个 MyString 类，在其 Text 属性被修改时触发 Changed 事件，并由响应的函数进行处理。详细内容如代码清单 6.6 所示。

代码清单 6.6

```
using System;
using System.Collections.Generic;
using System.Text;
namespace ConsoleApplication1{
 public class MyString{
        private string _text = "";
        //定义事件的委托
        public delegate void ChangedEventHandler(object sender, EventArgs e);

        public event ChangedEventHandler Changed; //声明事件
        protected virtual void OnChanged(EventArgs e) {   //用以触发事件
            if (this.Changed != null)
                this.Changed(this, e);
        }
        public string Text{    //定义 Text 属性
            get { return this._text; }
            set{
                this._text = value;
                //当 Text 属性被修改时，触发 Changed 事件
                this.OnChanged(new EventArgs( ));
            }
        }
    }
    class Program{
        static void Main(string[ ] args){
            MyString mystring = new MyString( );
            //将事件处理程序添加到事件的调用列表中即订阅事件
            mystring.Changed += new MyString.ChangedEventHandler(mystring
                                _Changed);
            string str = "";
            while (str != "quit"){
                Console.WriteLine("please enter a string:");
                str = Console.ReadLine( );
                mystring.Text = str;
            }
        }
        //事件处理函数
        private static void mystring_Changed(object sender, EventArgs e){
            Console.WriteLine("text has been changed   :{0}\n" ,((MyString)sender).Text);
        }
    }
}
```

在上面的代码中，首先声明了一个 MyString 类，且在其 Text 属性被修改时触发 Changed

事件。然后使用订阅事件符号“+=”为 MyString 类实例指定事件响应函数。这样，只要 myText 实例的 Text 属性发生改变即可触发 Changed 事件，就会调用 myText 实例预订的事件处理函数。

6.4 本章小结

C#描述一个类具有的特性有两种方式：域和属性。域也被称为是数据成员，属性被视为是对域的封装，属性只能通过访问器来访问。C#引入了委托机制，该机制类似于 C 或 C++中的函数指针，但委托是面向对象的且是类型安全的。事件可以在类的域或属性中加以说明，但事件类型必须是 delegate 型的，可以通过订阅事件来保证事件将被触发，也可以退订事件。委托和事件是学习 C#过程中遇到的第一个难点，需要读者在学习的过程中用心去体会。并多参考由 Visual Studio 2010 自动生成的一些代码，这样才能更好、更快地掌握这一部分的内容。

6.5 上机练习

(1) 上机调试代码清单 6.1～6.6 所示示例，分析其结果。

(2) 完善代码清单 6.4 所示示例，扩展为 Emp 类，并增加相应的域与属性，实现输出员工的平均年龄。

(3) 完善代码清单 6.5 所示示例，当其 Text 属性不为空时触发另一个事件。

(4) 根据所掌握的 delegate 的知识，补充完整以下程序。

```
using System;
namespace test{
 public delegate void OnDBOperate( );
 public class UserControlBase : System.Windows.Forms.UserControl{
       public event OnDBOperate OnNew;
       privatevoidtoolBar_ButtonClick
          (objectsender,System.Windows.Forms.ToolBarButtonClickEventArgs e){
             if(e.Button.Equals(BtnNew))
             {
                    //可能包括多行
             }
       }
    }
}
```

6.6 习　题

一、选择题

(1) 下列关于只读域的描述中正确的是(　　)。

A. 只读域只能通过 readonly 关键字进行定义。

B. 只读域只能在声明时进行初始化，不能在构造函数中进行初始化。

C. readonly 与 const 关键字的作用是一样的。

D. 只读域可以是 C#支持的任何类型。

(2) 下列关于属性的描述正确的是(　　)。

A. 属性是对现实世界中实体特征的抽象。

B. C#中的属性机制只是为编程提供了便利，并没有提供新的功能。

C. 属性不仅是对实体特征的抽象还用来存储具体实体特征值。

D. 类似于域，属性可以分为实例属性与静态属性。

(3) 下列关于委托机制的描述中正确的是(　　)。

A. 委托是对方法的一种封装，类似于 C++中的函数指针。

B. 委托的定义和方法的定义类似，只是在前面加了一个 delegate 关键字，故委托不能称为方法。

C. 实例化委托时，传入的参数可以是静态方法，也可以是实例方法。

D. 可以用一个委托去封装另一个委托。

(4) 声明一个委托 public delegate int myCallBack(int x); 则用该委托产生的回调方法的原型应该是(　　)。

A. void myCallBack(int x)　　　　B. int receive(int num)

C. string receive(int x)　　　　D. 不确定的

(5) 下列关于事件的描述中正确的是(　　)。

A. 事件既不是值又不是引用，而是由 event 关键字修饰的一类特殊的委托。

B. 事件必须是一种委托。

C. 订阅事件就是将某个委托对象指向一个具体的方法。

D. 当程序中满足某个条件时调用事件就是引发了事件。

(6) 下列关于属性和域的描述中错误的是(　　)。

A. 都属于类的成员，用来保存类的实例的各种数据信息。

B. 设置属性时，可以通过 return 来读取值，通过 value 来设置属性值。

C. 进行域值的设置时，可以通过 get 和 set 访问器来进行。

D. 进行属性值的设置时，可以通过 get 和 set 访问器来进行。

二、填空题

(1) 域的修饰符包括________、________、________、________、________等。

(2) C#中类的域可以________初始化，也可以在________初始化。

(3) C#中的域如果没有被显式的初始化，其初值为________。

(4) 使用________关键字可以定义一个类的只读域。

(5) C#中属性可以被看做是对________的封装。

(6) 使用________关键字可以声明一个类的虚拟属性。

(7) 静态属性只能通过________类调用。

(8) 定义一个只读属性并不需要________关键字，只需要实现________即可。

(9) 在 set 访问器中，除了对域进行赋值外，还可以进行________。

三、简答题

(1) 怎样定义一个只读属性？

(2) 事件与 Windows 中的消息是否相同？

(3) 如何订阅多个事件？

(4) 事件与 delegate 的关系是什么？

第7章 方　法

面向对象程序设计中一个类具有的服务通常以方法来体现，在源程序中体现为函数，服务、功能、方法、函数表达的是相同的意义。面向过程程序设计中函数是整个程序的核心，而面向对象程序设计中函数被封装到类中，成为类的成员，向外界提供服务。一个类功能的强弱即体现在它所包含的可被外界访问的方法的多少。本章将详细介绍方法的定义、使用及相关问题。

本章重点：

- 方法的声明
- 方法的参数使用
- 静态方法与外部方法
- 方法的重载与操作符重载

7.1 方法的声明

方法是类中完成某一个或几个操作行为的成员，因此方法应当声明在类的内部。它的声明格式如下：

```
方法修饰符 返回类型  方法名(方法参数列表)
{
    方法实现部分;
};
```

方法修饰符主要有 new、public、protected、internal、private、static、virtual、sealed、override、abstract 和 extern 等几种。其中，new、public、protected、internal、private、abstract 在前面类的修饰符和类成员的修饰符中已介绍过，形式基本一样。

如果修饰符为 static，则表明该方法为静态方法，它只能访问类中的静态成员，没有修饰符 static 的方法称为实例方法，可以访问类中任意成员。

如果修饰符为 virtual，则称这个方法为虚方法，反之称为非虚方法。对于非虚的方法，无论被用此类定义的对象调用，还是被这个类的派生类的对象调用，方法的执行方式不变。对于虚方法，它的执行方式可以被派生类改变，这种改变是通过重载实现的。

如果修饰符为 extern，则表示这个方法是外部方法。

方法名应该是 C#所支持的合法标识符，通常方法名代表着该方法具有的功能，如 Max、Init 等。方法的参数列表中是否包含参数则需要根据该方法所实现的功能来决定，如果方法不需要参数，则此处为空。

返回类型可以根据函数实际需要设定，只要是合法的 C#数据修饰符即可。在方法实现部分，可以通过 return 语句返回该数据类型，若不需要返回特定值，则此处使用 void 即可。如下代码所示：

```
using System;
class Test{
    public int Max(int x, int y){
    if (x>=y)
        return x;
    else
        return y;
    }
    public void WriteMin(int x, int y){
    int temp=x;
    if (x>y)
        temp=y;
        Console.WriteLine("6 和 8 中的最小值是：{0}。", WriteMin(6, 8));
    return;
    }
    public void Main( ){
    Console.WriteLine("6 和 8 中的最大值是：{0}。", Max(6, 8));
    WriteMin(6, 8);
    }
}
```

程序的输出是：

```
6 和 8 中的最大值是：8。
6 和 8 中的最小值是：6。
```

在上述程序中，函数 Max( )有一个整数类型的返回值，程序运行中返回了两个数中的最大数。注意，当函数遇到 return 语句后，即使后面还有代码，程序也会完成操作后退出。所以 return 语句是函数逻辑上的最后一条命令，一个函数可以有多条 return 语句。第二个函数 WriteMin( )中，最后只有一个后面不跟任何值的 return 语句，这表示它返回的是 void 值，与前面函数 WriteMin( )的 void 返回类型相对应。没有返回值的 return 可以省略，程序执行完函数的最后一条命令后，同样会退出，并返回一个类型为 void 的值。

7.2　方法的参数

方法的参数是方法用来与外界沟通的管道，任何方法都包含数量不一的参数。方法参数的参数包含在参数列表中，该列表中的参数称为形式参数，调用这个方法时提供的参数叫做实(值)参数。需要注意的是，形式参数的个数和实(值)参数的个数要一样，且每个形式参数的类型和调用程序中的实(值)参数类型要一一对应。如上面程序中，函数 Max( )和函数 WriteLine( )都有两个参数，参数的类型都是 int 整型参数。调用函数时实(值)参数都是整数参数，并且每个调用函数参数的个数都是两个。

除参数个数外，按照传递方式的不同，参数还分为不同的类型。C#支持 4 种类型的参数，分别如下。

- 值类型：不含任何修饰符。
- 引用类型：使用 ref 修饰符声明。
- 输出参数：使用 out 修饰符声明。
- 参数数组：使用 params 修饰符声明。

7.2.1　值类型参数传递

值类型参数的传递过程也称为值传递，是最常见的一种类型。采用这种方式进行传递时，编译器首先将实参的值做一份副本，并且将此副本传递给被调用方法的形参。可以看出这种传递方式传递的仅仅是变量值的一份副本，或是为形参赋予一个值，而对实参并没有做任何的改变，同时在方法内对形参值的改变所影响的仅仅是形参，并不会对定义在方法外部的实参起任何作用。C 语言中经典的 Swap 函数说明的就是这个问题。

C#版本的 Swap( )方法如代码清单 7.1 所示。

代码清单 7.1

```
using System;
using System.Collections.Generic;
namespace swap{
  class MainClass{
        static void Swap(int x,int y){
                int temp = x;
                x = y;
                y = temp;
        }
        public static void Main(string[ ] args){
                int i = 10;
                int j = 20;
                Console.WriteLine("交换前 i={0}, j={1}",i,j);
                Swap(i,j);
                Console.WriteLine("交换后 i={0}, j={1}",i,j);
                Console.ReadLine( );
        }
    }
}
```

编译并执行，输出结果为：

```
交换前 i=10, j=20
交换后 i=10, j=20
```

从输出结果可以看出，Swap( )方法内部对实参的改变仅限于对一份实参值副本的改变，并不影响实参 i、j 自身。这种参数类型已经被普遍接受，在此不再赘述。

7.2.2　引用类型参数传递

引用类型传递方式下，方法的参数以 ref 修饰符声明。传递的参数实际上是实参的引用(索引)，这种情况下形参和实参虽是两份相同值，但这些值本身并不表示目标数据，而是指向目标数据的引用，访问时通过这两个相同的引用找到的值理所当然是同一数据值。所以在方法中的操作，其实都是直接对实参所对应数据的操作，而不是在方法中又重新定义一个新的引用；在调用方法时，使用这种方式可以实现参数的双向传递，即在方法内对参数的修改将被同步反应到方法的外部。

为了传递引用类型参数，必须在方法声明和方法调用中都明确地在参数前指定 ref 关键字，并且实参变量在传递给方法前必须进行初始化。

下面以一个示例来说明引用类型参数。该示例分别演示了不同情形下的值类型参数与引用类型参数的传递，详细内容如代码清单 7.2 所示。

代码清单 7.2

```
using System;
public class Data{
  public int i = 10;
}
public class Class1{
  public static void Test1(Data d) {   //值类型
    //参数 d 只是一个引用副本，和原引用变量 d 同时指向同一个对象，因此都可以修改该对象
      的状态，即可以将对参数的修改反应到参数的外部
    d.i = 100;
  }
  public static void Test2(Data d) {   //值类型
    // 创建新的 Data 对象，并将参数 d 指向它。此时参数 d 和原有引用 d 分别指向 2 个不同的
      Data 对象，因此当超出 Test2( )方法作用范围时，参数 d 和其引用的对象将失去引用，等待
      GC 回收。所以对 i 的修改只能在 Test2( )方法内起作用
    d = new Data( );
    d.i = 200;
  }
  public static void Test3(ref Data d) {   //引用类型
    // 由于使用 ref 关键字，因此此处的参数 d 和原变量 d 为同一引用即指向同一个块内容，而
      并没有创建副本，所以创建新的 Data 对象是可行的。并且可以将修改后的值反应到方法
      的外部
    d = new Data( );
    d.i = 300;
  }
```

```
    public static void Main(string[ ] args){
        Data d = new Data( );
        Console.WriteLine(d.i); //输出结果：10
        Test1(d);
        Console.WriteLine(d.i); //输出结果：100
        Test2(d);
        Console.WriteLine(d.i); //输出结果：100
        Test3(ref d);
        Console.WriteLine(d.i); //输出结果：300
    }
}
```

引用类型参数传递的过程如 Test3( )方法所示。在该方法中形参 d 与实参 d(二者虽名称一样但表示不同意义)都指向对同一块存储空间，即同一个对象的引用，所以输出结果为最新修改后的值 300，而在 Test2( )方法中虽然参数为引用类型参数，但并不是作为引用类型传递，所以在 Test2( )方法中可以重新指定形参的引用对象，而对这个引用对象的修改并不能被带到 Test2( )方法的外部。读者需仔细推敲 Test1( )、Test2( )、Test3( )方法中参数的传递过程与实质，才能真正理解引用类型参数传递的含义。

7.2.3　输出类型参数传递

输出参数以 out 修饰符声明。和 ref 类似，它也是直接对实参进行操作。在方法声明和方法调用时都必须明确地指定 out 关键字。out 参数声明方式不需要变量传递给方法前进行初始化，因为它的含义只是用作输出目的。但是，在方法返回前，必须对 out 参数进行赋值。该类型参数通常用在需要多个返回值的方法中。

下面以一个简单示例来说明 out 关键字的使用。详细内容如代码清单 7.3 所示。

代码清单 7.3

```
using System;
class App{
    public static void Useout(out int i){
        i = 100;            //在方法内部修改参数的值
    }
    static void Main( ){
        int i;
        //此处为语法错误，不能引用没有经初始化的变量
        //Console.WriteLine("After the method calling: i = {0}", i);
        Useout(out i);
        //查看调用方法之后的值
        Console.WriteLine("After the method calling: i = {0}", i);
        Console.Read( );
    }
}
```

输出结果为：

```
After the method calling:i = 100
```

由以上代码可以看出，引用未经初始化的变量是非法的，经 Useout( )方法调用后，在方法内对 i 的改变将作为输出参数被带到方法的外部。

7.2.4　数组类型参数传递

方法的参数中可以包含数组，但如果包含有数组，那么数组必须在参数表中位列最后且只允许一维数组。数组型参数不能再有 ref 或 out 修饰符。

下面以一个简单示例说明该类型参数的使用。在该示例的 Test 类中定义了方法 F，其参数为数组类型，而在主函数中调用 F 方法时给出了不同的实参形式，通过 F 方法的调用可以体会到数组类型参数传递的用法与实质。详细内容如代码清单 7.4 所示。

代码清单 7.4

```
using System;
using System.Collections.Generic;
namespace param{
  class Test   {
        static void F(params int[ ] args){
              Console.WriteLine("参数个数: {0}", args.Length);
              for (int i = 0; i < args.Length; i++)
                    Console.WriteLine("\targs[{0}] = {1}", i, args[i]);
        }
        static void Main( ){
              F( );
              F(1);
              F(1, 2);
              F(1, 2, 3);
              F(new int[ ] {1, 2, 3, 4});
              Console.ReadLine( );
        }
  }
}
```

调试并执行，输出结果为：

```
参数个数: 0
参数个数: 1
            args[0] = 1
参数个数: 2
            args[0] = 1
            args[1] = 2
参数个数: 3
```

```
        args[0] = 1
        args[1] = 2
        args[2] = 3
参数个数: 4
        args[0] = 1
        args[1] = 2
        args[2] = 3
        args[3] = 4
```

7.3 静 态 方 法

类的方法具有静态方法和非静态方法两种，使用 static 类型修饰符的方法称为静态方法，没有 static 修饰符的方法是非静态方法。静态方法和非静态方法的区别是：静态方法属于类所有，非静态方法属于用该类定义的对象所有。从内存映象的角度来看，用户在通过类定义自己的对象时，对每一个对象，系统都会在内存中给这个对象开辟一个区域，并将这个类的非静态成员存入。因此，每一个对象都有自己的非静态方法，这些非静态方法是多个副本；对于静态成员，无论定义多少个对象，系统在内存中都只开一个内存空间，所有对这个静态方法的访问都是只对这一个副本访问。

非静态方法可以访问对象中包括表态成员在内的所有成员，而静态方法则只能访问类中的静态成员。如以下代码：

```
using System;
class myClass{
    public static int ClassNumber;          //类的静态域
    public int data;                        //类的非静态域
    public void myClass( ){                 //构造函数
        ClassNumber++;                      //在非静态方法中可以访问本类静态域
    }
    ~myClass( ){                            //析构函数
    ClassNumber--;
    }
    public static int GetClassNumber( ){    //静态方法
        //data ++;                 错误
        return ClassNumber;
    }
}
```

分析上述程序，可以看到构造函数 myClass( )的作用是完成类个数加 1 操作，析构函数～myClass( )完成类个数减 1 操作，而静态方法 GetClassNumber( )是读取静态变量 ClassNumber 的值。由于成员变量 ClassNumber 是静态变量，无论定义多少个对象，整个系统中都只有一个副本，每一对象在定义时对静态变量 ClassNumber 加 1，撤销时静态变量 ClassNumber 减 1，每次运算都只针对这一个值进行，当调用函数 GetClassNumber( )时，就可以得到当前系统中对类 myClass 定义的对象个数。

而在静态方法 GetClassNumber( )中访问类的非静态成员 data 是非法的，因为静态方法在类中仅保留一份副本，编译器无法确定 data 到底是哪一个实例化对象的域。

7.4　方法的重载

方法的重载即函数的重载，现实生活中有一些类似的功能，如比较两个整数的大小和比较 3 个整数的大小，它们具有相似的功能但又需要分别命名，如 MaxTwo 与 MaxThree 等，而函数的重载解决了这一问题。重载允许一组具有相似功能的函数具有相同的函数名，只不过它们的参数类型或参数个数略有差异。

类的方法的重载也类似。类的两个或两个以上的方法具有相同的方法名，只要它们使用的参数个数或参数类型不同，编译器便能够根据实参的不同确定在哪种情况下调用哪个方法，这就构成了方法的重载。

最简单的方法重载就是求最大值方法的重载，使用相同的方法名 Max，可以重载多个求最大值的方法，如求两个 int 类型数据的最大值，求两个 double 类型数据的最大值，求 3 个 int 类型数据的最大值等。具体内容如代码清单 7.5 所示。

代码清单 7.5

```
using System;
using System.Collections.Generic;
namespace congzai{
  class MainClass   {
        public static int max(int x,int y) { //重载 max 函数
              if (x > y)
                    return x;
              else
                    return y;
        }
        public static int max(int x,int y,int z) { //重载 max 函数，参数个数不同
              if(x>y){
                    if(x>z)
                          return x;
                    else
                          return z;
              }
              else{
                    if(y>z)
                          return y;
                    else
                          return z;
```

```
            }
        }
        public static float max(float x,float y) { //重载 max 函数，参数类型不同
            if (x > y)
                return x;
            else
                return y;
        }
        public static void Main(string[ ] args){
            Console.WriteLine("2，3，4 三个正数的最大值为：{0}",max(2,3,4));
            Console.WriteLine("2，3 两个整数的最大值为：{0}",max(2,3));
            Console.WriteLine("2.5，4.5 两个小数的最大值为：{0}",max(2.5f,4.5f));
            Console.ReadLine( );
        }
    }
}
```

调试并执行，输出结果为：

```
2，3，4 三个正数的最大值为：4
2，3 两个整数的最大值为：3
2.5，4.5 两个小数的最大值为：4.5
```

C#中最常见的方法重载就是构造方法(函数)的重载，构造函数完成类中域的初始化任务，当一个类的域需要有不同的初始化需求时，就需要定义多个构造方法，而这些方法的名称只能与类的名称相同，从而形成构造方法的重载。

下面以一个简单的银行账户类为例说明构造方法的重载，在为某一客户建立账户时需要客户输入自定义密码并写入账户的余额，而在批量建立账户时，初始密码都被置为 888888，余额为 0.00，故需要重载两个构造方法，完成不同的初始化需求。详细内容如代码清单 7.6 所示。

代码清单 7.6

```
using System;
using System.Collections.Generic;
namespace Acc{
  class Account{
        private string Password;
        private double Balance;
        public Account( ){
            this.Password = "888888";
            this.Balance = 0.00d;
        }
        public Account(string password,double balance){
            this.Password = password;
            this.Balance =balance;
```

```
        }
        public void OutPassBal(){
            Console.WriteLine("------------------------");
            Console.WriteLine("账户密码：{0}",this.Password);
            Console.WriteLine("账户余额：{0}",this.Balance);
        }
    }
    class test{
        public static void Main(string[ ] args){
            Account account = new Account( );
            Account account2 = new Account("asdf",63.5);
            Account.OutPassBal( );
            account2.OutPassBal( );
            Console.ReadLine( );
        }
    }
}
```

编译并执行，输出结果为：

```
账户密码：888888
账户余额：0
------------------
账户密码：asdf
账户余额：63.5
```

从示例代码可以看出，通过重载构造方法可以实现类的不同初始化需求，使编程能更贴近现实生活。

7.5　外 部 方 法

C#中使用 extern 修饰符来声明在外部实现的方法，常用于系统 API 函数的调用。

extern 修饰符的常见用法是在使用 Interop 服务调入非托管代码时与 DllImport 属性一起使用。在这种情况下，该方法还必须声明为 static，如下面的示例所示：

```
[DllImport("avifil32.dll")]
private static extern void AVIFileInit( );
```

使用 extern 修饰符意味着方法在 C# 代码的外部实现，而使用 abstract 修饰符意味着在类中未提供方法实现，故不能将 extern 关键字与 abstract 关键字同时使用。

需要指出的是，extern 关键字还可以定义外部程序集别名，使得可以从单个程序集中引用同一组件的不同版本。

下面以一个简单示例来说明外部方法的使用。在该示例中，程序接收来自用户的字符串并将该字符串显示在消息框中。程序使用从 User32.dll 库中导入的 MessageBox( )方法。

```
using System; using
System.Runtime.InteropServices;
class MainClass {
    [DllImport("User32.dll")] //导入相关 DLL 文件
    //声明外部方法
    public static extern int MessageBox(int handle, string message, string caption, int type);
    static int Main( ) {
        string myString;
        Console.Write("Enter your message: ");
        myString = Console.ReadLine( );
        return MessageBox(0, myString, "My Message Box", 0); //调用外部方法
    }
}
```

编译并执行，结果弹出一个消息框，内容即为在命令行下输入的内容，如图 7.1 所示。

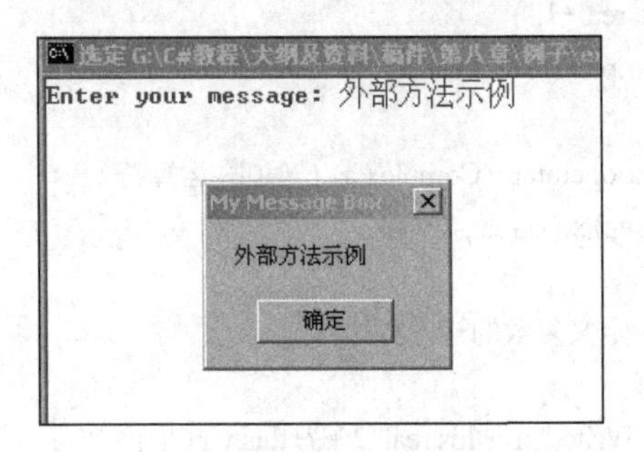

图 7.1 外部方法调用结果示意图

此处给出了一个定义及使用外部方法的示例，使用外部方法的模式相对简单，只需要导入目标 DLL 文件，然后声明相应的外部方法即可。用户可以实现一个自定义 DLL，然后在 C#中调用 DLL 中的方法。

7.6 操作符重载

操作符是 C#中用于定义类的实例对象间表达式操作的一种成员。操作符重载是指允许用户使用用户定义的类型编写表达式，操作符重载是对原操作符功能的一种扩充，同时也极大地方便了程序设计。C#中的重载操作符共有三种：一元操作符、二元操作符和转换操作符。并不是所有的操作符都可以重载，三种操作符都有相应的可重载操作符集，分别为：

- 一元操作符：+、–、!、～、++、– –、true、false
- 二元操作符：+、–、*、/、%、&、|、^、<<、>>、==、!=、>、<、>=、<=
- 转换操作符：隐式转换( )和显式转换( )

7.6.1　一元操作符的重载

一元操作符运算时只需要一个操作数，由于 C#不支持友元机制，故只能将操作符重载为某个类的静态成员方法。下面以一个简单示例来说明一元运算符的重载。该示例重载了复数的++运算，按照++运算符的逻辑即在原有数据的基础上加 1，可以理解为加上 1+0i(也可以重载为别的运算逻辑)。详细内容如代码清单 7.7 所示。

代码清单 7.7

```
using System;
class Complex{
  double   real, vir;  //声明复数的实虚部
public Complex(double r, double v) { //定义构造方法
        this.real=r;
        this.vir=v;
  }
  public static Complex operator ++(Complex a) {//重载++运算符
         double real=a.real+1;
        return new Complex(real, a.vir);
  }
  public static Complex operator -(Complex a) { //重载-运算符
        return new Complex(-a.real,-a.vir);
  }
  public void Print( ){//定义复数的输出方法
        if(this.vir > 0){
              Console.Write("\n"+this.real+" + "+this.vir+"i");
        }
        else if (this.vir == 0){
              Console.WriteLine("\n"+this.real);
        }
        else{
              Console.WriteLine("\n"+this.real+" - "+(-this.vir)+"i");
        }
  }
}
class Test{
  public static void Main( ){
        Complex a=new Complex(3,4); //定义两个复数
        Complex b=new Complex(5,6);
        Complex c=-a;   //执行-运算
        c.Print( );
      //执行++运算
        Complex e=a++;
        a.Print( );
        e.Print( );
```

```
            Complex f=++a;
            a.Print( );
            f.Print( );
            Console.ReadLine( );
        }
    }
```

编译并执行，输出结果为：

```
-3 - 4i
4 + 4i
3 + 4i
5 + 4i
5 + 4i
```

从示例可以看出，重载后的运算符能够完全按照预定的设想执行功能，为程序设计提供了很大的便利。需要指出的是，一元操作符“++”和“--”返回值类型和参数类型必须与声明该操作符的类型一样。操作符“+、–、!、～”的参数类型必须和声明该操作符的类型一样，返回值类型可以任意。true 和 false 操作符的参数类型必须和声明该操作符的类型一样，而返回值类型必须为 bool，而且必须配对出现。也就是说，只声明其中一个是不对的，会引起编译错误。

7.6.2　二元操作符的重载

二元操作符具有两个操作数，重载过程与一元操作符一致。下面仍以复数类为例，重载复数的“+”和“*”二元运算符，重载时只需为代码清单 7.7 所示代码中 Complex 类添加两个方法即可。具体添加内容如代码清单 7.8 所示。

代码清单 7.8

```
public static Complex operator +(Complex a, Complex b) {
        return new Complex(a.real+b.real,a.vir+b.vir);
  }
  public static Complex operator*(Complex a, Complex b) {
        return new Complex(a.real*b.real-a.vir*b.vir,a.vir*b.real+b.vir*a.real);
  }
```

有兴趣的读者可以修改 Main 函数，测试重载后的“+”及“*”运算符是否正确。

7.7　本 章 小 结

C#中一切皆为类，类正是通过自身所包含的方法向外界提供服务的，故方法是一个类的核心。本章给出了方法的声明及使用并针对不同的参数传递类型进行详细说明，读者应深入理解引用传递与值传递之间的差异，这样才能正确地运用方法，这也是本章的重点内容。除此之外，本章还讨论了静态方法、外部方法以及操作符的重载等内容。

7.8 上 机 练 习

(1) 上机调试代码清单 7.1～7.5 所示示例，分析其结果。

(2) 自定义一个字符串类，重载其构造方法，满足不同的初始化需求，包括不含参数、使用字符数组作为参数、使用字符串作为参数等情况。

(3) 完善代码清单 7.6 所示示例，实现存款、取款、查询余额及修改密码等方法。

(4) 完善复数类 Complex，并重载其相关运算符。

(5) 编写程序使用外部方法，控制扬声器发声。

7.9 习 题

一、选择题

(1) 下列关于传值方式的描述中正确的有(　　)。

A. 传值方式下，形参得到的值仅仅是实参值的一份副本，而不是实参本身。

B. 传值方式下在方法中对形参的改变并不会“反应”到方法外的实参上。

C. 传值方式下参数一定不能为引用类型，只能是值类型。

D. 类的构造函数若包含参数，则一定是采用传值方式。

(2) 下列关于引用传递方式的描述中正确的是(　　)。

A. 引用传递方式下，参数一定是引用类型，而不能是值类型。

B. 当形参本身为引用类型时，其前面不加 ref 关键字也是引用传递方式。

C. 引用传递方式下，形参或实参只需用一个 ref 关键字修饰即可。

D. 引用传递方式的效率较值传递低。

(3) 下面程序的输出结果是(　　)。

```
using System;
   public class samp{
      public int data = 2;
   }
   public class Class1{
      public static void Fun1(samp d) {
         d = new samp( );
         d.data = 20;
      }
      public static void Fun2(samp d) {
         d.data = 20;
```

```
    }
    public static void Main(string[ ] args){
        samp d = new samp( );
        Fun1(d);
        Console.WriteLine(d.i);
        Fun2(d);
        Console.WriteLine(d.i);
    }
}
```

A. 2
2　　B. 2
20　　C. 20
2　　D. 20
20

(4) 下列关于方法重载的描述中正确的是(　　)。

A. 构成重载的多个方法必须方法名完全一致。

B. 构成重载的多个方法应完成相类似的功能。

C. 两个方法仅有返回值类型不同也可以构成重载关系。

D. 构成重载的多个方法，它们的参数类型和参数个数必须不同。

(5) 下列关于运算符重载的描述中错误的是(　　)。

A. 运算符重载实质是方法的重载。

B. 二元运算符可以重载为类的实例方法，其中一个操作数是当前对象。

C. 一元运算符只能重载为类的静态方法。

D. 重载后的运算符可以改变原有的优先级。

(6) 下列运算符不可以被重载的是(　　)。

A. ++　　B. %　　C. .　　D. <=

二、填空题

(1) 方法又称为________、________、________等，它们表达相同的意义，只是看待问题的角度不同而有不同的称呼。

(2) 类的方法声明中，若没有显式指定方法的访问修饰符，则默认为________。

(3) 在方法的参数列表中定义的参数称为________。

(4) 在调用方法时，提供的实参的________与________要与形参一致。

(5) C#支持的参数传递方式有________、________、________、________。

(6) C#中使用_________修饰符来声明在外部实现的方法。

三、简答题

(1) 方法的声明与方法的实现分别指的是什么？

(2) 为什么要定义 out 关键字？

(3) 使用 ref 关键字修饰的参数一定需要引用类型的参数吗？为什么？

(4) ref 关键字与 out 关键字的作用有何异同？

(5) 满足什么样条件的多个方法才能构成重载？

第8章　继承与多态

继承和多态是面向对象程序设计的核心内容，几乎所有的面向对象程序设计语言都支持该机制。继承机制不仅提高了软件模块的可复用性和可扩充性，同时还提高了开发效率。继承的引入，在类之间建立了一种相交的关系，使得新定义的派生类可以继承已有基类的特性与能力，并且可以加入新的特性或修改已有的服务，从而建立起类的层次结构。

由继承产生的相似而又不同的对象对相同的消息会做出不同的反应，这便是多态机制。多态性是以继承为基础的，本章将详细介绍C#中的继承与多态机制。

本章重点：

- 使用继承机制
- C#中的多态性

8.1　什么是继承

在现在生活中，许多事物之间存在着或多或少的联系，有时会出现一类事物具有另一类事物几乎全部的特点，除此之外还具有自身的特点。例如，车是一种重要的交通工具，轿车具有车类的全部特点，且具有自己的小巧、方便的新特点。对于这种现象，C#设计了继承机制。如果把车定义成一个车类，通过继承即可以产生轿车类，轿车类就自动具有车类几乎所有的特点。

一个新类从已有的类那里获得其已有特性，这种现象称为类的继承。通过继承，一个新建子类从已有的父类那里获得父类的特性。从另一角度说，从已有的类(父类)产生一个新的子类，称为类的派生。类的继承是用已有的类来建立专用类的编程技术。派生类继承了基类的所有特性与功能，并可以对成员做必要的增加或调整。一个基类可以派生出多个派生类，每一个派生类又可以作为基类再派生出新的派生类，因此基类和派生类是相对而言的。一个派生类有且只能有一个基类，这一点是和C++有所不同的，即C#不支持多重继承机制。

同时基类与派生类也是一个成对的概念，一个孤立的类既不可能是基类也不可能是派生类。

8.2　使用继承机制

C#中使用“:”产生一个派生类，在派生的同时还需要制定基类与派生类各自的特性、以哪种方式派生以及在派生类中对基类的成员如何处理。C#支持的类成员除了普通的域和方法外还包括属性、委托、事件及接口等，这使得 C#的继承机制更为复杂。不过在 C#中各种功能均需要使用相应的关键字进行修饰，故整个知识体系较完整、清晰，也更利于学习掌握。

8.2.1 基类和派生类

认识基类与派生类之前先看下面一个示例，假设已经声明了一个人类 Person，在此基础上通过继承建立一个雇员类 Employeer。C#中的语法格式如下：

```
class Person{  //定义基类
    protected string ssn = "111-222-333-444" ;
    protected string name = "张三" ;
    public virtual void Display( ) {
        Console.WriteLine("姓名: {0}", name) ;
        Console.WriteLine("编号: {0}", ssn) ;
    }
}
class Employeer : Person{  //定义雇员类，从人类继承得到
    //此处添加自定义成员
}
```

这样就得到一个新类 Employeer，该类自动具有人类 Person 的所有属性和服务(除构造函数和析构函数外)。除此之外，新类还可以拥有自定义的一些属性和服务，这些成员只需要按照普通类成员的定义方式进行定义即可。

```
class Employeer : Person {
     public string id = “071222001” ; //新增加的成员
};
```

C#语言的继承机制除了要遵守上述语法规范外，还有如下规则：

(1) 派生类应当被看做是基类所具有的特性与功能的继承和扩展，而不是简单的派生类“大于”基类。

(2) 派生类不能“选择性”地继承基类的属性与方法，必须继承基类的所有特性与方法。

(3) 派生类可以在继承基类的基础上自由定义自己特有的成员。

(4) 基类的构造方法与析构方法不能被派生类继承，除此之外的其他成员都能被继承，基类成员的访问方式不影响它们成为派生类的成员。

(5) 派生类中继承的基类成员和基类中的成员只是相同，并非同一个成员。

8.2.2 base 关键字与基类成员的访问

继承机制并不能使派生类具有基类的构造方法与析构方法，要想通过访问基类的构造方法为派生类中的基类子对象进行初始化，则需要使用 base 关键字。

在派生类中使用 base 关键字即可指代当前类的父类，但只限于在构造函数、实例方法和实例属性访问器中使用。下面以一个简单示例来说明如何在派生类中访问基类的构造函数。

假设上一小节中的 Employeer 类中还定义一个 GetInfo( )方法，用来输出雇员的相关信息，这种情况下即可以调用基类 Person 的 Display( )方法，完成在基类中定义的两个成员的输出任务，在此基础上再补充上派生类中自定义的成员的输出即可。

```
public void GetInfo( ){
    base.Display( );
    Console.WriteLine("成员 ID:{0}",id);
}
```

修改后完整的程序如代码清单 8.1 所示。在派生类 Employeer 的 GetInfo( )方法中通过 base 关键字调用基类 Person 的 Display( )方法，完成姓名 name 和编号 ssn 的输出。

代码清单 8.1

```
using System;
using System.Collections.Generic;
namespace Samp1{
 class Person{    //定义基类
        protected string ssn="312547197502126978";
        protected string name="zhangsan" ;
        public void Display( ){  //完成基类中定义的成员的输出
               Console.WriteLine("姓名: {0}", name) ;
               Console.WriteLine("编号: {0}", ssn) ;
        }
 }
class Employeer : Person   {
        public string id = "070423001"; //派生类中自定义成员
        public void GetInfo( ){
               base.Display( );//利用 base 关键字调用基类 Person 的 Display 方法
               Console.WriteLine("ID: {0}",this.id);
        }
}
 class MainClass{
        public static void Main(string[ ] args){
               Employeer e = new Employeer( );
               e.GetInfo( );
               Console.ReadLine( );
        }
    }
}
```

编译并执行，输出结果为：

```
姓名: zhangsan
编号: 312547197502126978
ID: 070423001
```

8.2.3　方法的继承与 virtual、override 及 new 关键字

由代码清单 8.1 可以看出，基类中的 Display 和派生类的 GetInfo( )方法要执行的都是一致的操作——输出类的成员，如果再由 Employeer 派生出管理层类 Manager，此时该类的输出方法应该怎样命名？若再往下派生，就会造成命名的混乱，理想的方式是在这些由继承产生的“类家族”中，所有的输出信息的方法都定义为同一个方法名 Display，但不同的类实例调用这些同名的方法时实现不同的功能。为了实现这种效果，C#引入了 virtual 关键字。

使用 virtual 关键字修饰的方法称为虚方法，在一个类中如果某个方法需要被派生类继承，并且需要在派生类中修改方法的内容时可将该方法定义为虚方法。在派生类中如果需要重写该方法，可在派生类中定义同名的方法，其前加上 override 关键字修饰。下面修改代码清单 8.1，实现上述功能，即在基类和派生类中都定义 Display 方法，通过指定 virtual 及 override 关键字，让其具有不同的功能。详细内容如代码清单 8.2 所示。

代码清单 8.2

```
using System;
using System.Collections.Generic;
namespace Samp2{
  class Person {    //定义基类
        protected string ssn="312547197502126978";
        protected string name="zhangsan" ;
        public virtual void Display( ){        //声明为虚方法
              Console.WriteLine("姓名: {0}", name) ;
              Console.WriteLine("编号: {0}", ssn) ;
        }
  }
  class Employeer : Person       {
         public string id = "070423001"; //派生类中自定义成员
         public override void Display( ) { //在派生类中重定义虚方法
                base.Display( );
                Console.WriteLine("ID: {0}",this.id);
         }
  }
  class MainClass{
        public static void Main(string[ ] args){
              Person p = new Person( );
              Console.WriteLine("基类的成员");
              p.Display( );
              Employeer e = new Employeer( );
              Console.WriteLine("派生类的成员");
              e.Display( );
              Console.ReadLine( );
        }
   }
}
```

编译并执行，输出结果为：

```
基类的成员
姓名: zhangsan
编号: 312547197502126978
派生类的成员
姓名: zhangsan
编号: 312547197502126978
ID: 070423001
```

从代码清单 8.2 中可以看出，虽然从基类中继承了 Display 方法，但由于该方法被定义为虚方法，故可在派生类中重写该方法。

在此需要指出的是，在派生类中对虚方法 Display 使用 override 修饰后，基类中的 Display 在派生类中将被屏蔽，不会存在两个 Display 方法从而构成重载关系。

在此例中如果没有 virtual 及 override 关键字分别对基类和派生类中的同名方法进行修饰，同样也能输出正确的结果，但编译器给出一个警告。为了能在派生类中定义与基类同名的方法，同时新方法又能具有不同的功能，C#引入了 new 关键字。

new 关键字用来修饰一个方法，即在派生类中重写该方法，该类的基类也具有一个同名的方法，但二者仅名称一样而已，并无什么关联。在派生类中使用该方法名调用的是派生类中自定义的方法，基类的方法只能通过 base.方法名来调用。修改代码清单 8.2，使用 new 关键字修饰派生类的 Display 方法。修改后的内容如代码清单 8.3 所示。

代码清单 8.3

```
using System;
using System.Collections.Generic;
namespace Samp3{
  class Person{     //定义基类
        protected string ssn="312547197502126978";
        protected string name="zhangsan" ;
        public void Display( )     {
              Console.WriteLine("姓名: {0}", name) ;
              Console.WriteLine("编号: {0}", ssn) ;
        }
  }
class Employeer : Person      {
        public string id = "070423001";     //派生类中自定义成员
        public new void Display( ){        //在派生类重新定义一个同名方法
              base.Display( );
              Console.WriteLine("ID: {0}",this.id);
        }
}
class MainClass{
        public static void Main(string[ ] args){
```

```
            Person p = new Person( );
            Console.WriteLine("基类的成员");
            p.Display( );
             Employeer e = new Employeer( );
            Console.WriteLine("派生类的成员");
             e.Display( );
             Console.ReadLine( );
        }
    }
}
```

编译并执行，输出结果为：

```
基类的成员
姓名: zhangsan
编号: 312547197502126978
派生类的成员
姓名: zhangsan
编号: 312547197502126978
ID: 070423001
```

由此可见，使用 new 修饰符也能实现相同的方法名，在基类和派生类中分别实现不同功能的目的，那定义 virtual 关键字的意义何在呢？

下面以一个示例来说明使用 virtual 关键字与使用 new 关键字的区别。该示例在基类 Parent 中定义两个方法 F 和 G，其中一个 G 为虚方法，由 Parent 派生出一个派生类 Child，在派生类 Child 中使用 new 关键字定义 F 方法，并重写虚方法 G。详细内容如代码清单 8.4 所示。

代码清单 8.4

```
using System;
class Parent{
    public void F( ){   //定义非虚方法
        Console.WriteLine("基类的 F 方法被调用");
    }
    public virtual void G( ){     //定义虚方法
        Console.WriteLine("基类的 G 方法被调用");
    }
}
class Child: Parent{
    new public void F( ){     //使用 new 关键字，重写 F 方法
        Console.WriteLine("派生类的 F 方法被调用");
    }
    public override void G( ){ //使用 override 关键字，覆盖 G 方法
        Console.WriteLine("派生类的 G 方法被调用");
    }
}
```

```
class Test{
    static void Main( ) {
        Child b = new Child( );     //实例化一个派生类对象
        Parent a = b;               //由基类的对象引用派生类对象
        a.F( );
        b.F( );
        a.G( );
        b.G( );
    }
}
```

编译并执行，输出结果为：

```
基类的 F 方法被调用
派生类的 F 方法被调用
派生类的 G 方法被调用
派生类的 G 方法被调用
```

可以看到，class Child 中 F( )方法的声明采取了重写(new)的办法来屏蔽 class Parent 中非虚方法 F( )的声明。而 G( )方法就采用了覆盖(override)的办法来提供方法的多态机制。需要注意的是，重写(new)方法和覆盖(override)方法的不同，从本质上讲重写方法是编译时绑定，而覆盖方法是运行时绑定。虚方法不可以是静态方法，也就是说，不可以用 static 和 virtual 同时修饰一个方法，这由它的运行时类型辨析机制所决定。override 必须和 virtual 配合使用，当然也不能和 static 同时使用。

由继承产生的同名方法之间不会构成重载关系，因为构成重载关系的两个方法必须在同一个层次上，而继承产生的同名方法是在不同的层次上。

8.2.4　sealed 关键字与密封类

在实际编程过程中，有的类已经没有再被继承的必要。C#提出了一个密封类(sealed class)的概念，来描述这一问题。

密封类在声明中使用 sealed 修饰符，这样就可以防止该类被其他类继承。如果试图将一个密封类作为其他类的基类，C#将提示出错。理所当然，密封类不能同时又是抽象类，因为抽象总是希望被继承的。

如果在一个类的继承体系中不想再使一个虚方法被覆盖，可以使用 sealed override (密封覆盖)，用 sealed 和 override 同时修饰一个虚方法便可以达到这种目的：sealed override public void F( )。注意这里一定是 sealed 和 override 同时使用，也一定是密封覆盖一个虚方法，或者一个被覆盖(而不是密封覆盖)了的虚方法。密封一个非虚方法是没有意义的。

8.2.5　Abstract 关键字与抽象类

有时候抽象出基类并不与具体的事物有关，如为了定义三角形、四边形类，可以先定义图形类，派生出规则图形与不规则图形类，再由规则图形类派生出等边三角形与正方形类。

这种情况下在设计基类图形类时就遇到一个问题，即这个类不能被实例化，图形只是一个概念没法将它具体化。为此 C#引入了抽象类(Abstract Class)的概念。

抽象类使用关键字 Abstract 修饰，并遵守以下规则：

(1) 抽象类只能作为其他类的基类，它不能直接被实例化，而且对抽象类不能使用 new 操作符。

(2) 抽象类允许包含抽象成员。

(3) Abstract 不能与 sealed 关键字同时使用。

8.3 多 态 性

多态性(polymorphism)是面向对象程序设计的一个重要特征。利用多态性可以设计和实现一个易于扩展的系统。

在面向对象方法中一般是这样表述多态性的：向不同的对象发送同一个消息，不同的对象在接收时会产生不同的行为(方法)。也就是说，每个对象可以用自己的方式去响应消息的消息。

从系统实现的角度看，多态性分为两类：静态多态性和动态多态性。以前学过的方法重载和运算符重载实现的多态性属于静态多态性，在程序编译时系统就能决定调用的是哪个方法，因此静态多态性又称编译时的多态性。静态多态性是通过方法的重载实现的(运算符重载实质上也是方法重载)。动态多态性是在程序运行过程中才动态地确定操作所针对的对象。它又称运行时的多态性。动态多态性是通过虚方法实现的。

这两种多态性各具特点，编译时的多态性由于在编译时就已指定重载函数，运行时不用再选择，所以具有运行速度快的特点。而运行时的多态性则带来了高度灵活和抽象的优点，但运行速度较慢。

8.2.3 节中代码清单 8.4 所示示例正是动态多态性的具体表现，在此不再赘述。

8.4 本 章 小 结

本章介绍了C#中的继承与多态机制，继承和多态是面向对象程序设计中最难理解与掌握的部分。继承机制的语法很简单，但要深入理解继承则需要一定的功夫，特别是基类与派生类的关系、基类与派生类的交互以及由覆盖虚函数而形成的多态性，读者要细细体会其中不同关键字的差异。密封类和抽象类使用的频率较低，只需了解即可。

8.5 上 机 练 习

(1) 上机调试代码清单 8.1～8.4 所示示例，深入体会由继承而产生的多态性。

(2) 定义一个抽象基类动物类。它包含动物名字和类型两个域，定义一个获得动物名字的方法和一个动物叫声的抽象方法。通过继承定义一个狗类和猫类，在两个类中定义实现动物叫声的方法。在主函数中，分别创建狗类和猫类并依次显示这两种动物的类型和叫声。

(3) 设计一个点类，它包含两个属性：横坐标与纵坐标。通过继承再设计一个圆类，包括半径和圆周率两个域并定义求圆面积和周长的服务，再由圆类派生一个圆柱体类，包括求圆柱体表面积和体积的服务，并编写测试程序进行测试。

(4) 设计一个账户类，再通过派生得到一个信用卡账户类，并在派生类中增加静态域年利率和授信额度，并增加如下方法：

- 计算月利息：透支额×年利率/12
- 更改授信额度：重新设定授信额度

最后，编写测试程序对所实现功能进行测试。

(5) 设计一个雇员类，包括输出雇员信息的方法 Display，由该类派生出一个管理层类，其中管理层类包含职务域。编写主函数，在主函数中构造一个雇员类集合，该集合中有普通雇员，也有管理层，要求通过遍历集合的方式输出全部员工的信息。

8.6 习　题

一、选择题

(1) 下列关于继承机制的描述中正确的是(　　)。

A. 提供继承机制有利于提高软件模块的可重用性及可扩充性。

B. 继承机制能使面向对象的开发语言能够更准确地描述客观世界，使软件开发方式变简单。

C. 继承机制使得软件开发过程效率更高。

D. 继承机制使得软件开发的难度相对增加。

(2) 下列关于基类与派生类的描述中正确的是(　　)。

A. 有派生类的存在一定有基类存在，反之不尽然。

B. 基类和派生类是相对，派生类还可以作为基类派生其他派生类。

C. C#中一个基类可以派生出多个派生类。

D. C#中一个派生类可以从多个基类继承得到。

(3) 下列关于基类与派生类关系的描述中正确的是(　　)。

A. 派生类可以只继承基类中自己想要的成员。

B. 在派生类中可以自定义成员。

C. 派生类中继承基类的成员与基类的成员具有相同的存储空间。

D. 基类的私有访问类型成员不能被派生类所继承。

(4) 下列关于虚方法的描述中正确的是(　　)。

A. 虚方法的定义除 virtual 关键字外，其余与非虚方法一样。

B. 定义虚方法的目的是在当前类的派生类中对其进行重写。

C. 虚方法的调用要在运行时才能确定。

D. 在派生类中重写虚方法后，基类中的该方法将被屏蔽。

(5) 下列关于密封机制的描述中正确的是(　　)。

A. 如果一个类没有被继承的必要，可以将其定义为密封类。

B. sealed 关键字除了修饰类外，还可以修饰方法。

C. sealed 关键字也可以修饰一个非虚方法。

D. sealed 修饰一个未经重写的虚方法时，编译器会查出语法错误。

(6) 下列关于抽象类的描述中正确的是(　　)。

A. 抽象类并不是通过对一组相似对象的抽象而得到的。

B. 定义抽象类的目的仅仅是让其作为基类产生不同的派生类，简化编程。

C. 一个类既可以是抽象类又可以同时是密封类。

D. 抽象类不可以实例化对象。

(7) 以下描述错误的是(　　)。

A. 在 C++中支持抽象类而在 C#中不支持抽象类。

B. C++中可在头文件中声明类的成员而在 CPP 文件中定义类的成员，在 C#中没有头文件并且在同一处声明和定义类的成员。

C. 在 C#中可使用 new 修饰符显式隐藏从基类继承的成员。

D. 在 C#中要在派生类中重新定义基类的虚函数必须在前面加 Override。

(8) 下列关于继承的理解，错误的是(　　)。

A. 子类可以从父类中继承其所有的成员。

B. 无论是否声明，子类都继承自 object(System.object)类。

C. 假如类 M 继承自类 N，而类 N 又继承自类 P，则类 M 也继承自类 P。

D. 子类应是对基类的扩展。子类可以添加新的成员，但不能除去已经继承的成员的定义。

(9) 在继承中，在子类的成员声明中，可以声明与父类成员同名的成员。这时，须使用的关键字是(　　)。

A. void　　B. new　　C. base　　D. static

二、填空题

(1) 派生类自动拥有基类的所有________和________。

(2) base 关键字指代的是________，但只限于在________、________、________中使用。

(3) 可以使用________关键字声明一个方法为虚方法。

(4) 下面程序的输出结果为________。

```
abstract class BaseClass{
    public virtual void MethodA( ){
        Console.WriteLine("BaseClass");
    }
    public virtual void MethodB( ){
```

```
        }
    }
    class Class1: BaseClass{
            public void MethodA( ){
                    Console.WriteLine("Class1");
            }
            public override void MethodB( ){
            }
    }
    class Class2: Class1{
            new public void MethodB( ){
            }
    }
    class MainClass{
            public static void Main(string[ ] args){
                    Class2 o = new Class2( );
                    o.MethodA( );
            }
    }
```

(5) 下面程序的输出结果为______________。

```
public abstract class A {
    public A( ) {
        Console.WriteLine('A');
    }
    public virtual void Fun( ) {
        Console.WriteLine("A.Fun( )");
    }
}
public class B: A {
    public B( ) {
        Console.WriteLine('B');
    }
    public new void Fun( ) {
        Console.WriteLine("B.Fun( )");
    }
    public static void Main( ) {
        A a = new B( );
        a.Fun( );
    }
}
```

(6) 多态性可分为________和________两类，又称为________和________来实现。

(7) 运行时多态是由________来实现。

三、简答题

(1) 什么是重载、覆盖、隐藏及重写？它们的区别是什么？

(2) 什么是面向对象的多态性？

(3) sealed 关键字能与 Abstract 关键字同时使用吗？为什么？

第9章　泛　　型

泛型是能够提高程序执行效率的一种程序设计方法，它将类型参数的概念引入.NET Framework，类型参数使得设计以下类和方法成为可能：这些类和方法将一个或多个类型的确定推迟到客户端代码声明并实例化该类或方法时，通过使用泛型类型参数 T，可以编写其他客户端代码能够使用的类，而不致引入运行时强制转换或装箱操作的成本或风险，避免进行强制类型转换的需求提高类型安全性。这样开发人员可以更轻松地创建泛化的类和方法。本章将对泛型及其应用给予讲解。

本章重点：

- 泛型的概念与实现
- 泛型的方法与约束
- 使用泛型

9.1　C# 泛型概述

泛型在功能上类似于 C++的模板，模板多年前就已存在 C++上了，并且在 C++上有大量成熟应用。开发人员在编写程序时，经常遇到两个模块的功能非常相似，只是处理的数据类型不同，如一个是处理 int 数据，另一个是处理 string 数据，或者其他自定义的数据类型。针对这种情况，可以分别写多个类似的方法来处理每个数据类型，只是方法的参数类型不同；在 C#中也可以定义存储的数据类型为 Object 类型，这样就可以通过装箱和拆箱操作来变相实现上述需求。同时 C#还提供了更适合的泛型机制，专门用来解决这个问题。

9.1.1　泛型的引入

首先以一个最经典的例子来说明上述遇到的问题。下面代码片段示例了一个存储 int 类型数据的堆栈。

```
public class Stack{
    private int count;
    private int pointer = 0;
    int[ ] data;
    public Stack( ):this(100)
    {}
    public Stack(int size){
        this.count = size;
```

```
            this.data = new int[this.count];
        }
        public void Push(int item){
            if(pointer >= count)
                throw new StackOverflowException( );
            this.data[pointer] = item;
            this.pointer++;
        }
        public int Pop( ){
            this.pointer--;
            if(this.pointer >= 0){
                return this.data[this.pointer];
            }
            else{
                this.ointer = 0;
                throw new InvalidOperationException("栈空！");
            }
        }
    }
```

上面给出的是最典型的堆栈实现代码，但是，当应用程序需要一个栈来保存 string 类型数据时，最简单的解决方法即是把上面的代码复制一份，把 int 改成 string。但若应用程序还需要一个堆栈来保持自定义数据类型时这种方法显然不太适合了，这时可以考虑用一个通用的数据类型 object 来实现这个堆栈，如下代码片段所示。

```
public class Stack{
    private int count;
    private int pointer = 0;
    object[ ] data;
    public Stack( ):this(100)
    {}
    public Stack(int size){
        this.count = size;
        this.data = new object[this.count];
    }
    public void Push(object item){
        if(pointer >= count)
            throw new StackOverflowException( );
        this.data[pointer] = item;
        this.pointer++;
    }
    public object Pop( ){
        this.pointer--;
        if(this.pointer >= 0){
            return this.data[this.pointer];
```

```
        }
        else{
            this.ointer = 0;
            throw new InvalidOperationException("栈空！");
        }
    }
}
```

这个栈写得很灵活，通过隐式或显式的装箱、拆箱操作，可以接收任何数据类型。但它后面却隐藏了很多的隐患。第一个问题是性能。在使用值类型时，必须将它们装箱以便推送和存储它们，并且在将值类型弹出堆栈时将其取消装箱。装箱和拆箱过程都会造成重大的性能损失，而且它还会增加托管堆上的压力，导致更多的垃圾收集工作，而这对于性能而言也非常不利。即使在使用引用类型而不是值类型时，仍然存在性能损失，这是因为必须从object向要与之交互的实际类型进行强制类型转换，从而造成强制类型转换开销：

```
Stack stack = new Stack( );
stack.Push("1");
string number = (string)stack.Pop( );
```

第二个问题是类型安全。因为编译器允许在任何类型和object之间进行强制类型转换，所以应用程序将丢失编译时类型安全。例如，以下代码可以正确编译，但是在运行时将引发无效强制类型转换异常：

```
Stack stack = new Stack( );
stack.Push(1);
//隐患
string number = (string)stack.Pop( );
```

为了克服以上问题，在C#中引入了泛型的概念。

9.1.2　什么是泛型

通过泛型可以定义类型安全类，而不会损害类型安全、性能或工作效率。开发人员只须一次性地将服务器实现为一般服务器，同时可以用任何类型来声明和使用它。为此，需要使用“<”和“>”括号，以便将一般类型参数括起来。例如，可以按以下方式定义和使用一般堆栈：

```
public class Stack<T>{
    private T[ ] data;
    public T Pop( ){...}
    public void Push(T item){...}
    public Stack(int i){
        this.data = new T[i];
    }
}
```

类的写法不变，只是引入了通用数据类型 T 就可以适用于任何数据类型，并且是类型安全的。这个类的调用方法如下：

```
Stack<int> a = new Stack<int>(100); //实例化处理 int 类型数据的类对象
a.Push(10);
a.Push("8888");  //这一行编译不通过，因为类 a 只接收 int 类型的数据
int x = a.Pop( );//不需要进行类型转换
Stack<string> b = new Stack<string>(100);  //实例化处理 string 类型数据的类对象
b.Push(10);  //这一行编译不通过，因为类 b 只接收 string 类型的数据
b.Push("8888");
string y = b.Pop( );  //无须进行类型转换
```

这个类与使用 object 实现的类有截然不同的区别：

(1) 它是类型安全的。如果实例化为 int 类型的栈，就不能处理 string 及其他类型的数据。

(2) 无须装箱和拆箱。这个类在实例化时，按照所传入的数据类型生成本地代码，本地代码数据类型已确定，所以无须装箱和拆箱。

(3) 无须类型转换。

C#泛型类 Stack<int>在编译时，先生成中间代码 IL，通用类型 T 只是一个占位符。在实例化类时，根据用户指定的数据类型代替 T 并由即时编译器(JIT)生成本地代码，这个本地代码中已经使用了实际的数据类型，等同于用实际类型写的类，所以可以这样理解泛型：泛型类的不同实际是数据类型的不同，如 Stack<int>和 Stack<string>是两个完全没有任何关系的类，可以把它比作是类 A 和类 B 的关系。

9.1.3 泛型实现

表面上看，C#泛型的语法与 C++模板类似，但是编译器实现和支持它们的方式存在重要差异。与 C++模板相比，C#泛型可以提供增强的安全性，但是在功能方面也受到某种程度的限制。

泛型在 IL(中间语言)和 CLR 本身中具有本机的支持。在编译一般 C#服务器端代码时，编译器会将其编译为 IL，就像其他任何类型一样。但是，IL 只包含实际特定类型的参数或占位符。

客户端编译器使用一般元数据来支持类型安全。当客户端提供特定类型而不是一般类型参数时，客户端的编译器将用指定的类型实参来替换服务器元数据中的一般类型参数。这会向客户端的编译器提供类型特定的服务器定义，就好像从未涉及到泛型一样。这样，客户端编译器就可以确保方法参数的正确性，实施类型安全检查。

如果客户端指定引用类型，则 JIT 编译器将服务器 IL 中的一般参数替换为 object，并将其编译为本机代码。在以后的任何针对引用类型而不是一般类型参数的请求中，都将使用该代码。注意，采用这种方式，JIT 编译器只会重新使用实际代码。实例仍然按照它们离开托管堆的大小分配空间，并且没有强制类型转换。

9.1.4 泛型方法

除了通常的泛型类型外，还可以定义泛型接口及泛型方法等。在此仅给出泛型方法的定

义与使用。

泛型方法是使用类型参数声明的方法。C#泛型机制不支持在除方法外的其他成员(包括属性、事件、索引器、构造器、析构器)的声明上包含类型参数，但这些成员本身可以包含在泛型类型中，并使用泛型类型的类型参数。泛型方法既可以包含在泛型类型中，也可以包含在非泛型类型中。

下面以一个简单示例说明泛型方法的声明与调用。该示例定义了一个泛型方法 Swap<T>，用于实现不同类型的两个变量的交换，其中类型参数 T 在方法调用时被指定。详细内容如代码清单 9.1 所示。

代码清单 9.1

```
using System;
using System.Collections.Generic;
using System.Text;
class Program{
    static void Swap<T>(ref T swap1, ref T swap2){ //定义泛型方法
        T temp;
        temp = swap1;
        swap1 = swap2;
        swap2 = temp;
    }
    static void Main(string[ ] args){
        int a = 2;
        int b = 4;
        //实例化泛型方法并调用
        Swap<int>(ref a, ref b);
        Console.WriteLine("交换后 a="+ a + "，b=" + b);
        string sa = "i";
        string sb = "you";
        Console.WriteLine("交换前"+ sa + " Love "+sb);
        //实例化泛型方法，并调用
        Swap<string >(ref sa, ref sb);
        Console.WriteLine("交换后" + sa + " Love " + sb);
        Console.ReadLine( );
    }
}
```

编译并执行，输出结果为：

```
交换后 a=4,b=2
交换前 i Love you
交换后 you Love i
```

.NET 中的泛型机制使开发人员可以重用代码。类型和内部数据可以在不导致代码膨胀的情况下更改，而不管使用的是值类型还是引用类型。开发人员可以一次性地开发、测试和

部署代码，通过任何类型(包括将来的类型)来重用它，并且全部具有编译器支持和类型安全。因为一般代码不会强行对值类型进行装箱和取消装箱，或者对引用类型进行向下强制类型转换，所以性能得到显著提高。对于值类型，性能通常会提高 200%；对于引用类型，在访问该类型时，可以预期性能最多提高 100%(当然，整个应用程序的性能可能会提高，也可能不会提高)。

9.2 泛型约束

使用 C#泛型，编译器会将一般代码编译为 IL，而不管客户端将使用什么样的类型实参。因此，一般代码可以尝试使用与客户端使用的特定类型实参不兼容的一般类型参数的方法、属性或成员。但这是不可接受的，因为它相当于缺少类型安全。

C#泛型要求对“所有泛型类型或泛型方法的类型参数”的任何假定，都要基于“显式的约束”，以维护 C#所要求的类型安全。“显式约束”并非必须，如果没有指定“显式约束”，范型类型参数将只能访问 System.Object 类型中的公有方法。在 C#中通过 where 关键字来指定类型参数必须满足的约束条件。约束的语法格式一般为：

```
class class-name<type-param> where type-param:constraints{}
```

其中，constraints 是一个由逗号分隔的约束列表。

C#中包含以下几种约束类型：

- 可以使用“基类约束”(base class constraint)来指定某个基类或其派生类必须出现在类型实参中。这种约束是通过指定基类名称来实现的。
- 可以使用“接口约束”(interface constraint)来指定某个类型实参必须实现一个或多个接口。这种约束是通过指定接口名称来实现的。
- 可以要求类型实参必须提供一个无参数的构造函数，这被称为“构造函数约束”(constructor constraint)。构造函数这种约束是通过 new( )来指定的。
- 可以通过关键字 class 或 structure 指定“引用/值类型约束”(reference type constraint)来限制某个类型实参必须是引用/值类型。

9.2.1 基类约束

使用基类约束可以指定某个类型实参必须继承的基类，基类约束有两个功能：

(1) 它允许在泛型类中使用由约束指定的基类所定义的成员。例如，可以调用基类的方法或者使用基类的属性。如果没有基类约束，编译器就无法知道某个类型实参拥有哪些成员。通过提供基类约束，编译器将知道所有的类型实参都拥有由指定基类所定义的成员。

(2) 确保类型实参支持指定的基类类型参数。这意味着对于任意给定的基类约束，类型实参必须是基类本身或派生于该基类的类，如果试图使用没有继承指定基类的类型实参，就会导致编译错误。

基类约束使用下面形式的 where 子句：

```
where T:base-class-name
```

T 是类型参数的名称，base-class-name 是基类的名称，这里只能指定一个基类。

下面以一个简单示例来说明派生约束。详细内容如代码清单 9.2 所示。

代码清单 9.2

```
using System;
using System.Collections.Generic;
using System.Text;
class A{
    public void Func1( ){ }
}
class B{
    public void Func2( ){ }
}
class C<S>     where S : A{      //基类约束
     public C(S s){
          s.Func1( ); //S 的变量可以调用 Func1 方法
     }
 }
class Program{
   static void Main(string[ ] args){
      A myA = new A( ); //实例化 A 对象 myA
      C<A> myCA = new C<A>(myA); //泛型类 C 由于存在基类约束，类型参数值只能为 A
      C<B> myCB = new C<B>(myA); //语法错误}
}
```

从代码中可以看到，通过指定泛型的基类约束，可以在类 C 中调用类 A 的 Func1 方法。同时在 Main 函数中实例化泛型类时，类型参数的值只能为类 A 或其派生类而不能为其他类型值。

9.2.2　接口约束

接口约束用于指定某个类型参数必须应用的接口。接口的两个主要功能和基类约束完全一样。

接口约束的语法格式为：

```
where T:interface-name
```

interface-name 是接口的名称，可以通过使用由逗号分隔的列表来同时指定多个接口。可以对泛型同时进行基类约束和接口约束，如果某个约束同时包含基类和接口，则先指定基类列表，再指定接口列表。

9.2.3　构造函数约束

new( )构造函数约束允许开发人员实例化一个泛型类型参数的对象。一般情况下，无法创建一个泛型类型参数的实例。然而，new( )约束改变了这种情况，它要求类型参数必须提供一个无参数的构造函数。

在使用构造函数约束时，可以通过调用该无参构造函数来创建对象。构造函数约束的语法格式如下：

```
where T : new( )
```

使用构造函数约束时应注意两点：

(1) 它可以与其他约束一起使用，但是必须位于约束列表的末端。

(2) 构造函数约束仅允许开发人员使用无参构造函数来构造一个对象，即使同时存在其他的构造函数。换句话说，不允许给类型参数的构造函数传递实参。下面以一个示例来说明构造函数约束，详细内容如代码清单 9.3 所示。

代码清单 9.3

```
class A{
    public A( ){ //无参数构造函数
    }
}
class B{
    public B(int i) {   //有参数构造函数
    }
}
class C<T> where T : new( ){   //构造函数约束
    T t;
    public C( ){
        t = new T( );//在派生类中实例化类型参数
    }
}
class D{
    public void Func( ){
        C<A> c = new C<A>( );
        C<B> d = new C<B>( );
    }
}
```

d 对象在编译时报错：The type B must have a public parameterless constructor in order to use it as parameter 'T' in the generic type or method C<T>

在类 B 中重载一个无参数的构造函数：

```
public B( ){
    …
}
```

此时编译成功，即定义构造函数约束情况下约束类必须实现无参数构造函数。

9.2.4 引用/值类型约束

如果引用类型和值类型之间的差别对于泛型代码非常重要，那么这些约束就非常有用。引用/值类型约束的基本形式为：

where T : class

where T : struct

若同时存在其他约束，class 或 struct 关键字必须位于列表的开头。下面以一个简单示例来说明该类型约束。详细内容请参考以下代码片段：

```
public struct a{...}
public class b{...}
class c<t> where t : struct {//值类型约束
  // t 在这里面是一个值类型
}
c<a> c = new c<a>( ); // 正确，a 是一个值类型
c<b> c = new c<b>( ); // 错误，b 是一个引用类型
```

9.3 使用泛型

泛型提高了代码的重用性，为编程提供了极大的方便。下面通过实例来介绍如何在程序中定义和使用泛型。在该示例中实现了一个自定义类型——Student 类，用来描述学生信息，基于示例的原因，该类仅描述了学生姓名及年龄两个特性。示例实现了泛型 LinkedList 类，并分别实现了 int 及 Student 类型实例，用以存储并操作 int 及 Student 类型的数据。

程序实现步骤如下。

(1) 启动 Visual Studio 2010，新建一个控制台应用程序，命名为 GenericSamp。

(2) 修改自动生成的 Program.cs 文件，在 GenericSamp 命名空间中添加 Student 类。

```
public class Student  //定义学生类{
    private string StudentName;  //学生姓名
    private int StudentAge;         //年龄
    public Student(string name,int age) {      //构造函数
        this.StudentName = name;
        this.StudentAge = age;
    }
    public override string ToString( ){//重载 ToString 方法，实现学生类的输出
        return this.StudentName+"：年龄"+this.StudentAge+"岁";
    }
}
```

(3) 实现 LinkedList 类的节点类 Node<T>，在该节点类中需要使用到泛型，节点的类型由 T 指代，在实例化时进行指定。Node<T>类中除了一般的属性与方法外，还包括 Append

方法，该方法接受一个 Node 类型的参数，方法将把传递进来的 Node 添加到列表中的最后位置。过程为：首先检测当前 Node 的 next 字段，看它是不是 null。如果是，那么当前 Node 就是最后一个 Node，将当前 Node 的 next 属性指向传递进来的新节点，这样，就把新 Node 插入到了链表的尾部。

如果当前 Node 的 next 字段不是 null，说明当前 node 不是链表中的最后一个 node。因为 next 字段的类型也是 node，所以调用 next 字段的 Append 方法(注：递归调用)，再一次传递 Node 参数，这样继续下去，直到找到最后一个 Node 为止。

```
public class Node<T> {   //定义节点类
    T data;    //T 类型的数据域
    Node<T> next;    //指向域
    public Node(T data) {   //构造方法
        this.data = data;
        this.next = null;
    }
    public T Data { //定义 Data 属性
        get { return this.data; }
        set { data = value; }
    }
    public Node<T> Next{     //定义节点属性
        get { return this.next; }
        set { this.next = value; }
    }
    public void Append(Node<T> newNode) {   //实现添加节点
        if (this.next == null){
            this.next = newNode;
        }
        else{
            next.Append(newNode);
        }
    }
    public override string ToString( ){ //重载 ToString 方法，输出节点
        string output = data.ToString( );
        if (next != null){
            output += ", " + next.ToString( );
        }
        return output;
    }
}
```

(4) 实现节点类 Node 后即可定义 LinkedList 类，LinkedList 类不需要构造函数(使用编译器创建的默认构造函数)，但是需要创建一个公共方法 Add( )，这个方法把 data 存储到线性链表中。该方法首先检查表头是不是 null，如果是，它将使用 data 创建节点，并将这个节点作

为表头，如果不是 null，它将创建一个新的包含 data 的节点，并调用表头的 Append( )方法，如下面的代码所示。

```
public class LinkedList<T>{
    Node<T> headNode = null;        //头节点
    public void Add(T data) {       //将数据添加到链表中
        if ( headNode == null ){
            headNode = new Node<T>(data);
        }
        else{
            headNode.Append(new Node<T>(data));
        }
    }
    public T this[int index] { //为线性链表创建一个索引器
        get{
            int temp = 0;
            Node<T> node = headNode;
            while (node != null && temp <= index) {
                if (temp == index){
                    return node.Data;
                }
                else{
                    node = node.Next;
                }
                temp++;
            }
            return default(T);
        }
    }
    //本类的 ToString 方法被重写，用以调用 headNode 的 ToString( )方法
    public override string ToString( ){
        if ( this.headNode != null ){
            return this.headNode.ToString( );
        }
        else{
            return string.Empty;
        }
    }
}
```

(5) 编写主函数，测试 LinkedList 泛型类的功能。首先实例化一个 int 类型 LinkedList 对象 intList，向其中添加 5 个整数并输出该 LinkedList 对象 intList 的内容，接着实例化一个 Student 类型 LinkedList 对象 StudentList，调用 Add( )方法向其中添加 4 个 Student 对象并输出 StudentList 的内容；最后通过索引，分别获取两个对象的第二个节点。

```
class Progra{
    static void Main(string[ ] args){
        //实例化一个 int 类型的 LinkedList 对象
        LinkedList<int> intList = new LinkedList<int>( );
        for (int i = 0; i < 5; i++) //向其中添加五个节点{
            intList.Add(i);
        }
        Console.WriteLine("整型 List 的内容为：");
        Console.WriteLine(intList);
        //实例化一个 Student 类型的 LinkedList 对象
        LinkedList<Student> StudentList = new LinkedList<Student>( );
        //添加节点
        StudentList.Add(new Student("张三",20));
        StudentList.Add(new Student("李四",21));
        StudentList.Add(new Student("王五",23));
        StudentList.Add(new Student("赵六",19));
        Console.WriteLine("Student 类型 List 的内容为：");
        Console.WriteLine(StudentList);
        Console.WriteLine("第二个整数为：" + intList[1]); //获取特定位置节点
        Student s = StudentList [1];
        Console.WriteLine("第二个学生为" + s);
        Console.ReadLine( );
    }
  }
}
```

编译并执行，输出结果如图 9.1 所示。

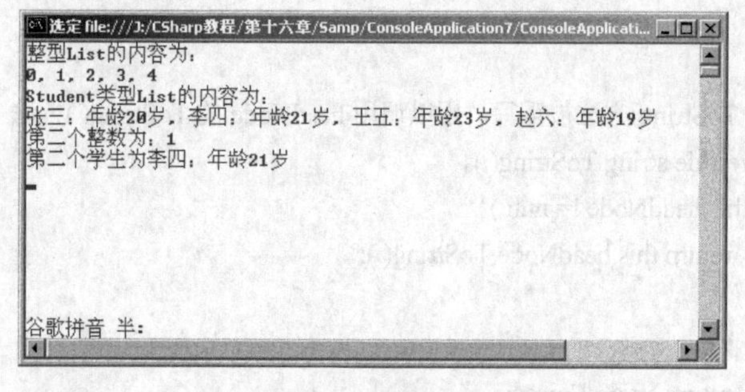

图 9.1　输出结果

9.4　本 章 小 结

本章介绍了 C#中泛型的基本概念、如何定义及使用泛型等内容。C# 泛型是开发工具库中的一个非常有用的工具。它们可以提高性能、类型安全以及代码质量，减少重复性的编程任务，简化总体编程模型，而这一切都是通过优雅的、可读性强的语法完成的。尽管 C#泛型的根基是 C++模板，但 C#通过提供编译时安全和支持将泛型提高到了一个新水平。C#利用了两阶段编译、元数据以及诸如约束和一般方法之类的创新性的概念。毫无疑问，C#的将来版本将继续发展泛型，以便添加新的功能，并且将泛型扩展到诸如数据访问或本地化之类的其他.NET Framework 领域。

9.5　上机练习

(1) 上机实现代码清单 9.1～9.3 所示示例程序。

(2) 实现一个泛型方法 Find，要求该方法实现从某一个类型的数组中查找是否存在与给定元素相等的元素，如果有，输出其位置，否则输出 - 1。

(3) 使用泛型类 Stack 实现员工管理系统中录入员工信息的功能，在控制台根据提示输入员工的工号、姓名、年龄和地址，确认录入信息后，显示该员工的信息。

(4) 实现一个泛型链表类 List，要求包含链表元素的添加、插入、删除的功能。

9.6　习　　题

一、选择题

(1) 泛型具有的优点是(　　)。

A. 泛型机制提高了代码的质量与重用性。

B. 泛型是类型安全的。

C. 使用泛型有利于提高程序的性能。

D. C#中泛型机制是通过模板实现的。

(2) 泛型约束包括(　　)类型。

A. 基类约束　　B. 接口约束

C. 引用/值类型约束　　D. 构造函数约束

(3) 泛型的基类约束具有如下(　　)功能。

A. 它允许在泛型类中使用指定约束类的成员。

B. 泛型类实例化时可以使用任意类型为类型参数赋值。

C. 基类约束下类型参数的值只能是约束类及其派生类。

D. 在与其他类型约束混合使用的情况下，基类约束应被放到最后。

(4) 下列关于构造函数约束的描述中正确的是(　　)。

A. 它可以与其他约束一起使用，但是必须位于约束列表的末端。

B. 构造函数约束允许开发人员实例化一个泛型类型的对象。

C. 构造函数约束要求类型参数必须提供一个无参数的构造函数。

D. Office 文档由开发人员创建。

(5) 下列关于泛型使用的描述中正确的是(　　)。

A. 使用泛型需要引入 System.Collections.Generic 命名空间。

B. 泛型类型中可以定义多个类型参数。

C. 可以在泛型类型中定义泛型方法、委托以及事件等 。

D. 在程序中可以定义嵌套泛型。

二、填空题

(1) C#中的泛型类型与 C++中的____________类似。

(2) C#是在____________版本中开始支持泛型的。

(3) 假设有如下堆栈类的定义：

```
public class Stack<T>{
  private T[ ]data;
  …
}
```

如何实例化一个堆栈对象处理整型数据？____________

(4) 除了定义泛型类型外还可以定义__________。

(5) 泛型方法中的类型参数在____________被指定。

(6) C#中使用____________关键字表示泛型的值类型约束。

(7) 可以定义泛型类型与____________等，但不可以定义____________。

三、简答题

(1) 使用方法的重载和泛型方法有何异同？二者的优缺点各是什么？

(2) 在一个泛型类中是否可以定义泛型方法？如何实现？

第10章　Windows窗体应用程序开发

图形用户界面(Graphics User Interface，简称GUI)使用图形的方式，借助菜单、按钮等标准界面元素和鼠标操作，帮助用户方便地向应用程序发出指令，启动操作，并将应用程序运行的结果以适当的方式显示给用户，提供用户与应用程序交互的通道。图形用户界面操作简单并省去了字符界面用户必须记忆各种命令的麻烦，目前已经成为几乎所有应用软件的事实标准。本章介绍C#与GUI相关的控件与操作，包括Windows窗体、控件、菜单、工具栏等。

本章重点：

- Windows 窗体编程方法
- 常用控件的使用
- 菜单栏、工具栏和状态栏的设计
- MDI 应用程序创建
- 对话框编程与 C# GDI+编程

10.1　Windows 窗体编程

窗体是一小块屏幕区域，通常为矩形，可用来向用户显示信息并接受用户的输入。窗体可以是标准窗口、多文档界面(MDI)窗口、对话框或图形化例程的显示界面。定义窗体的用户界面的最简单方法是将控件放在其表面上。窗体是对象，这些对象公开定义其外观的属性，如标题、定义其行为的方法以及定义其与用户交互的事件。通过设置窗体的属性以及编写响应其事件的代码，可自定义窗体对象以满足应用程序的要求。

与.NET Framework中的所有对象一样，窗体是类的实例。使用Windows窗体设计器创建的窗体是类，当在运行时显示窗体的实例，此类是用来创建窗体的模板。框架还使开发人员得以从现有窗体继承，以便添加功能或修改现有行为。为项目添加窗体时，可选择是从框架提供的Form类继承还是从以前创建的窗体继承。可以在代码编辑器中创建窗体，但使用Windows窗体设计器创建和修改窗体更为简单。

在工具箱中包含的所有控件都对应于.NET Framework类库中的一个同名类。这些控件类大部分包含于System.Windows.Forms命名空间中且由该命名空间中Control类派生产生。

10.1.1　.NET Framework 窗体编程相关基类

.NET Framework 提供了一系列与窗体编程相关的类，用来供开发人员使用。这些类主要包含于 System.Windows.Forms 命名空间中。其中与窗体和控件相关的基类如表 10.1 所示。

表 10.1　与窗体与控件相关类

类 名 称	说　明
Object	所有类的基类
MarshalByRefObject	允许在支持远程处理的应用程序中跨应用程序域边界访问对象
Component	提供 IComponent 接口的基类实现并启用应用程序之间的对象共享
Control	定义控件的基类，控件是带有可视化表示形式的组件
Form	表示组成应用程序的用户界面的窗口或对话框

图 10.1 给出了相关类的继承关系。

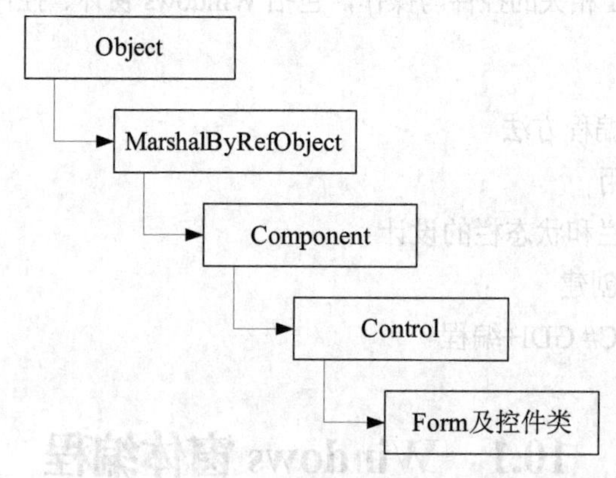

图 10.1　Form 及控件类的继承关系

其中，Control 类为定义窗体及控件的基类；Form 为窗体类，用来构造窗体。其他标准 Windows 控件类均派生于 Control 类。

1. Control 类

Control 类被用作是定义控件的基类。该类具有非常全面的属性、方式和事件定义，以方便由该类产生自定义控件类。该类的常用属性、方法和事件分别如表 10.2～表 10.4 所示。

表 10.2　Control 类的属性

属　性	说　明
Anchor	获取或设置控件的哪些边缘锚定到其容器边缘
BackColor	获取或设置控件的背景色
BackgroundImage	获取或设置在控件中显示的背景图像
BindingContext	获取或设置控件的 BindingContext
Bottom	获取控件下边缘与其容器的工作区上边缘之间的距离(以像素为单位)
CanFocus	获取一个值，该值指示控件是否可以接收焦点

(续表)

属　　性	简　　介
CanSelect	获取一个值，该值指示是否可以选中控件
Created	获取一个值，该值指示控件是否已经创建
Cursor	获取或设置当鼠标指针位于控件上时显示的光标
DataBindings	为该控件获取数据绑定
DefaultBackColor	获取控件的默认背景色
DefaultFont	获取控件的默认字体
DefaultForeColor	获取控件的默认前景色
Dock	获取或设置控件停靠到父容器的哪一个边缘
Enabled	获取或设置一个值，该值指示控件是否可以对用户交互做出响应
Focused	获取一个值，该值指示控件是否有输入焦点
Font	获取或设置控件显示的文字的字体
ForeColor	获取或设置控件的前景色
Handle	获取控件绑定到的窗口句柄
HasChildren	获取一个值，该值指示控件是否包含一个或多个子控件
Height	获取或设置控件的高度
Location	获取或设置该控件的左上角相对于其容器的左上角的坐标
MouseButtons	获取一个值，该值指示哪一个鼠标按钮处于按下的状态
MousePosition	获取鼠标光标的位置(以屏幕坐标表示)
Name	获取或设置控件的名称
Parent	获取或设置控件的父容器
Region	获取或设置与控件关联的窗口区域
Size	获取或设置控件的高度和宽度
TabIndex	获取或设置在控件容器中控件的索引
TabStop	获取或设置一个值，该值指示用户能否使用
Text	获取或设置与此控件关联的文本
Top	获取控件下边缘与其容器的工作区上边缘之间的距离(以像素为单位)
Visible	获取或设置一个值，该值指示是否显示该控件
Width	获取或设置控件的宽度

表 10.3　Control 类的方法

方　　法	说　　明
CreateControl	强制创建控件，包括创建句柄和任何子控件
CreateGraphics	为控件创建Graphics对象
Dispose	释放由Component占用的资源
Equals	确定两个Object实例是否相等
FindForm	检索控件所在的窗体

(续表)

方　法	说　明
Focus	为控件设置输入焦点
GetChildAtPoint	检索位于指定坐标处的子控件
GetContainerControl	沿着控件的父控件链向上，返回下一个ContainerControl
GetHashCode	用作特定类型的哈希函数，适合在哈希算法和数据结构(如哈希表)中使用
GetLifetimeService	检索控制此实例的生存期策略的当前生存期服务对象
GetNextControl	按照子控件的 Tab 键顺序向前或向后检索下一个控件
GetType	获取当前实例的Type
InitializeLifetimeService	获取控制此实例的生存期策略的生存期服务对象
PerformLayout	强制控件将布局逻辑应用于子控件
PointToClient	将指定屏幕点的位置计算成工作区坐标
PointToScreen	将指定工作区点的位置计算成屏幕坐标
PreProcessMessage	在调度输入消息之前，在消息循环内对它们进行预处理
RectangleToClient	计算指定屏幕矩形的大小和位置(以工作区坐标表示)
RectangleToScreen	计算指定工作区矩形的大小和位置(以屏幕坐标表示)
Refresh	强制控件使其工作区无效并立即重绘自己和任何子控件
ResetBackColor	将BackColor属性重置为其默认值
ResetText	将Text属性重置为其默认值
ResumeLayout	恢复正常的布局逻辑
Select	激活控件
SelectNextControl	激活下一个控件
Show	向用户显示控件
ToString	返回表示当前Object的String

表 10.4　Control 类的事件

事　件	说　明
BackColorChanged	当BackColor属性的值更改时发生
*Changed	当*属性的值更改时发生
Click	在单击控件时发生
ControlAdded	在将新控件添加到Control.ControlCollection时发生
ControlRemoved	在从Control.ControlCollection移除控件时发生
Disposed	添加事件处理程序以侦听组件上的Disposed事件
DoubleClick	在双击控件时发生
Drag*	执行相应对象拖动操作时发生
Enter	进入控件时发生

(续表)

事　件	说　明
GotFocus	在控件接收焦点时发生
Invalidated	在控件的显示需要重绘时发生
KeyDown	在控件有焦点的情况下按下键时发生
KeyPress	在控件有焦点的情况下按下键时发生
KeyUp	在控件有焦点的情况下释放键时发生
Layout	在控件应重新定位其子控件时发生
Leave	在输入焦点离开控件时发生
LocationChanged	在Location属性值更改后发生
LostFocus	当控件失去焦点时发生
Mouse*	鼠标操作事件
Move	在移动控件时发生
Paint	在重绘控件时发生

限于篇幅，类似的操作以“*”代替，详细内容请参考 MSDN 相关网站。

从表 10.2 中可以看出，几乎与控件相关的属性都被包含在 Control 类内，开发人员在创建自定义控件时，需要做的仅仅是从该类或其特定派生类继承然后加入自定义的属性、方法即可。

2. Form 类

Form 类继承于 Control 类，表示组成应用程序的用户界面的窗口或对话框。Form 类的相关成员将在 10.5.1 节中给出。

在 Windows 应用程序中，窗体是必不可少的。基于窗体的 Windows 应用程序用户界面创建工作主要由以下步骤组成。

(1) 创建窗体。

(2) 为窗体添加控件。

(3) 设计控件在窗体中的布局。

(4) 设置各控件属性。

(5) 编写代码，响应控件事件。

10.1.2　添加 Windows 窗体

添加 Windows 窗体通常有两种方式。

1. 使用 Visual Studio 2010 开发环境

创建 Windows 窗体应用程序与创建控制台应用程序差别不大，都是通过 Visual Studio 2010 导航式菜单来实现的。一般按照下面的步骤来创建 Windows 窗体应用程序。

(1) 打开 Visual Studio 2010，选择“文件”|“新建项目”命令，弹出如图 10.2 所示的“新建项目”对话框。该对话框左边窗口中显示“已安装的模板”树状列表，中间窗口显示与选定模板相对应的项目类型列表，右边窗口是对模板的描述。

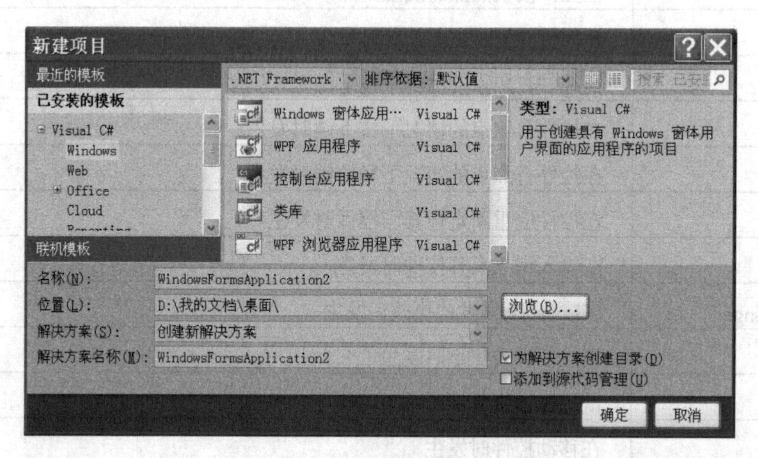

图 10.2　“新建项目”对话框

(2) 在对话框左边的“已安装的模板”树状列表中，打开“Viusal C#”类型节点，选择 Windows 子节点这个模板，同时在对话框右边窗口选择“Windows 窗体应用程序”。在“名称”文本框中输入项目的名称，并在“位置”文本框中输入相应的存储路径。最后，单击“确定”按钮，Windows 窗体应用程序就创建好了。

项目创建以后，程序会自动创建一个图 10.3 所示的 Windows 窗体(Form1)和在解决方案资源管理器中生成 Windows 窗体应用程序的目录文件。目录中的 Program.cs 文件就是窗体文件。

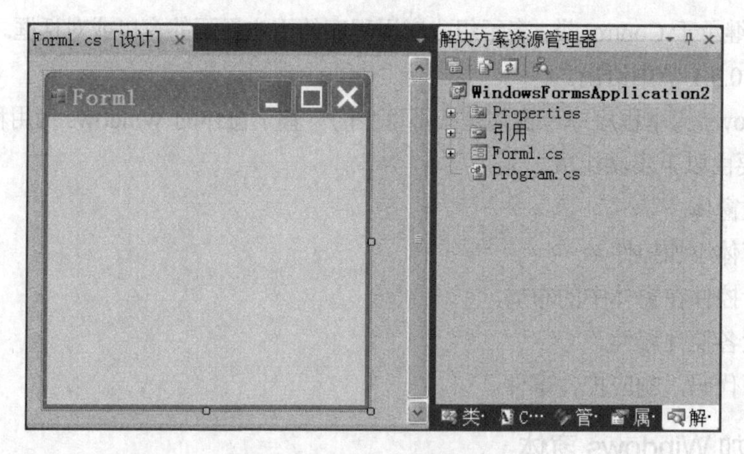

图 10.3　Windows 窗体应用程序

(3) 选择“视图”|“属性窗口”命令，在弹出的图 10.4 所示的 Form1 窗体属性窗口中修改 Text 属性，将 Text 的值设置为“我的第一个窗体程序”。

(4) 按 F5 快捷键运行程序，弹出图 10.5 所示的窗体。这就是创建的第一个 Windows 应用程序。

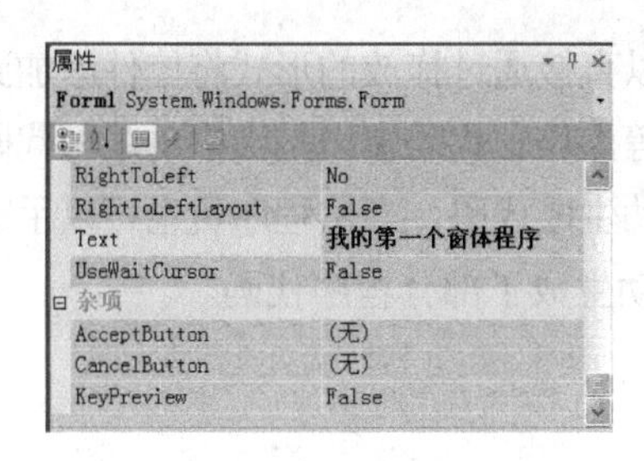

图 10.4　属性窗口

图 10.5　程序运行效果

当然现在这个 Windows 窗体中没有任何的内容，仅仅只有一个标题，也就是刚才设置的 Text 属性值。对于 Windows 操作系统的用户来说，这个窗体的外观应该最熟悉不过了，它们与常用的窗体是类似的，如都可以最大化、最小化和关闭。

那么，Windows 应用程序是如何运行的呢？它是从下面的主程序入口开始运行的。新建项目中的 Program.cs 就是主程序文件，包含程序的入口方法 Main。双击程序文件目录中的 Program.cs 文件，显示的代码如下所示：

```
static class Program {
        /// <summary>
        /// 应用程序的主入口点
        /// </summary>
        [STAThread]
        static void Main( ){
            Application.EnableVisualStyles( );
            Application.SetCompatibleTextRenderingDefault(false);
            Application.Run(new Form1( ));
        }
    }
```

以上 Main 方法中的代码是 Visual Studio 2010 自动生成的，一般情况下不需要理会这些代码。只需知道最后一句代码 Application.Run(new Form1( ));，Run 方法是 Application 类的一个静态方法，该方法运行参数中创建一个 Form1 类的实例。

在 Visual Studio 2010 中，开发 WinForms 应用程序的窗体文件有两个编辑窗口，一个是设计窗口，如图 10.3 中左边部分；一个是代码窗口，如图 10.6 所示。

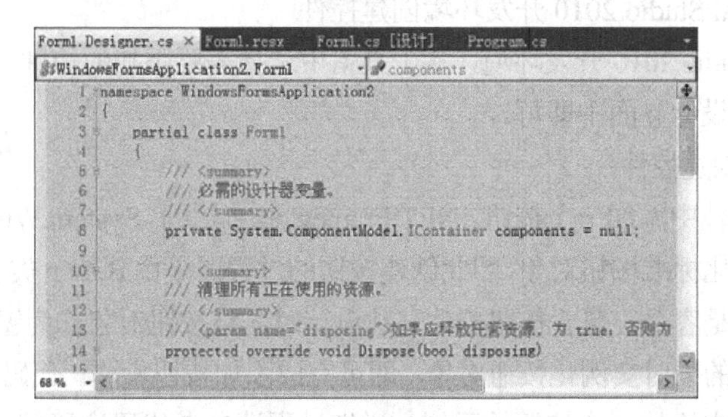

图 10.6　代码窗口

设计窗口提供了可视化的窗体设计，用户可以直接通过拖放的形式将控件添加到窗体界面，并对其进行大小设置、位置布局、属性修改等操作。代码窗口是当手动编写代码的时候用到的，程序员在设计界面的操作时，程序会自动生成代码。当然程序员也可以手动添加代码。从图 10.6 中可以看到，Visual Studio 已经自动生成了部分程序代码。

2. 使用代码创建窗体

使用代码创建窗体需要由 Form 类派生一个子类，然后实例化该派生类，完成窗体创建工作。打开 UltraEdit(本书推荐)或其他文本编辑器，输入如代码清单 10.1 所示内容，保存为 form.cs 即可。

代码清单 10.1

```
using System;
using System.Drawing;
using System.Windows.Forms;     //引用该命名空间内的 Forms 类
public class Form1 : Form{
    public Form1( ){
        this.Size = new Size(400,250);        //设置窗体大小
        this.Text = "使用代码创建窗体";   //设置窗体标题
    }
    static void Main( ){
        Application.Run(new Form1( ));        //使用 new 实例化一个 Form1 对象
    }
}
```

本示例由 Form 类派生产生一个新的窗体类 Form1，在 Form1 的构造函数中设置了该实例化对象的大小及标题，其余属性接受默认设置。在 Main 函数中实例化一个 Form1 类对象，即可显示一个自定义窗体。

10.1.3　添加控件

窗体通常只作为容器容纳不同的控件。设计图形用户界面(GUI)重要的是向窗体内添加控件。在窗体内添加控件也有两种方式。

(1) 使用 Visual Studio 2010 开发环境创建控件

使用 Visual Studio 2010 开发环境，从工具箱中选择需要添加的控件，按住左键不放，将控件直接拖到窗体设计界面中即可。

(2) 使用代码创建控件

使用代码在窗体中添加一个按钮。.NET Framework 提供了 System.Windows.Forms.Button 类供开发人员实例化标准按钮对象，因此创建按钮的过程即是由Button类实例化对象的过程。此时，窗体被看做是容器，包含按钮控件，故设计时需将按钮对象作为窗体类的一个成员。在实例化窗体对象的同时实例化按钮对象，即可完成添加按钮操作。代码清单 10.2 给出了一个使用代码在窗体中添加一个按钮的示例，详细过程请参考代码注释部分。

代码清单 10.2

```
using System ;
using System.Drawing ;
using System.Windows.Forms ;
public class Form1 : Form { //由 Form 派生出一个自定义窗体类 Form1
  private Button button1 ;          //Form1 窗体类包含了一个按钮成员
  public Form1 (){
      InitializeComponent () ;     //初始化窗体中的各个组件
  }
  private void InitializeComponent (){ //初始化窗体内各个组件
      button1 = new Button () ; //实例化一个按钮对象
      SuspendLayout () ;
      button1.Name = "button1" ;
      this.AutoScaleBaseSize = new Size ( 6 , 14 ) ;
      this.ClientSize = new Size ( 300 , 200 ) ; //设置窗体对象
      this.Controls.Add ( button1 );           //将按钮对象添加到窗体中
      this.Name = "Form1" ;
      this.StartPosition = FormStartPosition.CenterScreen ;
      this.ResumeLayout ( false ) ;
  }
  static void Main () { //主函数
      Application.Run ( new Form1 () ) ;
  }
}
```

编译并执行，输出结果如图 10.7 所示。

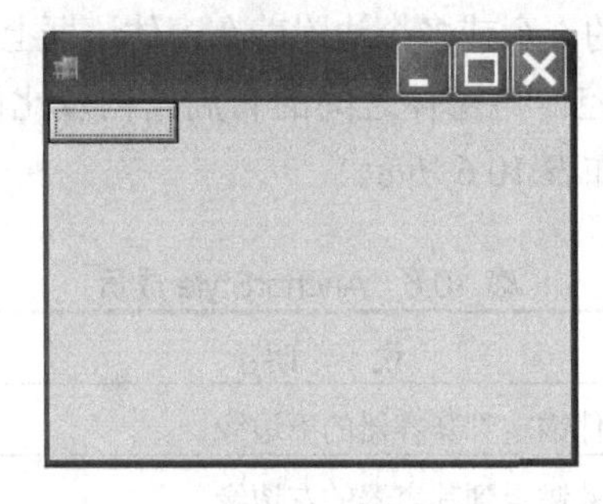

图 10.7　向窗体中添加一个按钮

10.1.4　布局控件

可以看到，在默认情况下按钮被放置到窗体的左上角。这不符合应用程序的需要和一般的审美习惯，当窗体需要包含有多个不同种类的控件时，要布置好各个控件的位置、大小及顺序关系，即对各个控件进行布局。可以使用以下 4 种属性来布局控件。

- Location，设置控件相对于窗体左上角的 X 与 Y 坐标。
- Size，设置控件的高度和宽度。

- Anchor，把控件附着在窗体的一个或多个边框上。
- Dock，设定控件相对于窗体某个边框的停靠方式。

其中，Location 值为一个 System.Drawing.Point 对象。设置 Location 属性的语法如下所示：

```
button1.Location = new System.Drawing.Point(X 坐标,Y 坐标);
```

类似的，Size 属性的值为一个 System.Drawing.Size 对象。设置 Size 属性的语法如下所示：

```
button1.Size= new System.Drawing.Size(宽,高);
```

需要指出的是，X、Y 坐标以及宽、高的值都是相对于窗体左上角这个“原点”而言，横向为 X 轴，纵向为 Y 轴，向右、向下为正方向，单位为像素。

Location 及 Size 都使用绝对值来设定控件的位置与大小，当窗体大小改变时，控件的大小及位置无法随窗体的变化而自动等比例变化，造成布局的混乱。为了解决这个问题，C#为控件提供了 Dock 属性。Dock 属性取值于 DockStyle 枚举类型成员，如表 10.5 所示。

表 10.5　DockStyle 成员

成　员	说　明
Bottom	该控件的下边缘停靠在其包含控件的底部
Fill	控件的各个边缘分别停靠在其包含控件的各个边缘，并且适当调整大小
Left	该控件的左边缘停靠在其包含控件的左边缘
None	该控件未停靠(默认值)
Right	该控件的右边缘停靠在其包含控件的右边缘
Top	该控件的上边缘停靠在其包含控件的顶端

Anchor 属性允许把控件的一个或多个边附着在窗体边框上，以便控件的大小随窗体尺寸的改变而能自动改变，保持控件与窗体之间的布局结构及比例不变。Anchor 属性取值于 AnchorStyle 枚举类型成员，如表 10.6 所示。

表 10.6　AnchorStyle 成员

成　员	说　明	值
Bottom	该控件锚定到其容器的下边缘	2
Left	该控件锚定到其容器的左边缘	4
None	该控件未锚定到其容器的任何边缘	0
Right	该控件锚定到其容器的右边缘	8
Top	该控件锚定到其容器的上边缘	1

修改代码清单 10.2 所示示例，将 button1 按钮的大小调整为(112,37)，并将其停靠在窗体的底部。修改方式为在代码清单 10.2 中 button1.Name = "button1";语句后加入如下代码：

```
button1.Size = new Size (112 , 37) ;   //设置按钮尺寸
button1.Dock = DockStyle.Bottom;   //设置按钮停靠方式
```

编译并执行，显示结果如图 10.8 所示。

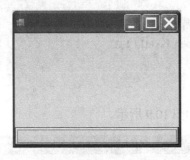

图 10.8　布局控件

读者可自行验证其他属性值，在此不一一举例说明。

10.1.5　设置控件属性

布局完控件以后似乎还少了些什么，在添加按钮控件时几乎所有的属性都是接受默认值。可以在代码中修改控件的各种属性值，以达到应用程序的需求。本小节仍以代码清单 10.2 所示示例为基础，在 10.1.4 节修改的基础上，设置按钮的显示文本为“第一个按钮”，并修改窗体的标题为“使用代码向窗体添加一个按钮”。修改后的示例如代码清单 10.3 所示。

代码清单 10.3

```
using System ;
using System.Drawing ;
using System.Windows.Forms ;
public class Form1 : Form{        //由 Form 派生出一个自定义窗体类 Form1
  private Button button1 ;        //Form1 窗体类包含了一个按钮成员
  public Form1 ( ){
      InitializeComponent ( ) ;    //初始化窗体中的各个组件
  }
  private void InitializeComponent ( ) { //初始化窗体内各个组件
      button1 = new Button ( ) ; //实例化一个按钮对象
      SuspendLayout ( ) ;
     //设置 button1 的各个属性
      button1.Name = "button1" ;
      button1.Size = new Size(117,32);
      button1.Dock = DockStyle.Bottom;
      button1.Text = "第一个按钮";
       this.AutoScaleBaseSize = new Size ( 6 , 14 ) ;
      //设置窗体对象
      this.ClientSize = new Size ( 300 , 200 ) ;
      this.Controls.Add ( button1 );            //将按钮对象添加到窗体中
      this.Name = "Form1" ;
      this.Text = "使用代码向窗体添加一个按钮";  //设置当前窗体的 Text 属性
      this.StartPosition = FormStartPosition.CenterScreen ;
```

```
        this.ResumeLayout ( false ) ;
    }
    static void Main ( ) //主函数{
        Application.Run ( new Form1 ( ) ) ;
    }
}
```

编译并执行，输出结果如图 10.9 所示。

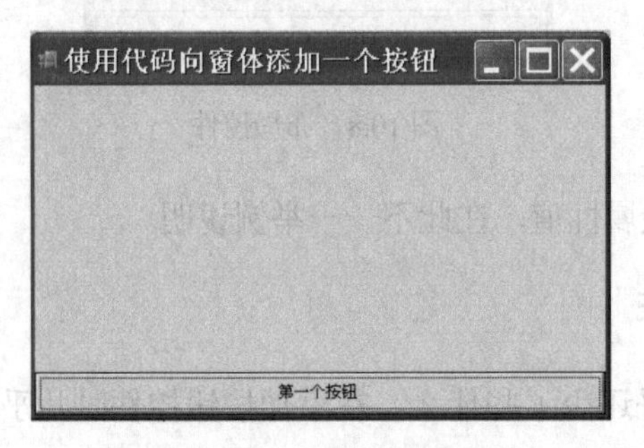

图 10.9　设置控件属性

本例中仅给出常用的 Text 属性设置示例，其他属性读者可自行调试。

10.1.6　响应控件事件

至此，已完成向窗体添加一个按钮，但由于没有为按钮添加事件响应代码，无论对按钮执行任何操作，按钮都不会做出反应。接下来将要为按钮添加单击事件响应代码，在该事件的响应代码中仅包含弹出一个 MessageBox，内容为 Hello First Button；为窗体添加 MouseMove 事件响应代码，在该事件中将当前鼠标的坐标显示到窗体的标题中。修改后的示例如代码清单 10.4 所示，详细过程参考代码清单中注释部分。

代码清单 10.4

```
using System ;
using System.Drawing ;
using System.Windows.Forms ;
public class Form1 : Form{   //由 Form 派生出一个自定义窗体类 Form1
  private Button button1 ;         //Form1 窗体类包含了一个按钮成员
  public Form1 ( ){
      InitializeComponent ( ) ;    //初始化窗体中的各个组件
  }
  private void InitializeComponent ( ){ //初始化窗体内各个组件
    button1 = new Button ( ) ; //实例化一个按钮对象
    SuspendLayout ( ) ;
    button1.Name = "button1" ;
    button1.Size = new Size(117,32);
    button1.Dock = DockStyle.Bottom;
    button1.Text = "第一个按钮";
    button1.Click += new System.EventHandler ( button1_Click ) ;   //响应 Click 事件
```

```
            this.AutoScaleBaseSize = new Size ( 6 , 14 ) ;
            //设置窗体对象
             this.ClientSize = new Size ( 300 , 200 ) ;
             this.Controls.Add ( button1 );            //将按钮对象添加到窗体中
             this.Name = "Form1" ;
             this.Text = "使用代码向窗体添加一个按钮";
             this.StartPosition = FormStartPosition.CenterScreen ;
             this.ResumeLayout ( false ) ;
            //响应鼠标移动事件
            this.MouseMove += new System.Windows.Forms.MouseEventHandler(Form1_MouseMove);
        }
        static void Main ( ) {    //主函数
             Application.Run ( new Form1 ( ) ) ;
        }
        //添加 Click 事件的响应代码
        private void button1_Click ( object sender , System.EventArgs e ) { //编写响应函数代码
             //在此处添加具体响应代码
             MessageBox.Show("Hello first button!");
        }
        private void Form1_MouseMove(object sender, EventArgs e) { //鼠标移动事件处理代码
            Point p = Cursor.Position;   //定义一个点对象，用来获取当期鼠标所在点的坐标
            //设置窗体的标题为当前鼠标的坐标
            this.Text = "X:"+ System.Convert.ToString(p.X) +"      Y:" + System.Convert.ToString(p.Y);
        }
    }
```

编译并执行，单击 button1 弹出一个消息框，如图 10.10 所示。

将鼠标在窗体上移动，窗体的标题显示为当前鼠标位置的 X、Y 坐标值，如图 10.11 所示。

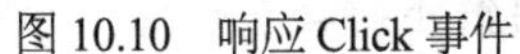
图 10.10　响应 Click 事件

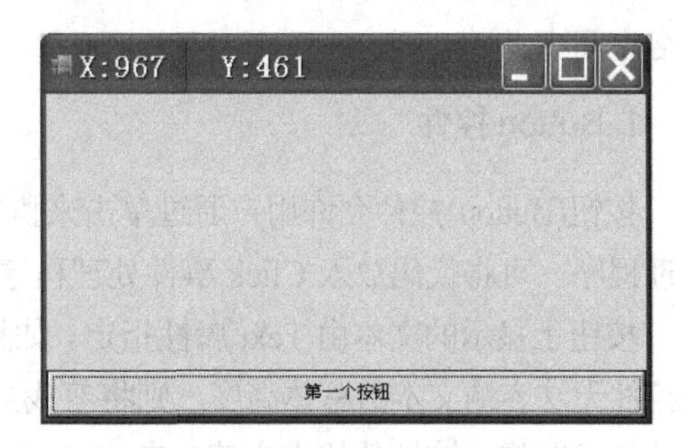

图 10.11　响应鼠标移动事件

至此，就完成了一个标准的 Windows 窗体的创建工作。

10.2　常 用 控 件

.NET Framework 提供了大量的控件供开发人员在构建窗体时使用，在 Visual Studio 2010

开发环境中，可以在“工具箱”中找到这些控件，如图 10.12 所示。

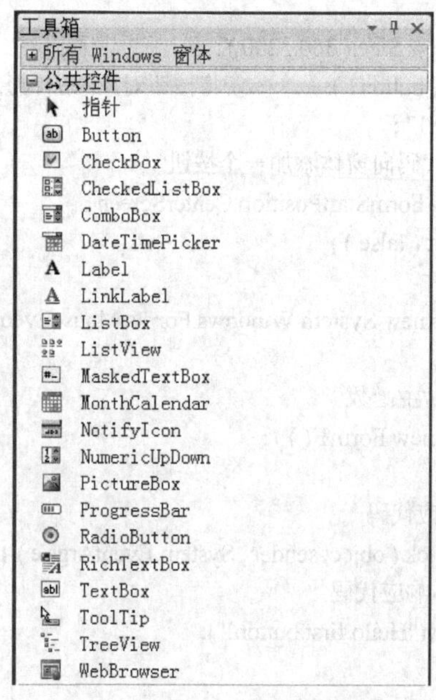

图 10.12　Windows 窗体控件

10.2.1　标签和基于按钮的控件

标签(Label)控件是工具箱中最简单的控件，通常用来显示一些描述性文字，且显示内容通常在其声明周期内固定不变。Label 控件的最常用属性为 Text 属性，用来指定在 Label 控件中显示的内容，可以通过设置 Label 控件的 Color、Font、Style 等属性来改变显示的效果。

.NET 支持三种类型的按钮：按钮、单选框以及复选框，这三种按钮都继承于 ButtonBase 类。三种按钮分别对应于 Button、CheckBox、RadioBox 类，这些类包含于 System.Windows.Forms 命名空间中。

1. Button 控件

按钮(Button)控件允许用户通过单击来执行操作。当用户单击按钮时，即调用 Click 事件处理程序。可将代码放入 Click 事件处理程序来执行所选择的任意操作。

按钮上显示的文本由 Text 属性指定。如果文本超出按钮宽度，则换到下一行。但是，如果控件无法容纳文本的总体高度，则将剪裁文本。按钮控件还可以使用 Image 和 ImageList 属性显示图像。该控件的内容请参考 10.1 节，在此不再赘述。

2. 单选框和复选框控件

二者都允许用户从一系列的选项中选择，差别在于在一系列选项中单选框之间是“互斥”的，即只能有一个被选中；各个复选框选项之间相互无影响，即可有多个被选中。

复选框控件对应的 CheckBox 和 RadioButton 类除了从 ButtonBase 类继承得到的成员外还具有自定义的一些成员，这些成员如表 10.7 所示。

表 10.7　CheckBox 常用成员

成　员	说　明
CheckedChanged 事件	当 Checked 属性的值更改时发生
CheckStateChanged 事件	当 CheckState 属性的值更改时发生(CheckBox 类独有)
Checked 属性	获取或设置一个值，该值指示复选框是否处于选中状态
CheckState 属性	获取或设置复选框的状态(CheckBox 类独有)

其中，CheckState 属性由 CheckState 枚举来定义，如表 10.8 所示。

表 10.8　CheckState 枚举值

成　员	说　明
Checked	被选中，Checked 返回 true
Indeterminate	被选中，但成灰色，返回 true
Unchecked	未被选中，返回 false

3. 成组框控件

成组框控件(GroupBox)是一个容器控件，可将其他控件放入其中形成一个整体，子控件可以随成组框控件一起移动或隐藏。成组框的标题可由 Text 属性指定。成组框控件作为容器控件，类似于 Form 有一个 Controls 属性，用户获取包含在控件内的控件的集合，并可调用 Add 方法将一个单选框或复选框加入到容器(Controls 集合)中。可以通过“外观”类属性设置成组框的显示效果。

下面使用 Visual Studio 2010 创建一个按钮类的示例。该示例包含两个成组框，分别用来显示“兴趣爱好”与“性格”选项，其中爱好可以多选，性格只能单选。程序将选中的项显示到窗体中。创建步骤如下。

(1) 打开 Visual Studio 2010 开发环境，新建一个 Windows 应用程序项目，在 Form1 窗体中添加表 10.9 所示控件，布局如图 10.13 所示。

表 10.9　控件属性列表

控 件 名 称	属 性 名	属 性 值
GroupBox1	Text	兴趣爱好
GroupBox2	Text	性格
CheckBox1	Text	体育
CheckBox2	Text	美术
CheckBox3	Text	音乐
CheckBox4	Text	计算机
RadioButton1	Text	外向型
RadioButton2	Text	内向型

(续表)

控件名称	属性名	属性值
RadioButton3	Text	混合型
Label1	Text	兴趣爱好有：
Label2	Text	性格为：

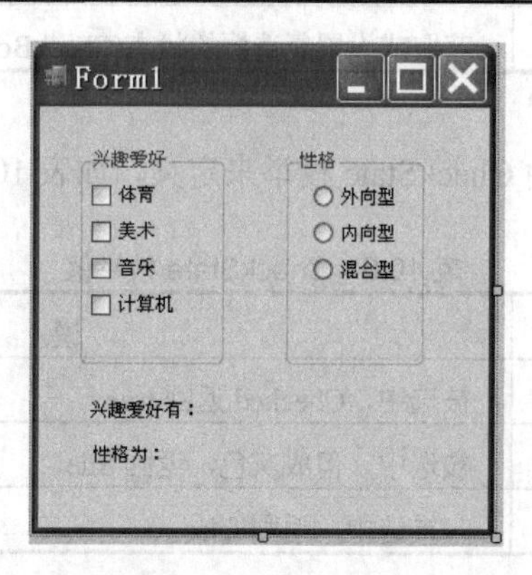

图 10.13　示例布局图

(2) 双击“体育”复选框，Visual Studio 2010 自动为该复选框添加 CheckedChanged 事件处理函数：

```
private void checkBox1_CheckedChanged(object sender, EventArgs e)
```

在该函数中输入如代码清单 10.5 所示代码。

代码清单 10.5

```
string text="";
foreach (object chkbox in this.groupBox1.Controls){
  if (chkbox is CheckBox){
    if (((CheckBox)chkbox).Checked){
      text += ((CheckBox)chkbox).Text + "、"; //循环获取已经被选中的控件的 Text 属性
      }
    }
}
if (text != ""){
  this.label1.Text = "兴趣爱好有：" + text.Remove(text.Length - 1, 1) + "。" ; //显示输出
}
else{
    this.label1.Text = "没有被选中的内容";
}
```

重复此过程，为 GroupBox1 成组框中其他复选框添加 CheckedChanged 事件响应函数，函数具体内容如代码清单 10.5 所示。

(3) 双击“内向型”单选按钮，Visual Studio 2010 自动为该单选按钮添加 CheckedChanged 事件处理函数：

```
private void radioButton1_CheckedChanged(object sender, EventArgs e)
```

在该函数中输入如代码清单 10.6 所示代码。

代码清单 10.6

```
RadioButton rb = sender as RadioButton;
if (rb.Checked){
    this.label2.Text ="性格为：" + rb.Text;    //利用 Label2 显示输出
}
```

重复此过程，为 GroupBox2 成组框中其他单选按钮添加 CheckedChanged 事件响应函数，函数具体内容如代码清单 10.6 所示。

(4) 编译并执行，输出结果如图 10.14 所示。

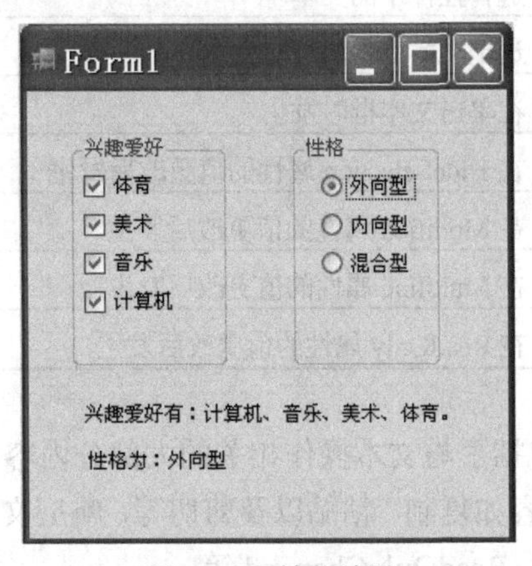

图 10.14　输出结果

10.2.2　文本框控件

文本框控件负责为用户提供一个编辑数据的接口，也可以用来显示数据。.NET Framework 提供了 TextBoxBase 类支持文本框操作。该类为抽象类，由其派生的两个子类为 TextBox 和 RichTextBox，分别对应于 TextBox 和 RichTextBox 控件。

TextBoxBase 类除了继承 Control 类的成员外还具有一些自定义的成员，如表 10.10 所示。

表 10.10　TextBoxBase 类成员

成　员	说　明
CanUndo	获取一个值，该值指示用户在文本框控件中能否撤销前一操作
BackColor	获取或设置控件的背景色
BorderStyle	获取或设置文本框控件的边框类型
ForeColor	获取或设置控件的前景色
ReadOnly	获取或设置一个值，该值指示文本框中的文本是否为只读

(续表)

成　　员	说　　明
SelectedText	获取或设置一个值，该值指示控件中当前选定的文本
SelectionLength	获取或设置文本框中选定的字符数
SelectionStart	获取或设置文本框中选定
Text	获取或设置文本框中的当前文本
TextLength	获取控件中文本的长度
AppendText	向文本框的当前文本追加文本
Clear	从文本框控件中清除所有文本
Copy	将文本框中的当前选定内容复制到剪贴板
Cut	将文本框中的当前选定内容移动到剪贴板中
Paste	用剪贴板的内容替换文本框中的当前选定内容
Select	选择控件中的文本
SelectAll	选定文本框中的所有文本
Click	在单击文本框时发生
HideSelectionChanged	在 HideSelection 属性的值更改后发生
ModifiedChanged	在 Modified 属性的值更改后发生
MultilineChanged	在 Multiline 属性的值更改后发生
ReadOnlyChanged	在 ReadOnly 属性的值更改后发生

表 10.10 所示类成员包括了与文本操作相关的大部分内容。常用的操作包括获取/设置 Text 属性，选择编辑文本内容如复制、粘贴以及剪切等，响应文本框的改变事件如 Modified-Changed、MultilineChanged、ReadOnlyChanged 等。

下面以一个简单示例说明 TextBox 常见用法。该示例包含两个 TextBox 控件、一个 Label 控件和一个按钮控件，Label 控件显示 TextBox1 中的内容，单击按钮控件将 TextBox1 控件中的选定内容粘贴到 TextBox2 中。创建步骤如下。

(1) 打开 Visual Studio 2010 开发环境，新建一个 Windows 应用程序项目，在 Form1 窗体中添加表 10.11 所示控件。

表 10.11　控件属性列表

控件名称	属性名	属性值
Form1	Text	TextBox
TextBox1	Multiline	true
TextBox2	Multiline	true
Button1	Text	>>
Label1	Text	

设计后的 Form1 窗体的控件布局如图 10.15 所示。

(2) 双击 TextBox1 文本框，Visual Studio 2010 自动为该复选框添加 TextChanged 事件处理函数：

```
private void textBox1_TextChanged(object sender, EventArgs e) //输入发生改变时触发
```

在该函数中输入如下代码：

```
this.label1.Text = this.textBox1.Text;        //随输入的进行显示当前内容
```

(3) 双击 button1 单选按钮，Visual Studio 2010 自动为该选项按钮添加 Click 事件处理函数：

```
private void button1_Click(object sender, EventArgs e)
```

在该函数中输入如下代码：

```
this.textBox1.Copy( );   //将 textBox1 中选择内容复制到剪贴板中
this.textBox2.Paste( );   //将剪贴板中内容粘贴到 textBox2 中
```

(4) 编译并执行，输出结果如图 10.16 所示。

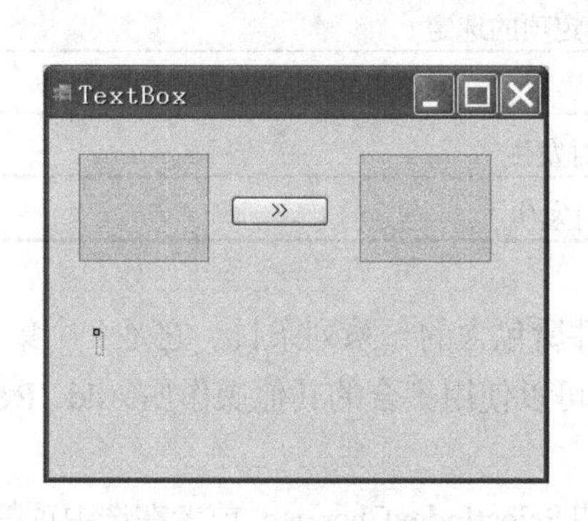

图 10.15　示例布局图

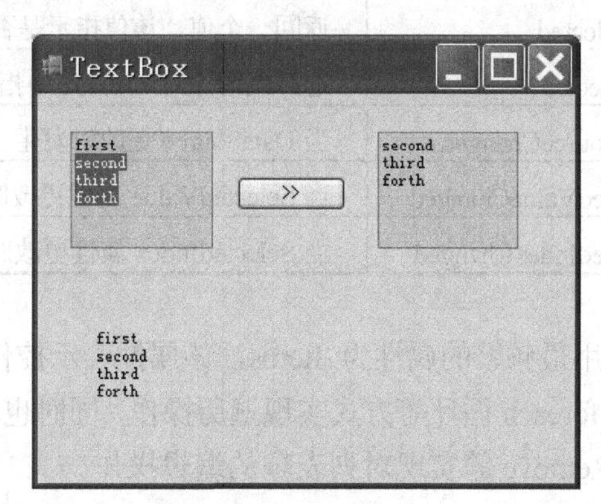

图 10.16　输出结果

10.2.3　列表控件

列表控件用于向用户提供多选择项的动态列表。C#提供了两种类型的列表控件，即 ListBox 控件和 ComboBox 控件。二者都可以完成列表选择任务，但各有自己的属性。二者均由 ListControl 基类派生而来，ListControl 类继承于 Control 类。

1. ListBox 控件

列表框(ListBox)用于在滚动的窗口显示一系列的条目。如果列表框中的条目多于在一个窗口中所能容纳的数目，则自动添加滚动条。表 10.12 给出了 ListBox 控制常用的成员。

表 10.12　ListBox 常用成员

成　员	说　明
DataSource	获取或设置此控件的数据源
HorizontalExtent	获取或设置 ListBox 的水平滚动条可滚动的宽度

(续表)

成　员	说　明
Items	获取 ListBox 的项集合
MultiColumn	获取或设置一个值，该值指示 ListBox 是否支持多列
SelectedIndex	获取或设置 ListBox 中当前选定项的从零开始的索引
SelectedIndices	获取一个集合，该集合包含 ListBox 中所有当前选定项从零开始的索引
SelectedItem	获取或设置 ListBox 中的当前选定项
SelectedItems	获取包含 ListBox 中当前选定项的集合
SelectedValue	获取或设置由 ValueMember 属性指定的成员属性的值
ClearSelected	取消选择 ListBox 中的所有项
FindString	查找 ListBox 中以指定字符串开始的第一个项
GetItemHeight	返回 ListBox 中某项的高度
GetItemRectangle	返回 ListBox 中的项的边框
GetItemText	返回指定项的文本表示
GetSelected	返回一个值，该值指示是否选定了指定的项
SetSelected	选择或清除对 ListBox 中指定项的选定
DataSourceChanged	当 DataSource 更改时发生
SelectedValueChanged	当 SelectedValue 属性更改时发生
SelectedIndexChanged	当 SelectedIndex 属性更改时发生

使用最频繁的属性为 Items，该属性表示控件所包含的一系列条目。它是一个集合，可以使用 foreach 循环等方式实现遍历操作，同时也可以使用集合的其他操作如 Add、Remove、Find、Remove 等实现对列表项的编辑操作。

ListBox 常用的事件有 SelectedValueChanged 和 SelectIndexChanged，前者在选中项的 Value 值发生改变时触发，后者在选择项发生改变时触发。

2. ComboBox 控件

ComboBox 显示与一个 ListBox 组合的编辑字段，使用户可以从列表中选择或输入新文本。ComboBox 的默认行为是显示一个编辑字段，该字段附带一个隐藏的下拉列表。DropDownStyle 属性确定要显示的组合框的样式。可以输入一个值，该值指示允许以下情况：简单的下拉列表(始终显示列表)、下拉列表框(文本部分不可编辑，并且必须选择一个箭头才能查看下拉列表框)或默认下拉列表框(文本部分可编辑，并且用户必须按箭头键才能查看列表)。若要始终显示用户不能编辑的列表，建议使用 ListBox 控件。表 10.13 给出了 ComboBox 控件的常用成员。

表 10.13　ComboBox 常用成员

成　员	说　明
SelectedIndex	已重写。获取或设置指定当前选定项的索引
SelectedItem	获取或设置 ComboBox 中当前选定的项

(续表)

成　员	说　明
SelectedText	获取或设置 ComboBox 的可编辑部分中选定的文本
SelectedValue	获取或设置由ValueMember属性指定的成员属性的值
BeginUpdate	当将多项一次一项地添加到 ComboBox 时维持性能
EndUpdate	在BeginUpdate方法挂起绘制以后，恢复绘制 ComboBox 控件
FindForm	检索控件所在的窗体
FindString	已重载。查找 ComboBox 中以指定字符串开始的第一个项
Select	已重载。选择一个文本范围
SelectAll	选择 ComboBox 可编辑部分中的所有文本
DropDown	当显示 ComboBox 的下拉部分时发生

10.2.4　日期时间相关控件

在 Windows 应用程序中日期时间相关控件是必不可少的。相关控件包括定时器 Timer 控件、DateTimePicker 控件以及 MonthCalendar 控件。

1. Timer 控件

定时器(Timer)控件用于以用户定义的事件间隔触发事件。Windows 计时器是为单线程环境设计的，其中，UI 线程用于执行处理。

使用此计时器控件时，需要使用控件的 Tick 事件执行轮询操作，或在指定的时间内显示启动画面。每当 Enabled 属性设置为 true 且 Interval 属性大于 0 时，将引发 Tick 事件，引发的时间间隔由 Interval 属性控制，该属性以毫秒为单位。若应用程序中实现了一个定时器，在程序执行结束时需要调用 Dispose( )方法，释放系统资源。Timer 控件常用的成员如表 10.14 所示。

表 10.14　Timer 常用成员

成　员	说　明
Enabled	获取或设置计时器是否正在运行
Interval	获取或设置计时器开始计时之间的时间(以毫秒为单位)
Start	启动计时器
Stop	停止计时器
Tick	当指定的计时器间隔已过去而且计时器处于启用状态时发生

下面以一个简单的发声程序说明定时器控件的使用。该示例控制系统每隔 5s 发出一个蜂鸣声，发声 5 次后退出程序。详细内容如代码清单 10.7 所示。

代码清单 10.7

```
using System;
using System.Windows.Forms;
```

```
public class Class1{
    static Timer myTimer = new Timer( );
    static int alarmCounter = 4;
    static bool exitFlag = false;
    //timer 事件处理程序
    private static void TimerEventProcessor(Object myObject,EventArgs myEventArgs){
            Console.Beep( );      //发声
            if((--alarmCounter) < 0)    //控制次数
                exitFlag = true ;
    }
    public static int Main( ){
        myTimer.Tick += new EventHandler(TimerEventProcessor); //  响应事件
        myTimer.Interval = 5000;
        myTimer.Start( );           //启动定时器
        while(exitFlag == false){ //程序流程控制
            Application.DoEvents( );
        }
        return 0;
        }
}
```

2. DateTimePicker 控件

DateTimePicker 控件用来让用户选择日期和时间，以及按指定的格式显示此日期/时间。通过设置 MinDate 和 MaxDate 属性，限制可选择的日期和时间。DateTimePicker 控件类继承于 Control 类，其常用成员如表 10.15 所示。

表 10.15　DateTimePicker 常用成员

成　员	说　明
Checked	获取或设置一个值，该值指示是否已用有效日期/时间值设置了Value属性且显示的值可以更新
CustomFormat	获取或设置自定义日期/时间格式字符串
Format	获取或设置控件中显示的日期和时间格式
ShowCheckBox	获取或设置一个值，该值指示在选定日期的左侧是否显示一个复选框
ShowUpDown	获取或设置一个值，该值指示是否使用 up-down 控件调整日期/时间值
Value	获取或设置分配给控件的日期/时间值
CloseUp	当下拉日历被关闭并消失时发生
ValueChanged	当Value属性更改时发生

通过设置 CalendarForeColor、CalendarFont、CalendarTitleBackColor、CalendarTitleForeColor、

CalendarTrailingForeColor 和 CalendarMonthBackground 属性，可以更改控件日历部分的外观。

Format 属性设置控件的显示格式，取值如下。

- DateTimePickerFormat.Custom：使用常规格式。
- DateTimePickerFormat.Long：使用系统的长日期格式(默认值)。
- DateTimePickerFormat.Short：使用系统的短日期格式。
- DateTimePickerFormat.Time：使用系统的时间格式。

默认日期 Format 属性为 DateTimePickerFormat.Long。如果 Format 属性设置为 DateTimePickerFormat.Custom，可以通过设置 CustomFormat 属性并生成自定义格式字符串来创建自己的格式化样式。自定义格式字符串可以是自定义字段字符和其他字符的组合。例如，通过将 CustomFormat 属性设置为 MMMM dd, yyyy-dddd，可以将日期显示为“星期三 八月 31，2011”。

MaxDate、MinDate 用以限制可选日期的最大及最小值，使用该属性可进行日期有效性验证。

要使用 up-down 样式控件调整日期/时间值，需将 ShowUpDown 属性设置为 true。日历控件被选定后将不下拉。可以通过分别选择各元素如年、月、日等并使用按钮更改值来调整日期/时间。

3. MonthCalendar 控件

MonthCalendar 控件与 DateTimePicker 控件类似，显示效果与 DateTimePicker 控件使用的下拉式日历一致，如图 10.17 所示。

MonthCalendar 控件允许用户选择日期范围，但不支持自定义格式显示。该控件常用的成员如表 10.16 所示。

图 10.17　MonthCalendar 控件

表 10.16　MonthCalendar 控件常用成员

成　员	说　明
FirstDayOfWeek	根据月历中的显示获取或设置一周中的第一天
MaxDate	获取或设置允许的最大日期
MaxSelectionCount	获取或设置月历控件中可选择的最大天数
MinDate	获取或设置允许的最小日期
ShowToday	获取或设置一个值，该值指示控件底端是否显示TodayDate属性表示的日期
ShowTodayCircle	获取或设置指示是否在今天的日期上加圆圈的值
ShowWeekNumbers	获取或设置一个值，该值指示月历控件是否在每行日期的左侧显示周数(1~52)
TodayDate	获取或设置由 MonthCalendar 用作今天的日期的值
TodayDateSet	获取指示是否已显式设置TodayDate属性的值
AddAnnuallyBoldedDate	在月历中，在一年的基础上添加一个以粗体显示的日期

(续表)

成　员	说　明
AddBoldedDate	在月历中添加以粗体显示的日期
AddMonthlyBoldedDate	在月历中，在每月的基础上添加一个以粗体显示的日期
SetDate	将日期设置为当前选定的日期
SetSelectionRange	将月历控件中的选定日期设置为指定的日期范围
DateChanged	当 MonthCalendar 中的所选日期更改时发生
DateSelected	用户使用鼠标进行显式日期选择时发生

10.2.5 TreeView 与 ListView 控件

TreeView 与 ListView 控件最常见的应用就是 Windows 资源管理器，左边是 TreeView 控件，右边是 ListView 控件，二者一般配对出现。

1. TreeView 控件

TreeView 控件利用层次结构向用户展示一系列相关信息。利用 TreeView 控件，可以把相关信息组织成易于管理的块。在 TreeView 控件中显示的每个数据项(节点)都对应于一个 TreeNode 对象。该对象的 Nodes 属性为一个集合，包含该对象下属的所有子节点。利用集合的相关操作如 Add( )、Remove( )等可以对一个节点所包含的子节点进行编辑。

TreeView 控件中每个节点都有一个标题和两个可选图像，这两个图像分别用来图形化节点的选中或未被选中状态，使用图像需 ImageList 控件支持。由 Windows 资源管理器可知，在运行时 TreeView 控件的层次结构中任何节点都可以扩展或收缩显示或隐藏它的子节点。TreeView 控件类拥有的常用成员如表 10.17 所示。

表 10.17　TreeView 控件类常用成员

成　员	说　明
ImageIndex	获取或设置树节点显示的默认图像的图像列表索引值
ImageList	获取或设置包含树节点所使用的Image对象的ImageList
Nodes	获取分配给树视图控件的树节点集合
Scrollable	获取或设置一个值，用以指示树视图控件是否在需要时显示滚动条
SelectedImageIndex	获取或设置当树节点选定时所显示的图像的图像列表索引值
SelectedNode	获取或设置当前在树视图控件中选定的树节点
TopNode	获取树视图控件中第一个完全可见的树节点
CollapseAll	折叠所有树节点
ExpandAll	展开所有树节点
GetNodeAt	已重载。检索位于指定位置的树节点
GetNodeCount	检索分配给树视图控件的树节点数(可以选择性地包括所有子树中的树节点)

(续表)

成　员	说　明
AfterCheck	在选中树节点复选框后发生
AfterSelect	在选定树节点后发生
BeforeCheck	在选中树节点复选框前发生
BeforeCollapse	在折叠树节点前发生
BeforeExpand	在展开树节点前发生

下面以一个简单示例说明如何使用 TreeView 控件。示例使用 TreeView 控件显示图书目录，用户可通过单击图书名称，将图书的名称、作者、价格显示在文本框中。详细内容如代码清单 10.8 所示。

代码清单 10.8

```
using System;
using System.Collections.Generic;
using System.ComponentModel;
using System.Data;
using System.Drawing;
using System.Linq;
using System.Text;
using System.Windows.Forms;
namespace TreeViewDemo{
    public partial class Form1 : Form{
        public Form1( ){
            InitializeComponent( );
        }
        private void InitTreeView(TreeView treeView){ //设置控件的属性
            treeView.CheckBoxes = false;//不显示复选框
            treeView.FullRowSelect = true;
            ImageList imageList = new ImageList( );
            imageList.Images.Add(new Icon("Folder.ico"));
            imageList.Images.Add(new Icon("OpenFolder.ico"));
            imageList.Images.Add(new Icon("Book.ico"));
            treeView.ImageList = imageList;//设置图像集合
            treeView.LabelEdit = false;//设置不能编辑
            treeView.PathSeparator = "\\";//用\符号作为分隔符
            treeView.Scrollable = true;//显示滚动条
            treeView.ShowLines = true;//显示连线
            treeView.ShowNodeToolTips = true;
            treeView.ShowPlusMinus = true;//显示+-号
            treeView.ShowRootLines = true;
            treeView.AfterSelect += new TreeViewEventHandler(treeView_AfterSelect);
        }
        //处理节点被选中的事件
```

```
void treeView_AfterSelect(object sender, TreeViewEventArgs e){
    if (e.Node.Tag != null){   //如果节点标记不为空
        Book book = e.Node.Tag as Book; //创建图书对象
        this.txtPath.Text = e.Node.FullPath; //将图书信息显示到文本框
        this.txtBookName.Text = book.BookName;
        this.txtAuthor.Text = book.Author;
        this.txtPrice.Text = book.Price;
    }
}
private void AddNode(TreeView treeView){
    //添加节点
    TreeNode MainNode = treeView.Nodes[0];
    treeView.BeginUpdate( );
    MainNode.Nodes.Clear( );
    //增加第 1 个分类节点
    TreeNode Catalog1 = new TreeNode("古典文学");
    Catalog1.ImageIndex = 0;
    Catalog1.SelectedImageIndex = 1;
    Book Book1 = new Book( ); //创建第 1 个图书对象
    Book1.BookName = "三国演义";
    Book1.Author = "罗贯中";
    Book1.Price = "20.00";
    TreeNode BookNode1 = new TreeNode(Book1.BookName);
    BookNode1.ImageIndex = 2;
    BookNode1.SelectedImageIndex = 2;
    BookNode1.Tag = Book1;//设置标记
    Book Book2 = new Book( );//创建第 2 个图书对象
    Book2.BookName = "西游记";
    Book2.Author = "吴承恩";
    Book2.Price = "30.00";
    TreeNode BookNode2 = new TreeNode(Book2.BookName);
    BookNode2.ImageIndex = 2;
    BookNode2.SelectedImageIndex = 2;
    BookNode2.Tag = Book2;//
    Catalog1.Nodes.Add(BookNode1);
    Catalog1.Nodes.Add(BookNode2);
    MainNode.Nodes.Add(Catalog1);
    //增加第 2 个分类节点
    TreeNode Catalog2 = new TreeNode("玄幻小说");
    Catalog2.ImageIndex = 0;
    Catalog2.SelectedImageIndex = 1;
    Book Book3 = new Book( );//创建第 3 个图书对象
    Book3.BookName = "诛仙";
    Book3.Author = "萧鼎";
    Book3.Price = "40.00";
    TreeNode BookNode3 = new TreeNode(Book3.BookName);
```

```
            BookNode3.ImageIndex = 2;
            BookNode3.SelectedImageIndex = 2;
            BookNode3.Tag = Book3;
            Book Book4 = new Book( );//创建第 4 个图书对象
            Book4.BookName = "藏地密码";
            Book4.Author = "何马";
            Book4.Price = "30.00";
            TreeNode BookNode4 = new TreeNode(Book4.BookName);
            BookNode4.ImageIndex = 2;
            BookNode4.SelectedImageIndex = 2;
            BookNode4.Tag = Book4;//
            Catalog2.Nodes.Add(BookNode3);
            Catalog2.Nodes.Add(BookNode4);
            MainNode.Nodes.Add(Catalog2);
            treeView.EndUpdate( );
        }
        public class Book{     //定义图书类
            public string BookName = string.Empty;
            public string Author = string.Empty;
            public string Price = string.Empty;
        }
        private void btExpand_Click(object sender, EventArgs e){//处理节点展开事件
            this.treeView1.ExpandAll( );
        }
        private void btCollapse_Click(object sender, EventArgs e){//处理节点闭合事件
            this.treeView1.CollapseAll( );
        }
        private void Form1_Load(object sender, EventArgs e){ //处理窗体加载事件
            this.InitTreeView(this.treeView1);
            this.AddNode(this.treeView1);
        }
    }
}
```

编译并执行，输出结果如图 10.18 所示。

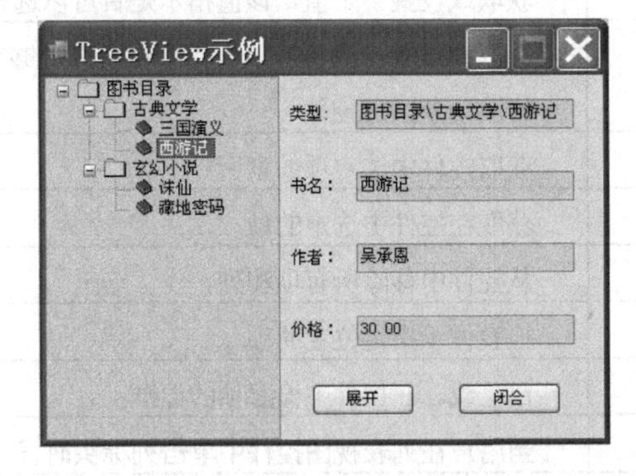

图 10.18　TreeView 控件示例

2. ListView 控件

ListView 控件用来显示项列表，这些项带有项文本和图标(可选)来标识项的类型。例如，Windows资源管理器的文件列表就与ListView控件的外观相似。ListViewItem类表示ListView控件中的项。列表中显示的项可以用 4 种不同视图显示，分别为使用大图标、使用小图标、作为一个列表和作为一个表格。

这些项也可以具有子项，子项包含与父项相关的信息。ListView 可以使用 CheckBoxes 属性显示复选框，以使用户可以选中要对其执行操作的项。可以用各种方式来使用 ListView 控件。控件可用于显示来自应用程序、数据库或文本文件的信息。ListView 也可用于获取来自用户的信息，例如选择一组要处理的文件。

ListView 提供了大量可灵活设置外观和行为的属性。Items 属性允许开发人员访问控件的 ListView.ListViewItemCollection，它提供在控件中操作项的方法。如果需要允许用户编辑项的文本，可使用 LabelEdit 属性。要确定其子项被单击的项，可使用 GetItemAt 方法。

如果 LabelEdit 属性设置为 true，则可以执行以下类似任务：通过为 BeforeLabelEdit 和 AfterLabelEdit 事件创建事件处理程序，在文本更改前后对所编辑的文本进行验证。要执行打开文件或显示对话框来编辑 ListView 中显示的项这样的任务，可以为 ItemActivate 事件创建事件处理程序。如果允许在用户单击列标题时对 ListView 中的项进行排序，则可以为 ColumnClick 事件创建事件处理程序以执行排序操作。表 10.18 给出了 ListView 类常用成员。

表 10.18　ListView 控件类常用成员

成　员	说　明
CheckBoxes	获取或设置一个值，该值指示控件中各项的旁边是否显示复选框
CheckedIndices	获取控件中当前选中项的索引
CheckedItems	获取控件中当前选中的项
Columns	获取控件中显示的所有列标头的集合
FocusedItem	获取当前具有焦点的控件中的项
GridLines	获取或设置一个值，该值指示：在包含控件中项及其子项的行和列之间是否显示网格线
Items	获取包含控件中所有项的集合
MultiSelect	获取或设置一个值，该值指示是否可以选择多个项
Scrollable	获取或设置一个值，该值指示在没有足够空间来显示所有项时，是否给滚动条添加控件
SelectedIndices	获取控件中选定项的索引
SelectedItems	获取在控件中选定的项
Clear	从控件中移除所有项和列
GetItemAt	检索位于指定位置的项
GetItemRect	已重载。在控件中检索项的边框
ColumnClick	当用户在列表视图控件中单击列标头时发生
SelectedIndexChanged	当列表视图控件中选定的项的索引更改时发生

下面以一个示例说明如何使用 ListView 控件。该示例窗体中包含一个 ListView 控件，根据用户输入的电脑磁盘符，在该 ListView 控件中显示该磁盘下的文件夹目录和文件。双击选中的文件夹目录，在 ListView 控件中又会显示下一级的文件目录。单击“返回上一级”按钮，可回到上一级目录。详细内容如代码清单 10.9 所示。

代码清单 10.9

```
using System;
using System.Collections.Generic;
using System.ComponentModel;
using System.Data;
using System.Drawing;
using System.Linq;
using System.Text;
using System.Windows.Forms;
using System.IO;
namespace ListViewExercise{
    public partial class Form1 : Form {
        public Form1( ){
            InitializeComponent( );
            ListViewSet( );
        }
        private void ListViewSet( ){
            listViewControl.View = View.Details; //设置 ListView 显示方式
            listViewControl.ItemActivate += new EventHandler(listViewControl_ItemActivate);
            //项目的双击事件
            btnReturn.Click+=new EventHandler(btnReturn_Click); //返回按钮的事件
        }
        private void GetFolderTreeView(string asPath){
            listViewControl.Clear( );
            //创建标题，共三列
            listViewControl.Columns.Add("文件名");
            listViewControl.Columns.Add("大小");
            listViewControl.Columns.Add("创建日期");
            listViewControl.BeginUpdate( );//开始更新
            DirectoryInfo diInfo = new DirectoryInfo(asPath);
            DirectoryInfo[ ] dirs = diInfo.GetDirectories( );
            FileInfo[ ] fiInfo = diInfo.GetFiles( );
            ListViewItem lviItem;
            ListViewItem.ListViewSubItem lviSubItem;
            foreach (DirectoryInfo di in dirs){//遍历文件目录
                lviItem = new ListViewItem( );
                lviItem.Text = di.Name;
                lviItem.Tag = di.FullName; //得到文件夹的路径
                lviSubItem = new ListViewItem.ListViewSubItem( );
```

```
                lviSubItem.Text = "";
                lviItem.SubItems.Add(lviSubItem);
                lviSubItem = new ListViewItem.ListViewSubItem( );
                lviSubItem.Text = di.CreationTime.ToString( );
                lviItem.SubItems.Add(lviSubItem);
                listViewControl.Items.Add(lviItem);
            }
            foreach (FileInfo fi in fiInfo) { //遍历文件
                lviItem = new ListViewItem( );
                lviItem.Text = fi.Name;
                lviSubItem = new ListViewItem.ListViewSubItem( );
                lviSubItem.Text = fi.Length.ToString( );
                lviItem.SubItems.Add(lviSubItem);
                lviSubItem = new ListViewItem.ListViewSubItem( );
                lviSubItem.Text = fi.CreationTime.ToString( );
                lviItem.SubItems.Add(lviSubItem);
                listViewControl.Items.Add(lviItem);
            }
                listViewControl.EndUpdate( );//结束更新

    }

        string sfileName = "";   //定义变量存放路径
        void listViewControl_ItemActivate(object sender, EventArgs e){ //按钮的双击事件
            ListView lvControl = (ListView)sender;
            sfileName = lvControl.SelectedItems[0].Tag.ToString( );
            if (lvControl.SelectedItems[0].Tag.ToString( ) == ""){
                try{
                    System.Diagnostics.Process.Start(sfileName);
                }catch{
                    return;
                }
            }
            else{
                GetFolderTreeView(sfileName);
            }
        }
        private void btnReturn_Click(object sender, EventArgs e){ //返回上一级
            int iPosition = sfileName.LastIndexOf("\\") + 1;//获得要返回的路径
            if (iPosition > 0){
                string sA = sfileName.Substring(0, iPosition);
                GetFolderTreeView(sA);
                sfileName = sfileName.Substring(0, iPosition - 1); ;
            }
        }
```

```
        private void button1_Click(object sender, EventArgs e){
            string path =textBox1.Text;
            GetFolderTreeView(path);
        }
    }
}
```

编译并执行，输出结果如图 10.19 所示。

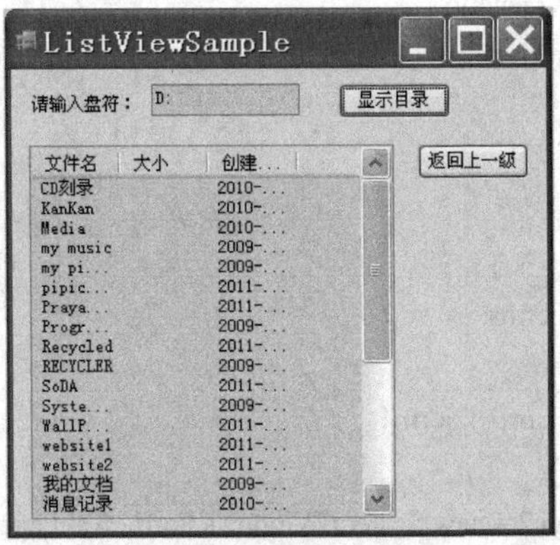

图 10.19　ListView 示例图

10.2.6　TabControl 控件

TabControl 控件包含一个或多个选项卡页，每个选项卡页由一个 TabPage 对象表示。由 TabControl 控件的 Controls 属性集合来编辑控制这些选项卡页。每个 TabPage 都保持着属于自己的一组控件。类似普通控件，可以使用拖动方式将目标控件拖入特定 TabPage 中，当单击选项卡时这些控件被显示出来。TabControl 类具有的常用成员如表 10.19 所示。

表 10.19　TabControl 类常用成员

成　　员	说　　明
ImageList	获取或设置在控件的选项卡上显示的图像
Multiline	获取或设置一个值，该值指示是否可以显示一行以上的选项卡
RowCount	获取控件的选项卡条中当前正显示的行数
ColumnCount	获取控件的选项卡条中当前正显示的列数
SelectedIndex	获取或设置当前选定的选项卡页的索引
SelectedTab	获取或设置当前选定的选项卡页
ShowToolTips	获取或设置一个值，该值指示当鼠标移到选项卡上时是否显示该选项卡的“工具提示”
SizeMode	获取或设置调整控件的选项卡大小的方式
TabCount	获取选项卡条中选项卡的数目
TabIndex	获取或设置在控件的容器的控件的 Tab 键顺序
TabPages	获取该选项卡控件中选项卡页的集合
DrawItem	如果 DrawMode 属性设置为 OwnerDrawFixed，则当绘制选项卡时发生

使用 Visual Studio 2010 来设置 TabControl 控件十分方便。下面以一个示例介绍如何使用代码控制 TabControl 控件，实现在一个考试系统中使用 TabControl 控件选择不同的考试题型来进行切换。该示例向窗体中添加一个 TabControl 控件，包含两个 TabPage 对象，每个 TabPage 对象内都包含一定数量的控件。详细内容请参考代码清单 10.10 所示。

代码清单 10.10

```
using System;
using System.Collections.Generic;
using System.ComponentModel;
using System.Data;
using System.Drawing;
using System.Linq;
using System.Text;
using System.Windows.Forms;
namespace TabControlForm{
    public partial class Form1 : Form{
        public Form1( ){
            this.tabPage2 = new System.Windows.Forms.TabPage( );
            this.label2 = new System.Windows.Forms.Label( );
            this.checkBox1 = new System.Windows.Forms.CheckBox( );
            this.checkBox2 = new System.Windows.Forms.CheckBox( );
            this.checkBox3 = new System.Windows.Forms.CheckBox( );
            this.checkBox4 = new System.Windows.Forms.CheckBox( );
            this.tabPage1 = new System.Windows.Forms.TabPage( );
            this.label1 = new System.Windows.Forms.Label( );
            this.radioButton1 = new System.Windows.Forms.RadioButton( );
            this.radioButton2 = new System.Windows.Forms.RadioButton( );
            this.radioButton3 = new System.Windows.Forms.RadioButton( );
            this.radioButton4 = new System.Windows.Forms.RadioButton( );
            this.tabControl1 = new System.Windows.Forms.TabControl( );
            this.tabPage2.SuspendLayout( );
            this.tabPage1.SuspendLayout( );
            this.tabControl1.SuspendLayout( );
            this.SuspendLayout( );
            this.tabPage2.Controls.Add(this.checkBox4);
            this.tabPage2.Controls.Add(this.checkBox3);
            this.tabPage2.Controls.Add(this.checkBox2);
            this.tabPage2.Controls.Add(this.checkBox1);
            this.tabPage2.Controls.Add(this.label2);
            this.tabPage2.Location = new System.Drawing.Point(4, 21);
            //设置 tabPage2 属性
            this.tabPage2.Name = "tabPage2";
            this.tabPage2.Padding = new System.Windows.Forms.Padding(3);
            this.tabPage2.Size = new System.Drawing.Size(279, 152);
```

```
this.tabPage2.TabIndex = 1;
this.tabPage2.Text = "多选题";
this.tabPage2.UseVisualStyleBackColor = true;
this.label2.AutoSize = true;
this.label2.Location = new System.Drawing.Point(8, 21);
this.label2.Name = "label2";
this.label2.Size = new System.Drawing.Size(185, 12);
this.label2.TabIndex = 0;
this.label2.Text = "面向对象编程设计的三大特点是( )";
//设置 checkBox1 属性
this.checkBox1.AutoSize = true;
this.checkBox1.Location = new System.Drawing.Point(10, 45);
this.checkBox1.Name = "checkBox1";
this.checkBox1.Size = new System.Drawing.Size(60, 16);
this.checkBox1.TabIndex = 1;
this.checkBox1.Text = "A  封装";
this.checkBox1.UseVisualStyleBackColor = true;
//设置 checkBox2 属性
this.checkBox2.AutoSize = true;
this.checkBox2.Location = new System.Drawing.Point(10, 67);
this.checkBox2.Name = "checkBox2";
this.checkBox2.Size = new System.Drawing.Size(60, 16);
this.checkBox2.TabIndex = 2;
this.checkBox2.Text = "B  继承";
this.checkBox2.UseVisualStyleBackColor = true;
//设置 checkBox3 属性
this.checkBox3.AutoSize = true;
this.checkBox3.Location = new System.Drawing.Point(10, 89);
this.checkBox3.Name = "checkBox3";
this.checkBox3.Size = new System.Drawing.Size(60, 16);
this.checkBox3.TabIndex = 3;
this.checkBox3.Text = "C  多态";
this.checkBox3.UseVisualStyleBackColor = true;
//设置 checkBox4 属性
this.checkBox4.AutoSize = true;
this.checkBox4.Location = new System.Drawing.Point(10, 111);
this.checkBox4.Name = "checkBox4";
this.checkBox4.Size = new System.Drawing.Size(60, 16);
this.checkBox4.TabIndex = 4;
this.checkBox4.Text = "D  重载";
this.checkBox4.UseVisualStyleBackColor = true;
//设置 tabPage1 属性
this.tabPage1.Controls.Add(this.radioButton4);
this.tabPage1.Controls.Add(this.radioButton3);
```

```
this.tabPage1.Controls.Add(this.radioButton2);
this.tabPage1.Controls.Add(this.radioButton1);
this.tabPage1.Controls.Add(this.label1);
this.tabPage1.Location = new System.Drawing.Point(4, 21);
this.tabPage1.Name = "tabPage1";
this.tabPage1.Padding = new System.Windows.Forms.Padding(3);
this.tabPage1.Size = new System.Drawing.Size(280, 151);
this.tabPage1.TabIndex = 0;
this.tabPage1.Text = "单选题";
this.tabPage1.UseVisualStyleBackColor = true;
//设置 label1 属性
this.label1.AutoSize = true;
this.label1.Location = new System.Drawing.Point(6, 17);
this.label1.Name = "label1";
this.label1.Size = new System.Drawing.Size(221, 12);
this.label1.TabIndex = 0;
this.label1.Text = "下面哪一本书不属于中国古代四大名著？";
//设置 radioButton1
this.radioButton1.AutoSize = true;
this.radioButton1.Checked = true;
this.radioButton1.Location = new System.Drawing.Point(8, 41);
this.radioButton1.Name = "radioButton1";
this.radioButton1.Size = new System.Drawing.Size(83, 16);
this.radioButton1.TabIndex = 1;
this.radioButton1.TabStop = true;
this.radioButton1.Text = "A  三国演义";
this.radioButton1.UseVisualStyleBackColor = true;
//设置 radioButton2 属性
this.radioButton2.AutoSize = true;
this.radioButton2.Location = new System.Drawing.Point(8, 63);
this.radioButton2.Name = "radioButton2";
this.radioButton2.Size = new System.Drawing.Size(71, 16);
this.radioButton2.TabIndex = 2;
this.radioButton2.Text = "B  西游记";
this.radioButton2.UseVisualStyleBackColor = true;
//设置 radioButton3 属性
this.radioButton3.AutoSize = true;
this.radioButton3.Location = new System.Drawing.Point(8, 85);
this.radioButton3.Name = "radioButton3";
this.radioButton3.Size = new System.Drawing.Size(71, 16);
this.radioButton3.TabIndex = 3;
this.radioButton3.Text = "C  红楼梦";
this.radioButton3.UseVisualStyleBackColor = true;
//设置 radioButton4 属性
```

```
            this.radioButton4.AutoSize = true;
            this.radioButton4.Location = new System.Drawing.Point(8, 107);
            this.radioButton4.Name = "radioButton4";
            this.radioButton4.Size = new System.Drawing.Size(83, 16);
            this.radioButton4.TabIndex = 4;
            this.radioButton4.Text = "D  隋唐演义";
            this.radioButton4.UseVisualStyleBackColor = true;
            //设置 tabControl1 属性
            this.tabControl1.Controls.Add(this.tabPage1);
            this.tabControl1.Controls.Add(this.tabPage2);
            this.tabControl1.Location = new System.Drawing.Point(-4, 0);
            this.tabControl1.Name = "tabControl1";
            this.tabControl1.SelectedIndex = 0;
            this.tabControl1.Size = new System.Drawing.Size(288, 176);
            this.tabControl1.TabIndex = 0;
            //设置 Form1 属性
            this.AutoScaleDimensions = new System.Drawing.SizeF(6F, 12F);
            this.AutoScaleMode = System.Windows.Forms.AutoScaleMode.Font;
            this.ClientSize = new System.Drawing.Size(280, 172);
            this.Controls.Add(this.tabControl1);
            this.Name = "Form1";
            this.Text = "Form1";
            this.tabPage2.ResumeLayout(false);
            this.tabPage2.PerformLayout( );
            this.tabPage1.ResumeLayout(false);
            this.tabPage1.PerformLayout( );
            this.tabControl1.ResumeLayout(false);
            this.ResumeLayout(false);
        }
        private System.Windows.Forms.TabPage tabPage2;
        private System.Windows.Forms.CheckBox checkBox4;
        private System.Windows.Forms.CheckBox checkBox3;
        private System.Windows.Forms.CheckBox checkBox2;
        private System.Windows.Forms.CheckBox checkBox1;
        private System.Windows.Forms.Label label2;
        private System.Windows.Forms.TabPage tabPage1;
        private System.Windows.Forms.RadioButton radioButton4;
        private System.Windows.Forms.RadioButton radioButton3;
        private System.Windows.Forms.RadioButton radioButton2;
        private System.Windows.Forms.RadioButton radioButton1;
        private System.Windows.Forms.Label label1;
        private System.Windows.Forms.TabControl tabControl1;
        }
       static void Main( ){ //程序入口
```

```
            Application.Run(new Form1( ));
        }
    }
}
```

可以看到，各个控件之间的包含关系如下：窗体包含 TabControl 控件，TabControl 包含多个 TabPage 对象，TabControl 控件包含一组自己的控件。需要注意的是，这种包含是一种逻辑的包含，每个 TabPage 中所包含的控件物理上属于窗体，不属于 TabPage 对象，也不属于 TabControl 对象。引用这些控件时只需要指出它所在的窗体，不需要指定它属于哪一个 TabPage 页。编译并执行，输出结果如图 10.20 所示。

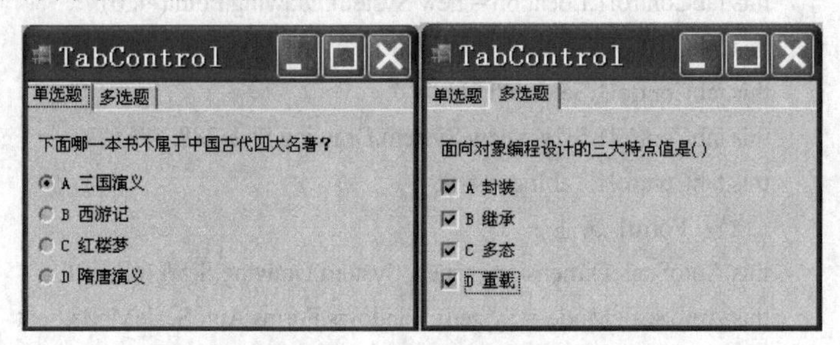

图 10.20　TabControl 示例图

10.2.7　Splitter 控件

Splitter 控件用于在运行时调整停靠控件的大小。Splitter 控件常用于一类窗体，这类窗体上的控件所显示的数据长度可变，如 Windows 资源管理器，它的数据窗格所包含的信息在不同的时间有不同的宽度。

如果一个控件可由 Splitter 控件调整其大小，则当用户将鼠标指针指向该控件的未停靠的边缘时，鼠标指针将更改外观，指示该控件的大小是可以调整的。因此，为使用户能够在运行时调整停靠控件的大小，可将要调整大小的控件停靠在容器的一条边缘上，然后将拆分控件停靠在该容器的同一侧。

使用 Splitter 控件可以对窗体进行嵌套拆分，即将分拆后的窗体作为一个整体进行第二次拆分。

下面使用 Visual Studio 2010 对窗体进行嵌套拆分，Splitter 控件允许用户调整所停靠控件的大小。步骤如下。

(1) 打开 Visual Studio 2010 开发环境，新建 C# Windows 应用程序。

(2) 为窗体添加一个 TreeView 控件，设置 Dock 属性为 Left，其余属性接受默认值。

(3) 为窗体添加一个 Splitter 控件，设置 Dock 属性为 Left，其余属性接受默认值。

(4) 为窗体添加一个 ListView 控件，设置 Dock 属性为 Top，其余属性接受默认值。

(5) 为窗体添加一个 Splitter 控件，设置 Dock 属性为 Top，其余属性接受默认值。

(6) 为窗体添加一个 ListView 控件，设置 Dock 属性为 Fill，其余属性接受默认值。

设置完成后可以看到图 10.21 所示效果。

图 10.21　窗体嵌套拆分示意图

可以看到，窗体首先被纵向切分为两部分，右侧部分又被横向切分为两部分。改变拆分顺序，将步骤(4)、(5)与(2)、(3)互换，即可先进行横向拆分，后进行纵向拆分。拆分后的各部分包含的控件仍隶属于窗体，使用过程与正常控件使用过程一致。

10.3　菜 单 设 计

菜单是软件设计的一个重要组成部分。它包含了一个软件的功能。在软件开发中设计好菜单，对于一个软件能否成功有着重要的意义。C#在设计、开发应用程序界面时和以前的某些程序开发语言有所不同。菜单编程方面也是有所差异的。

.NET Framework 类库提供了一系列支持菜单操作的类，包括 Menu、MainMenu、MenuItem 和ContextMenu，其中 Menu 类为另三个类的父类，该类为抽象基类，不能实例化。应用程序的菜单由 MenuItem 对象组成。MenuItem 对象可存储在 MainMenu 中，以显示为窗体的整个菜单结构，也可以用作快捷菜单的 ContextMenu，MenuItem 可以嵌套但不能独立使用。作为基类的 Menu 常用成员如表 10.20 所示。

表 10.20　Menu 类常用成员

成　员	说　明
Handle	获取表示菜单的窗口句柄的值
IsParent	获取一个值，通过该值指示此菜单是否包含任何菜单项。此属性为只读
MdiListItem	获取一个值，通过该值指示用于显示多文档界面(MDI)子窗体列表的MenuItem
MenuItems	获取一个值，通过该值指示与菜单关联的MenuItem对象的集合
GetContextMenu	获取包含此菜单的ContextMenu
GetMainMenu	获取包含该菜单的MainMenu
MergeMenu	将一个菜单的MenuItem对象与当前菜单合并

10.3.1　在 Visual Studio 2010 开发环境中使用菜单

Visual Studio 2010 开发环境提供了便利的菜单操作。该操作较简单，下面仅以一个示例说明如何使用 Visual Studio 2010 开发环境创建菜单。

本示例创建一个主菜单。包含 5 个菜单项，分别为“文件”、“编辑”、“视图”、“数据”以及“格式”。其中，“文件”菜单项又包含“新建”、“打开”、“关闭”以及“保存”四个命令和三个分隔线；需要为其中的“打开”命令添加图标和快捷键；为“新建”命令添加两个子命令，分别为“项目”和“网站”。

创建过程如下。

(1) 启动 Visual Studio 2010 开发环境，创建一个名为 Samp10_13 的 Windows 窗体应用程序。

(2) 打开工具箱，定位到 菜单和工具栏 ，将 MenuStrip 控件拖入设计窗口中。

(3) 单击该控件，在图 10.22 所示的文本框中输入“文件”，并按照提示依次输入“编辑”、“视图”、“数据”以及“格式”菜单项，完成后如图 10.23 所示。

图 10.22　插入 MenuStrip 控件

图 10.23　添加菜单项

(4) 在“文件”菜单项的下一级依次输入“新建”、“-”“打开”、“-”“关闭”、“-”以及“保存”，并在“新建”命令下一级输入“项目”与“网站”子命令。完成后，如图 10.24 所示。

(5) 添加快捷键。选中“打开”命令，在图 10.25 所示的“属性”面板中设置 ShortcutKeys 属性。

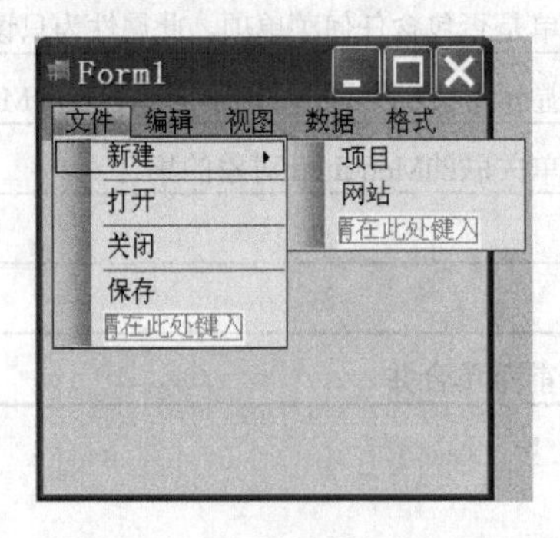

图 10.24　添加多级子命令

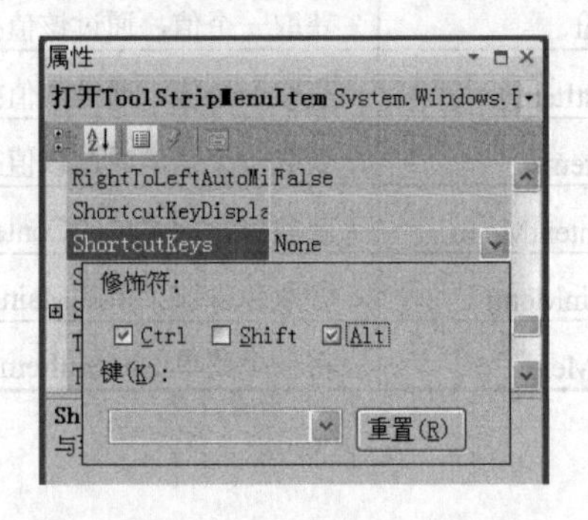

图 10.25　设置 ShortcutKeys

(6) 添加图标。选中“打开”命令，在“属性”面板中设置 Image 属性，单击...按钮，弹出图 10.26 所示的“选择资源”对话框，单击“导入”按钮，选择本地适当图像资源，确认无误后单击“确定”按钮，完成 Image 属性设置。

(7) 按 Ctrl+F5 组合键，程序运行结果如图 10.27 所示。

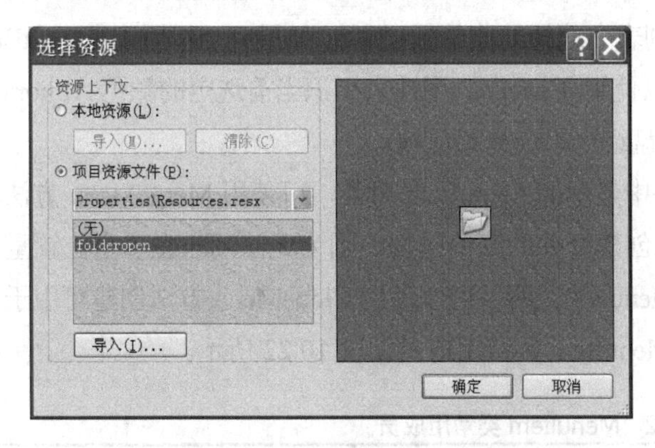

图 10.26　“选择资源”对话框

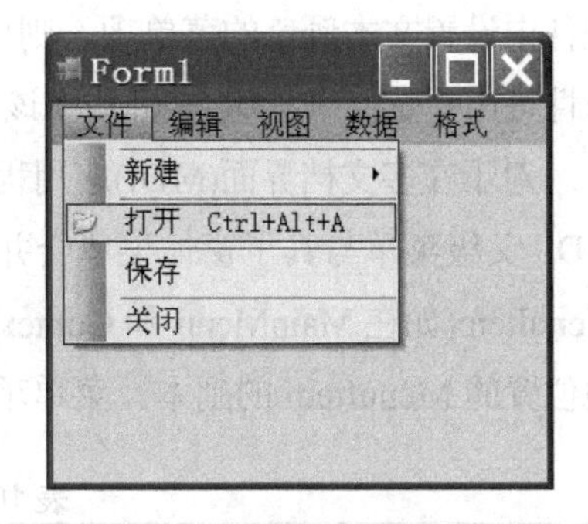

图 10.27　菜单效果

10.3.2　MainMenu 类和 MenuItem 类

.NET Framework 类库提供了 MainMenu 类来支持主菜单操作。MainMenu 控件表示窗体菜单结构的容器。菜单由表示菜单结构中单个菜单命令的 MenuItem 对象组成。每个 MenuItem 可以成为应用程序的命令或其他子菜单项的父菜单。若要将 MainMenu 绑定到将显示它的 Form，需要将 Form 的 Menu 属性与特定 MainMenu 对象进行关联。MainMenu 类常用成员如表 10.21 所示。

表 10.21　MainMenu 类常用成员

成　员	说　明
Container	获取IContainer，它包含Component
Handle	获取表示菜单的窗口句柄的值
IsParent	获取一个值，通过该值指示此菜单是否包含任何菜单项。此属性为只读
MdiListItem	获取一个值，通过该值指示用于显示多文档界面(MDI)子窗体列表的MenuItem
MenuItems	获取一个值，通过该值指示与菜单关联的MenuItem对象的集合
RightToLeft	获取或设置控件显示的文本是否从右向左显示
MergeMenu	将一个菜单的MenuItem对象与当前菜单合并
CloneMenu	已重载。创建菜单对象的一个副本
GetForm	获取包含该控件的Form

将一个空的 MainMenu 与窗体关联后不会显示任何与菜单相关内容，也不会占据任何窗体控件。只有与窗体进行关联的 MainMenu 的 MenuItems 属性集合包含一定的菜单项时才能显示出菜单的效果。

MenuItem(菜单项)是构成菜单的基本元素，一个主菜单的菜单项由MenuItems属性指定，该属性为一个集合，继承于Menu类，所有的菜单及菜单项都拥有该属性。即不仅主菜单有菜单项，菜单项本身也可以包含菜单项，这就构成了菜单项的嵌套。MenuItem类提供用以配置菜单项的外观和功能的属性。若要显示菜单项旁边的选中标记，则需要使用Checked属性。可使用该功能来标识在互斥的菜单项列表中选择的菜单项。例如，如果有一组用于在TextBox控件中设置文本颜色的菜单项，则可以使用Checked属性来标识当前选定的颜色。Shortcut属性可用于定义键盘组合(可按下该键盘组合来选择菜单项)。

对于在多文档界面(MDI)应用程序中显示的MenuItem对象，可使用MergeMenu方法将MDI父级菜单与其子窗体菜单合并以创建合并的菜单结构。因为无法同时在多个位置重用MenuItem(如在MainMenu和ContextMenu中)，所以可以使用CloneMenu方法创建可用于其他位置的MenuItem的副本。菜单项MenuItem类常用成员如表10.22所示。

表10.22　MenuItem类常用成员

成　员	说　明
Checked	获取或设置一个值，通过该值指示选中标记是否出现在菜单项文本的旁边
DefaultItem	获取或设置一个值，通过该值指示菜单项是否为默认菜单项
Enabled	获取或设置一个值，通过该值指示菜单项是否启用
Index	获取或设置一个值，通过该值指示菜单项在其父菜单中的位置
IsParent	已重写。获取一个值，通过该值指示菜单项是否包含子菜单项
MdiList	获取或设置一个值，通过该值指示是否使用在关联窗体内显示的多文档界面(MDI)子窗口列表来填充菜单项
MergeOrder	获取或设置一个值，通过该值指示菜单项与另一个项合并时的相对位置
MergeType	获取或设置一个值，通过该值指示该菜单项的菜单与另一个菜单合并时该菜单项的行为
Mnemonic	获取一个值，通过该值指示与此菜单项关联的助记字符
OwnerDraw	获取或设置一个字值，通过该值指示是由所提供的代码绘制菜单项还是由Windows绘制菜单项
Parent	获取一个值，该值指示包含此菜单项的菜单
RadioCheck	获取或设置一个值，通过该值指示MenuItem(如果已选中)是否显示单选按钮，而不是选中标记
Shortcut	获取或设置一个值，通过该值指示与菜单项关联的快捷键
ShowShortcut	获取或设置一个值，通过该值指示与菜单项关联的快捷键是否在菜单项标题的旁边显示
Text	获取或设置一个值，通过该值指示菜单项标题
Visible	获取或设置一个值，通过该值指示菜单项是否可见
CloneMenu	已重载。创建MenuItem的副本
MergeMenu	已重载。将此MenuItem与另一个MenuItem合并

(续表)

成　　员	说　　明
Click	当单击菜单项或使用为该菜单项定义的快捷键或访问键选择菜单项时发生
DrawItem	当菜单项的OwnerDraw属性设置为 true 并且发出绘制菜单项的请求时发生
MeasureItem	当菜单在绘制菜单项之前需要知道菜单项大小时发生
Popup	在显示菜单项的菜单项列表之前发生
Select	当用户将光标放在菜单项上时发生

1. 为主菜单添加菜单项

下面通过示例演示如何为主菜单添加菜单项。本示例为主菜单添加“文件”、“编辑”、“视图”、“插入”、“格式”5 个菜单项。详细内容如代码清单 10.11 所示。

代码清单 10.11

```
using System ;
using System.Windows.Forms ;
class FormMenu : Form{
  private MainMenu myMenu ;          //声明主菜单
  private MenuItem menuitem1;        //声明 5 个菜单项
  private MenuItem menuitem2;
  private MenuItem menuitem3;
  private MenuItem menuitem4;
  private MenuItem menuitem5;
  public FormMenu ( )     { //初始化
        myMenu = new MainMenu ( ) ;                 //实例化一个 MainMenu 对象
        menuitem1 = new MenuItem("文件");      //实例化一个 MenuItem 对象
        menuitem2 = new MenuItem("编辑");
        menuitem3 = new MenuItem("视图");
        menuitem4 = new MenuItem("插入");
        menuitem5 = new MenuItem("格式");
        myMenu.MenuItems.Add(menuitem1);     //将 menuitem1 对象添加到主菜单对象中
        myMenu.MenuItems.Add(menuitem2);
        myMenu.MenuItems.Add(menuitem3);
        myMenu.MenuItems.Add(menuitem4);
        myMenu.MenuItems.Add(menuitem5);
        this.Menu = myMenu ;                        //关联菜单与窗体
        this.Text = "MenuItem 示例";
  }
  public static void Main ( ){
        Application.Run ( new FormMenu( ) ) ;
  }
}
```

编译并执行，输出结果如图 10.28 所示。

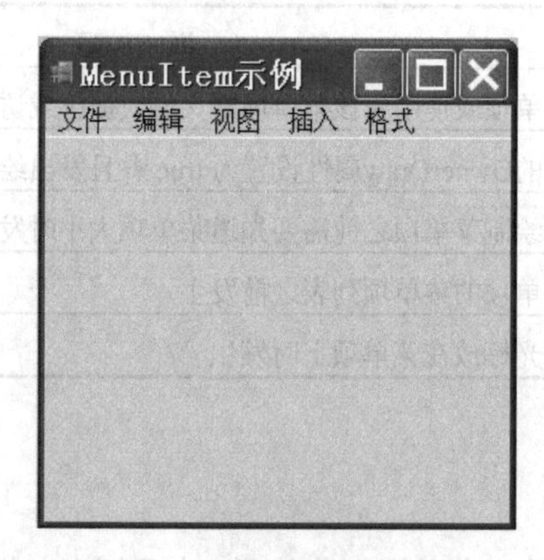

图 10.28　添加菜单项效果图

2. 嵌套菜单项

添加完菜单项后可以发现在某个菜单项下面并不包含任何内容，当然也就无法执行相应命令。要实现类似 Visual Studio 2010 类似菜单效果，需为图 10.28 所示菜单项嵌套另外的菜单项。下面以示例来说明如何实现嵌套菜单项。

本示例为“文件”菜单项嵌套添加“新建”、“打开”、“关闭”、“保存”4 个菜单项。详细内容如代码清单 10.12 所示。

代码清单 10.12

```
using System ;
using System.Windows.Forms ;
class FormMenu : Form{
  private MainMenu myMenu ;          //声明主菜单
  private MenuItem menuitem1;        //声明 5 个菜单项
  private MenuItem menuitem2;
  private MenuItem menuitem3;
  private MenuItem menuitem4;
  private MenuItem menuitem5;
  private MenuItem sumitem1;
  private MenuItem sumitem2;
  private MenuItem sumitem3;
  private MenuItem sumitem4;
  public FormMenu ( )      { //初始化
        myMenu = new MainMenu ( ) ;    //实例化一个 MainMenu 对象
        menuitem1 = new MenuItem("文件"); //实例化一个 MenuItem 对象
        sumitem1 = new MenuItem("新建");
        sumitem2 = new MenuItem("打开");
        sumitem3 = new MenuItem("关闭");
        sumitem4 = new MenuItem("保存");
        menuitem2 = new MenuItem("编辑");
```

```
        menuitem3 = new MenuItem("视图");
        menuitem4 = new MenuItem("插入");
        menuitem5 = new MenuItem("格式");
        menuitem1.MenuItems.Add(sumitem1);
        menuitem1.MenuItems.Add(sumitem2);
        menuitem1.MenuItems.Add(sumitem3);
        menuitem1.MenuItems.Add(sumitem4);
        myMenu.MenuItems.Add(menuitem1);  //将 menuitem1 对象添加到主菜单对象中
        myMenu.MenuItems.Add(menuitem2);
        myMenu.MenuItems.Add(menuitem3);
        myMenu.MenuItems.Add(menuitem4);
        myMenu.MenuItems.Add(menuitem5);
        this.Menu = myMenu ;              //关联菜单与窗体
        this.Text = "嵌套 MenuItem 示例";
    }
    public static void Main ( )    {
        Application.Run ( new FormMenu( ) ) ;
    }
}
```

编译并执行，输出结果如图 10.29 所示。

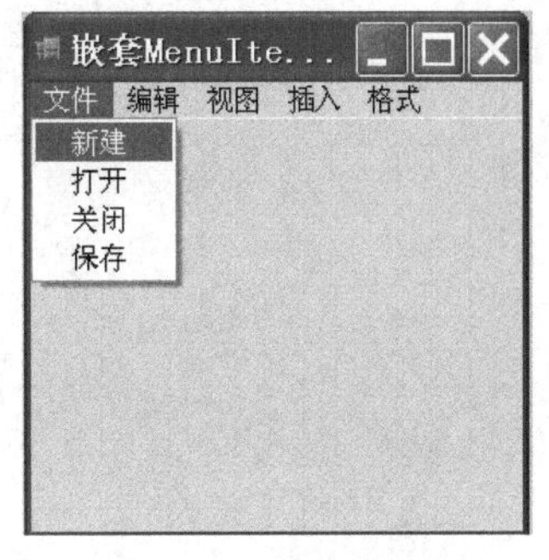

图 10.29 嵌套菜单项

由于 MenuItem 类继承于 Menu 类，该类自动获得 MenuItems 集合属性，该属性用来包含该菜单项所拥有的嵌套菜单项，C#支持多层嵌套。类似地，可以为“编辑”、“视图”、“插入”和“格式”菜单项添加相应的嵌套菜单项，以达到需要的效果。若“新建”菜单项仍不能满足需求，需要细分为新建“项目”和“网站”两个子菜单，这时“新建”菜单项即成为“级联菜单”。修改代码清单 10.12，为窗体类添加两个新的成员。

```
private MenuItem subitem11;
private MenuItem subitem12;
```

将函数 public FormMenu ( )的内容修改为：

```
public FormMenu ( ){ //初始化
        myMenu = new MainMenu ( ) ;          //实例化一个 MainMenu 对象
        menuitem1 = new MenuItem("文件");    /实例化一个 MenuItem 对象
        sumitem1 = new MenuItem("新建");
        sumitem2 = new MenuItem("打开");
        sumitem3 = new MenuItem("关闭");
        sumitem4 = new MenuItem("保存");
        menuitem2 = new MenuItem("编辑");
        menuitem3 = new MenuItem("视图");
```

```
        menuitem4 = new MenuItem("插入");
        menuitem5 = new MenuItem("格式");
        subitem11 = new MenuItem("项目");   //sumitem 菜单项的子菜单
        subitem12 = new MenuItem("网站");   //sumitem 菜单项的子菜单
        sumitem1.MenuItems.Add(subitem11); //添加到 sumitem 菜单项中
        sumitem1.MenuItems.Add(subitem12);
        menuitem1.MenuItems.Add(sumitem1);
        menuitem1.MenuItems.Add(sumitem2);
        menuitem1.MenuItems.Add(sumitem3);
        menuitem1.MenuItems.Add(sumitem4);
        myMenu.MenuItems.Add(menuitem1);   //将 menuitem1 对象添加到主菜单对象中
        myMenu.MenuItems.Add(menuitem2);
        myMenu.MenuItems.Add(menuitem3);
        myMenu.MenuItems.Add(menuitem4);
        myMenu.MenuItems.Add(menuitem5);
        this.Menu = myMenu ;                        //关联菜单与窗体
        this.Text = "嵌套 MenuItem 示例";
}
```

编译并执行，输出结果如图 10.30 所示。

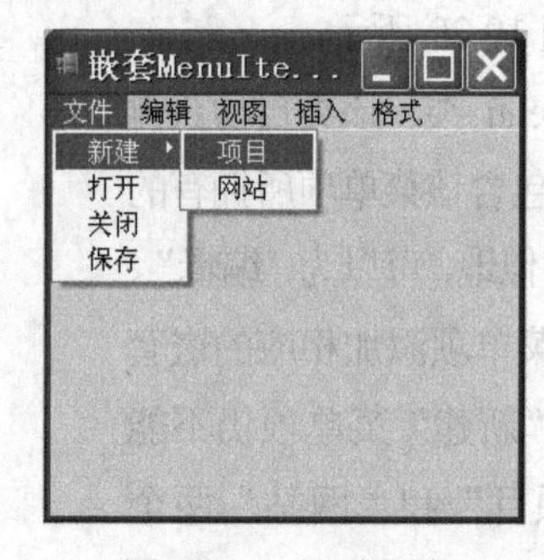

图 10.30　级联菜单

3. 添加快捷键

为某个菜单项指定快捷键的方式很简单，只需要设置该菜单项的 Shortcut 属性即可，该属性取值于 Shortcut 枚举。该枚举成员非常多，在此不一一列举，仅给出各类型的一个代表，如表 10.23 所示。

表 10.23　Shortcut 枚举成员

成　员	说　明
Alt0	快捷键 Alt+0
AltF1	快捷键 Alt+F1
Ctrl0	快捷键 Ctrl+0
CtrlA	快捷键 Ctrl+A
CtrlF1	快捷键 Ctrl+F1

(续表)

成　员	说　明
CtrlShift0	快捷键 Ctrl+Shift+0
CtrlShiftF1	快捷键 Ctrl+Shift+ F1
ShiftF1	快捷键 Shift+F1

10.3.3　ContextMenu 类

C#提供 ContextMenu 类支持上下文菜单，该类继承于 Menu 类。ContextMenu 类表示当用户在控件或窗体的特定区域上单击鼠标右键时会显示的快捷菜单。快捷菜单通常用于组合来自窗体的一个 MainMenu 的不同菜单项，便于用户在给定应用程序上下文中使用。例如，可以使用分配给 TextBox 控件的快捷菜单提供菜单项，以便更改文本字体，在控件中查找文本或实现复制和粘贴文本的剪贴板功能。还可以在快捷菜单中显示不位于 MainMenu 中的新的 MenuItem 对象，这些对象提供与特定情况有关而不适合在 MainMenu 中显示的命令。

当用户在控件或窗体本身上单击鼠标右键时，通常会显示快捷菜单。可视控件和 Form 有 ContextMenu 属性，该属性可将 ContextMenu 类绑定到显示快捷菜单的控件。多个控件可使用一个 ContextMenu。可使用 SourceControl 属性确定上次显示快捷菜单的控件，以执行特定于该控件的任务或修改该控件所显示的快捷菜单。ContextMenu 类常用成员如表 10.24 所示。

表 10.24　ContextMenu 类常用成员

成　员	说　明
SourceControl	获取当前显示快捷菜单的控件
Show	在指定位置显示快捷菜单
Popup	在快捷菜单显示之前发生

需要注意的是，为了重用 MainMenu 中显示的、用于 ContextMenu 的 MenuItem 对象，必须使用 MenuItem 类的 CloneMenu 方法创建该菜单的副本，而不能使用 MenuItem 对象本身。还可以使用 MenuItem 类的 MergeMenu 方法将菜单项及其子菜单项合并到一个 MenuItem 对象中。

下面以一个示例说明如何添加上下文菜单。该示例为窗体(所有可视菜单也具备此功能)添加上下文菜单。所添加的菜单内容和 10.3.2 节中 MainMenu 菜单中的“文件”菜单项相同。详细内容如代码清单 10.13 所示。

代码清单 10.13

```
using System ;
using System.Windows.Forms ;
class FormMenu : Form{
 private MainMenu myMenu ;          //声明主菜单
```

```
private MenuItem menuitem1;          //声明 5 个菜单项
private MenuItem menuitem2;
private MenuItem menuitem3;
private MenuItem menuitem4;
private MenuItem menuitem5;
private MenuItem sumitem1;           //声明 4 个嵌套菜单项
private MenuItem sumitem2;
private MenuItem sumitem3;
private MenuItem sumitem4;
private MenuItem subitem11;          //声明两个级联菜单项
private MenuItem subitem12;
private MenuItem clonemenu;          //复制菜单项
private ContextMenu cm1;             //声明一个上下文菜单
public FormMenu ( )    {             //初始化
    myMenu = new MainMenu ( ) ;    //实例化一个 MainMenu 对象
    menuitem1 = new MenuItem("文件"); //实例化一个 MenuItem 对象
    sumitem1 = new MenuItem("新建");
    sumitem2 = new MenuItem("打开");
    sumitem3 = new MenuItem("关闭");
    sumitem4 = new MenuItem("保存");
    menuitem2 = new MenuItem("编辑");
    menuitem3 = new MenuItem("视图");
    menuitem4 = new MenuItem("插入");
    menuitem5 = new MenuItem("格式");
    subitem11 = new MenuItem("项目");
   subitem12 = new MenuItem("网站");
    cm1 = new ContextMenu( );
    sumitem1.MenuItems.Add(subitem11);   //添加级联菜单(多级嵌套)
    sumitem1.MenuItems.Add(subitem12);
    menuitem1.MenuItems.Add(sumitem1);
    menuitem1.MenuItems.Add(sumitem2);
    menuitem1.MenuItems.Add(sumitem3);   //添加嵌套菜单
    menuitem1.MenuItems.Add(sumitem4);
    myMenu.MenuItems.Add(menuitem1);   //将菜单项添加到主菜单中
    myMenu.MenuItems.Add(menuitem2);
    myMenu.MenuItems.Add(menuitem3);
    myMenu.MenuItems.Add(menuitem4);
    myMenu.MenuItems.Add(menuitem5);
    this.Menu = myMenu ;                 //关联菜单与窗体
  clonemenu = menuitem1.CloneMenu( );      //复制菜单项
  cm1.MenuItems.Add(clonemenu);            //添加复制后的菜单项到上下文菜单中
    this.Text = "ContextMenu 示例";
    this.ContextMenu = cm1;              //关联上下文菜单与窗体
}
```

```
    public static void Main (){
        Application.Run ( new FormMenu( ) ) ;
    }
}
```

编译并执行，右击窗体，弹出图 10.31 所示上下文菜单。

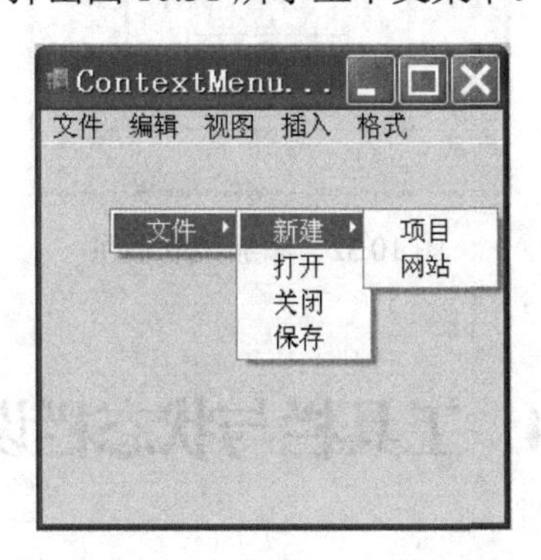

图 10.31　ContextMenu 示例

10.3.4　处理菜单事件

菜单设计完成后，需要为菜单添加响应事件使菜单具有一定的功能。添加菜单响应事件的过程类似于普通控件的响应事件。下面以一个示例说明如何响应菜单事件(Click)。该示例为“文件”|“打开”菜单项添加 Click 事件响应代码，弹出一个 MessageBox。本示例在代码清单 10.13 的基础上进行修改，过程如下：

(1) 在“打开”菜单项定义后加上响应 Click 事件代码：

```
sumitem2 = new MenuItem("打开");
//新加内容
sumitem2.Click += new System.EventHandler(this.sumitem2_click); //响应 click 事件
```

(2) 在构造函数结束后加入 Click 事件响应函数：

```
//新加内容
private void sumitem2_click(object sender, EventArgs e){
  MessageBox.Show("响应菜单 Click 事件!");
}
```

(3) 将窗体的 Text 属性改为“响应菜单事件示例”：

```
this.Text = "响应菜单事件示例";
```

编译运行，无论从主菜单还是从上下文菜单访问“打开”菜单项，弹出响应的 MessageBox。输出结果如图 10.32 所示。

图 10.32　添加菜单事件

10.4　工具栏与状态栏设计

工具栏和状态栏是许多 Windows 应用程序的重要组成部分(尽管不是必需的部分)。工具栏一般位于主框架窗口的上部，包含一些图形按钮。当用户在某一按钮上单击时，程序就会执行相应的命令。而且，多数工具栏按钮还有功能提示，当光标在按钮上停留片刻后，就会弹出一个黄色小窗口并显示该按钮的功能简介。按钮的图形是它所代表功能的形象表示，人们对于形象图形的辨别速度要快于抽象文字，因此工具栏提供了一种比菜单更快捷的用户接口。

在一个标准的 Windows 应用程序中，工具栏的大部分按钮执行的命令与菜单命令相同，这样做的目的是能同时提供形象和抽象的用户接口，以方便用户使用。

10.4.1　添加工具栏

工具栏中包含了一组用于执行命令的按钮，每个按钮都用一张形象的图片来表示。当用户单击某个按钮时，会产生一个相应的消息，对该消息进行处理就是按钮的功能实现。

通常情况下，一个工具栏按钮会对应于某一项菜单。默认状态下，工具栏位于框架窗口客户区的上方。根据不同工具栏的具体特性，会有不同的状态。一个应用程序可以包含多个工具栏。.NET Framework 提供了 ToolBar 类支持工具栏的相关操作，该类继承于 Control 类。工具栏上的各个按钮被封装到 ToolBar 类的 Buttons 属性内，该属性为集合。通过集合操作完成对工具栏中各个工具按钮的控制。ToolBar 类常用成员如表 10.25 所示。

表 10.25　ToolBar 类常用成员

成　员	说　明
Buttons	获取分配给工具栏控件的ToolBarButton控件集合
ButtonSize	获取或设置工具栏控件上按钮的大小
Divider	获取或设置一个值，该值指示工具栏是否显示分隔符
ImageList	获取或设置工具栏按钮控件的可用图像集合
ImageSize	获取分配给工具栏的图像列表中的图像大小

(续表)

成　员	说　明
ImeMode	获取或设置此控件所支持的输入法编辑器(IME)模式
ButtonClick	当单击 ToolBar 上的ToolBarButton时发生
ButtonDropDown	在单击下拉式ToolBarButton或它的向下箭头时发生

下面以一个示例说明在 Windows 应用程序中使用工具栏的步骤。

(1) 在窗体中添加一个工具栏控件。打开 Visual Studio 2010 开发环境，新建基于 C#的 Windows 应用程序。打开工具箱，先定位到 菜单和工具栏，将 ToolStrip 控件拖入设计窗口。效果如图 10.33 所示。

(2) 添加工具按钮。单击工具栏控件中的图标，在弹出的下拉菜单选择框中选择 Button 项，如图 10.34 所示。

图 10.33　添加工具栏控件

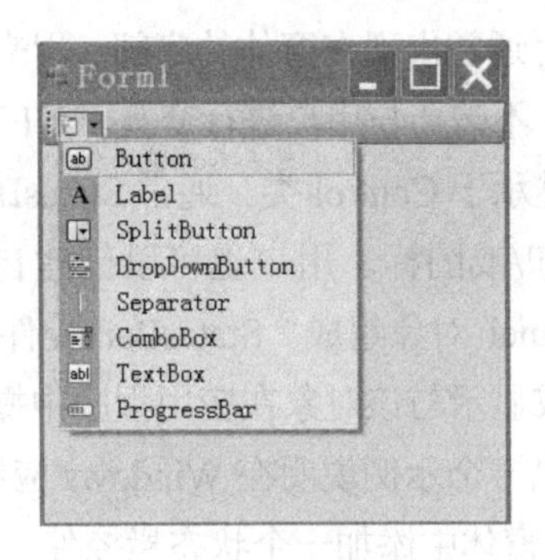

图 10.34　选择类型

完成后即向工具栏控件中添加一个按钮，选中该按钮，可设置其相关属性。常用属性如下。

- Image：指定显示的图标。
- Text：鼠标停留在该按钮时显示的提示性文字。
- DisplayStyle：显示样式。

本示例中选择适当的图标(读者可自行选择)，设置 Text 属性为“新建”，其余属性接受默认值。

(3) 添加其他工具。按照步骤(2)所示过程添加其他工具。本示例中添加另外两个 Button，并选择适当的图标，设置 Text 属性分别为“打开”、“保存”。完成后效果如图 10.35 所示。

图 10.35　工具栏设计

10.4.2　响应工具栏事件处理

双击工具栏中按钮，Visual Studio 2010 自动添加该工具按钮的 Click 事件响应函数。双击“新建”按钮，在 Form1.cs 中自动添加响应函数：

```
private void toolStripButton1_Click(object sender, EventArgs e)
{
    //编写具体的代码
}
```

在该函数中输入目标代码，即完成该工具按钮的 Click 事件响应。工具栏按钮通常和某些特定的菜单项执行相同的功能，在此情况下只需将工具栏按钮的 Click 响应事件与功能相同的菜单项的响应代码相关联即可。打开 Form1.Design.cs 文件，展开“窗体设计器生成的代码”。修改“新建”工具按钮的 Click 响应事件为：

```
this.toolStripButton1.Click += new System.EventHandler(菜单项响应函数);
```

这样工具栏按钮和特定菜单项即执行相同的操作。

10.4.3　添加状态栏

状态栏通常出现在窗体的底部，用来显示图形或文本信息。正常情况下状态栏仅仅用来显示信息，不需要与用户进行交互。.NET Framework 类库提供了 StatusBar 类支持状态栏操作，该类继承于 Control 类。通常 StatusBar 控件由StatusBarPanel对象组成，其中每个对象都显示文本和/或图标。用户也可以创建自定义的面板对象。状态栏可以由一个也可由多个 StatusBarPanel 对象组成。StatusBar 控件通常显示关于正在Form上查看的对象或该对象的组件信息，或显示与该对象在应用程序中操作相关的上下文信息。

下面以一个示例说明在 Windows 应用程序中使用状态栏的步骤。

(1) 在窗体中添加一个状态栏控件。在上节示例基础上，为窗体添加状态栏控件。过程与添加工具栏类似。将工具箱 菜单和工具栏 下的 StatusStrip 拖入窗体中，效果如图 10.36 所示。

(2) 添加 StatusBarPanel 对象。单击状态栏控件中的图标，在弹出的下拉菜单选择框中选择 StatusLable 项，如图 10.37 所示。

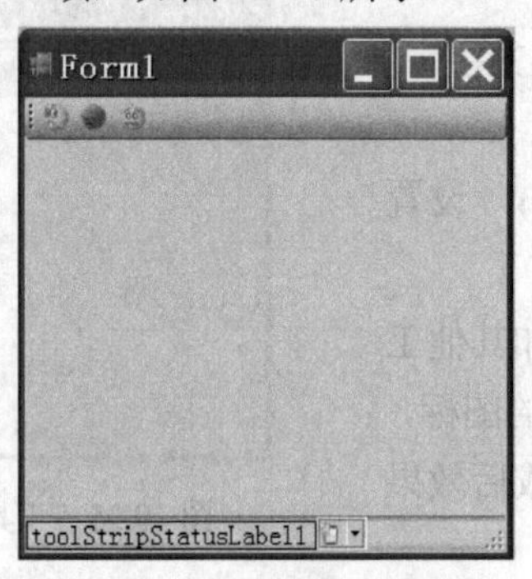

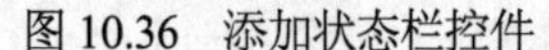

图 10.36　添加状态栏控件

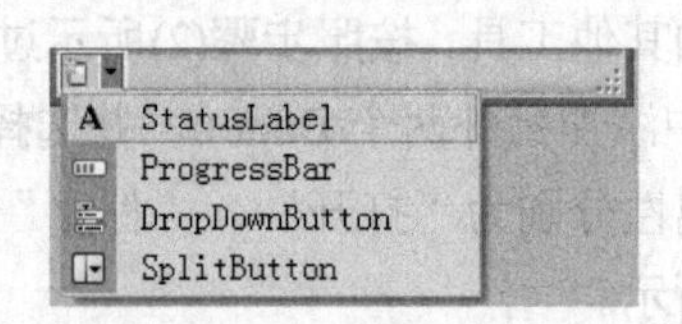

图 10.37　选择类型

完成后即向状态栏控件中添加一个 StatusBarPanel 对象，选中该对象 toolStripStatusLabel1，可设置其相关属性。常用属性如下。

- Icon：指定显示的图标。
- Text：显示的提示性文字。

- Size：显示尺寸。

本示例所有属性均接受默认认值。

(3) 处理状态栏显示。StatusBarPanel 对象添加完成后即可使用该对象的 Text、Icon 等属性显示目标信息。本示例中使用该对象显示光标当期位置的信息。处理过程如下：

选中窗体 Form1，切换到“属性”面板，单击“属性”面板中的“事件”按钮，切换至事件列表视图。双击 MouseMove 事件，Visual Studio 2010 自动添加窗体 Form1 的 MouseMove 事件，并自动切换到响应函数视图。在事件响应函数 private void Form1_MouseMove(object sender, MouseEventArgs e)中添加如下代码：

```
Point p = Cursor.Position;      //获取当前光标位置
this.toolStripStatusLabel1.Text =   "X:"+ System.Convert.ToString(p.X) +"      Y:" +
System.Convert.ToString(p.Y);     //将当前光标位置信息输出到状态栏中
```

编译执行，输出结果如图 10.38 所示。可以看到，随着光标在窗体中移动，状态栏中显示内容为当前光标所在位置。可以根据实际需要为状态栏添加多个 StatusBarPanel 对象，并且可以使用不同的方式显示目标信息。

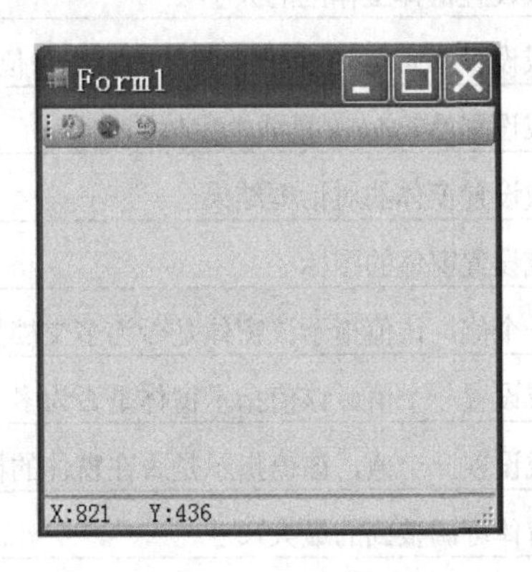

图 10.36 状态栏示例

10.5 MDI 应用程序

基于 C#的 Windows 应用程序以窗体为基础。C#中窗体可分为是否支持多文档两类。由其 IsMdiContainer 属性指定。默认情况下，该属性值为 false 指定应用程序为非多文档应用程序，即“单文档应用程序(SDI)”。本书前面所举示例均为单文档应用程序。单文档应用程序中所有窗体都是平等的，窗体之间不存在层次关系。

将普通 C#窗体的 IsMdiContainer 属性设置为 true，则该窗体成为一个多文档容器窗体。包含这种窗体的应用程序也称为 MDI(多文档)应用程序。MDI 程序包含一个父窗口(也称为容器窗体)以及一个或多个子窗口。多文档应用程序(MDI)的特点是：用户一次可以打开多个文档，每个文档对应不同的窗体；容器窗体的菜单会自动随着当前活动的子窗口的变化而变化；

可以对子窗口进行层叠、平铺等各种操作；子窗体可以在 MDI 容器窗体区域内定位、改变大小、最大化和最小化，当最大化子窗口时，它将占满容器窗体的全部客户区。所有子窗口都共享容器窗体的同一个工具栏和菜单栏。子窗口的一个限制是它们只能在容器窗体的边界之内显示。

学习 MDI 应用程序之前先简要了解 C# Form 类，以便更好地理解 MDI 应用程序。

10.5.1　C# Form 类

Form 类位于 System.Windows.Forms 命名空间下，由 Control 类派生产生。该类具有非常丰富的成员，支持了 C#窗体的绝大部分操作。表 10.26 给出了该类常用的成员。

表 10.26　Form 类常用成员

成　员	说　明
ActiveForm	获取此应用程序的当前活动窗体
ActiveMdiChild	获取当前活动的多文档界面(MDI)子窗口
ClientSize	获取或设置窗体工作区的大小
DesktopBounds	获取或设置 Windows 桌面上窗体的大小和位置
DesktopLocation	获取或设置 Windows 桌面上窗体的位置
DialogResult	获取或设置窗体的对话框结果
Icon	获取或设置窗体的图标
IsMdiChild	获取一个值，该值指示该窗体是否为多文档界面(MDI)子窗体
IsMdiContainer	获取或设置一个值，该值指示窗体是否为多文档界面(MDI)子窗体的容器
MaximizeBox	获取或设置一个值，该值指示是否在窗体的标题栏中显示最大化按钮
MaximumSize	获取窗体可调整到的最大尺寸
MdiChildren	获取窗体的数组，这些窗体表示以此窗体作为父级的多文档界面(MDI)子窗体
MdiParent	获取或设置此窗体的当前多文档界面(MDI)父窗体
Menu	获取或设置在窗体中显示的MainMenu
MergedMenu	获取窗体的合并菜单
MinimizeBox	获取或设置一个值，该值指示是否在窗体的标题栏中显示最小化按钮
MinimumSize	获取或设置窗体可调整到的最小尺寸
Modal	获取一个值，该值指示是否有模式地显示此窗体
OwnedForms	获取 Form 对象的数组，这些对象表示此窗体拥有的所有窗体
Owner	获取或设置拥有此窗体的窗体
StartPosition	获取或设置运行时窗体的起始位置
Activate	激活窗体并给予它焦点
AddOwnedForm	向此窗体添加附属窗体
Close	关闭窗体

(续表)

成　员	说　明
LayoutMdi	在 MDI 父窗体内排列多文档界面(MDI)子窗体
RemoveOwnedForm	从此窗体移除附属窗体
Show	向用户显示控件
ShowDialog	已重载。将窗体显示为模式对话框

表 10.26 中 LayoutMdi 成员在 MDI 父窗体内排列多文档界面(MDI)子窗体，以便更易于导航和操作 MDI 子窗体。MDI 子窗体可以在 MDI 父窗体内水平和垂直平铺、层叠或作为图标。其值为 MdiLayout 枚举值之一，该枚举成员如表 10.27 所示。

表 10.27　MdiLayout 枚举成员

成　员	说　明
ArrangeIcons	所有 MDI 子图标均排列在 MDI 父窗体的工作区内
Cascade	所有 MDI 子窗口均层叠在 MDI 父窗体的工作区内
TileHorizontal	所有 MDI 子窗口均水平平铺在 MDI 父窗体的工作区内
TileVertical	所有 MDI 子窗口均垂直平铺在 MDI 父窗体的工作区内

10.5.2　构建 MDI 应用程序

构建 MDI 应用程序界面很简单，只需要指定一个窗体为 MDI 容器窗体(父窗体)，然后指定一个或多个窗体为该 MDI 容器窗体的子窗体即可。创建过程如下。

(1) 打开 Visual Studio 2010 开发环境，选择“文件”|“新建项目”命令，显示“新建项目”对话框，创建基于 C#的 Windows 应用程序项目。

(2) 在“解决方案资源管理器”中右击 Form1.cs，在弹出的快捷菜单上选择“重命名”命令，然后将窗体的名称修改为 MdiParentForm.cs，将窗体的 Text 属性设置为“MDI 父窗体”，并将其 IsMdiContainer 属性设置为 True。此时，Visual C#将客户区域变为暗灰色，并呈现下陷效果。这是 MDI 父窗口的标准外观。所有可见的子窗口都在该区域中显示。

(3) 选择“项目”|“添加 Windows 窗体”命令，创建一个新的窗体。将该窗体命名为 MdiChild1.cs，并将其 Text 属性设置为 MdiChild1。

(4) 类似地，添加第 3 个窗体到项目中。将该窗体命名为 MdiChild2.cs，并将其 Text 属性设置为 Mdi Child2。

(5) 在“解决方案资源管理器”中双击 MdiParentForm.cs，在设计器中显示父窗口，双击窗体访问其默认的 Load 事件。输入下列代码：

```
MdiChild1 CldForm1 = new MdiChild1 ();    //实例化一个子窗体对象
CldForm1.MdiParent = this;    //将该子窗体对象的父窗体设置为当前窗体。当前窗体必须为父窗体
CldForm1.Show( );                          //显示子窗体
```

(6) 编译并执行，输出结果如图 10.39 所示。

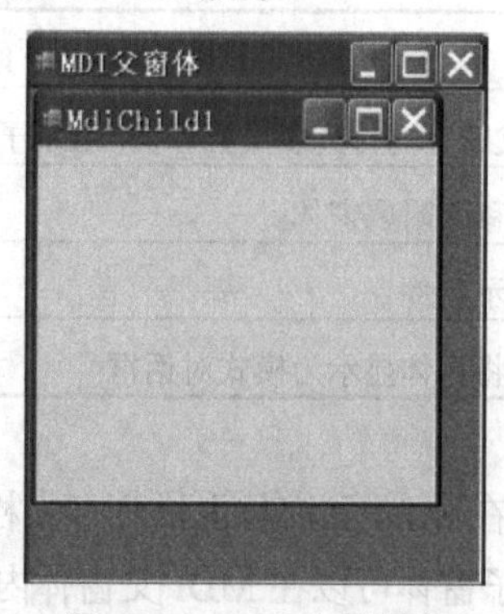

图 10.39　Mdi 应用程序

(7) 扩展应用程序。在设计器窗口打开 MdiParentForm.cs 为其加入一个 MenuStrip 控件，创建一个主菜单。主菜单包括的内容如图 10.40 与图 10.41 所示。

图 10.40　“新建”菜单项

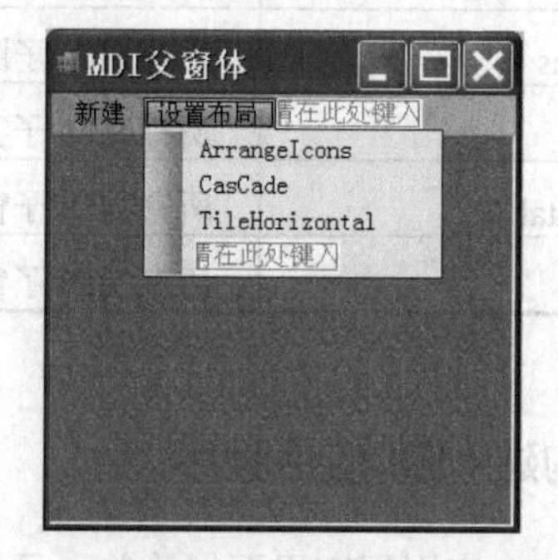

图 10.41　“设置布局”菜单项

(8) 双击“新建”|“新建一个 MdiChild1 子窗体”菜单项，为其添加 Click 事件，在生成的函数框架中输入如下代码：

```
MdiChild1 CldForm1item = new MdiChild1 ( );     //实例化一个子窗体 MdiChild1 对象
CldForm1item.MdiParent = this; //将该子窗体对象的父窗体设置为当前窗体。当前窗体必须为父窗体
CldForm1item.Show( );                          //显示子窗体
```

编译并执行，单击“新建”|“新建一个 MdiChild1 子窗体”命令，即弹出一个新的 MdiChild1 窗体，如图 10.42 所示。

图 10.42　响应菜单项 Click 事件

(9) 重复步骤(8)，为“新建”|“新建一个 MdiChild2 子窗体”菜单项添加 Click 事件。输入代码如下：

```
MdiChild2 CldForm2item = new MdiChild2( );      //实例化一个子窗体 MdiChild2 对象
CldForm2item.MdiParent = this; //将该子窗体对象的父窗体设置为当前窗体。当前窗体必须为父窗体
CldForm2item.Show( );                           //显示子窗体
```

(10) 重复步骤(8)，分别为“设置布局”菜单项的 3 个子菜单项添加 Click 事件，输入代码分别如下。

ArrangeIcons 子菜单项：

```
this.LayoutMdi(MdiLayout.ArrangeIcons);
```

Cascade 子菜单项：

```
this.LayoutMdi(MdiLayout. Cascade);
```

TileHorizontal 子菜单项：

```
this.LayoutMdi(MdiLayout. TileHorizontal);
```

(11) MDI 应用程序结束。编译并执行，输出结果如图 10.43 所示。

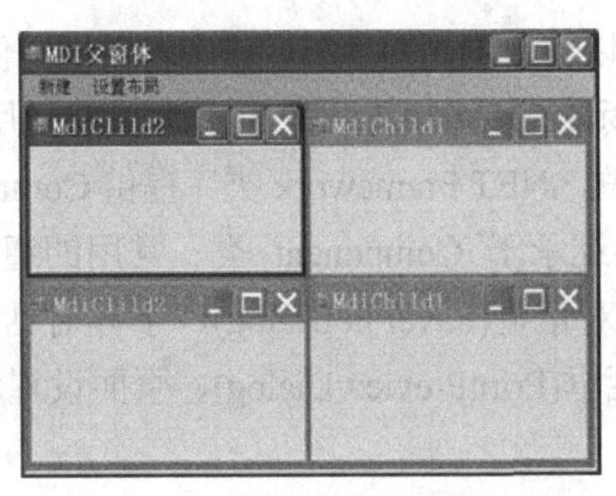

图 10.43　MDI 应用程序输出结果

10.6　对话框编程

Windows 应用程序使用两种对话框类型：模式对话框和无模式对话框，它们都是基于窗体的。其中，无模式对话框实质是普通的 C#窗体，这些窗体之间相互并不影响，且可以在这些无模式对话框之间随意切换。有模式对话框如“打开”对话框和 About 对话框。有模式对话框在运行时其他窗体是不可用的，直到有模式对话框执行结束。若将一个窗体作为无模式对话框，直接使用 Form 类及其派生类的 Show( )方法将其显示出来即可；若把一个窗体作为有模式对话框，则使用 Form 类及其派生类的 ShowDialog( )方法将其显示出来，该方法返回一个 DialogResult 值，以告知用户对话框的哪个按钮被选中。DialogResult 是一个枚举类型，其成员如表 10.28 所示。

表 10.28　DialogResult 枚举成员

成　员	说　明
Abort	对话框的返回值是 Abort(通常由标签为“中止”的按钮发送)
Cancel	对话框的返回值是 Cancel(通常由标签为“取消”的按钮发送)
Ignore	对话框的返回值是 Ignore(通常由标签为“忽略”的按钮发送)
No	对话框的返回值是 No(通常由标签为“否”的按钮发送)
None	从对话框返回了 Nothing。这表明有模式对话框继续运行
OK	对话框的返回值是 OK(通常由标签为“确定”的按钮发送)
Retry	对话框的返回值是 Retry(通常由标签为“重试”的按钮发送)
Yes	对话框的返回值是 Yes(通常由标签为“是”的按钮发送)

对话框设计时窗体必须要包含有按钮，以供用户选择如何释放对话框。对话框一般有 OK(确定)和 Cancel(取消)两个按钮。其中，OK 按钮的单击效果与按 Enter 键一致；Cancel 按钮的单击效果与按 Esc 键一致。可使用窗体的 AcceptButton 和 CancelButton 属性设置具体由哪个按钮来表示 OK 和 Cancel 的意义。

10.6.1　通用对话框与 CommonDialog 类

Windows 应用程序中可以使用通用对话框，这些对话框提供了常用的功能，如文件打开与保存、打印等。使用这些标准对话框可以使应用程序具有通用的界面，并且这些对话框的屏幕显示是和操作系统相关联。.NET Framework 类库提供 CommonDialog 类及其派生类支持通用对话框功能。该类直接继承于 Component 类。常用的通用对话框有打开文件对话框(OpenFileDialog)、保存文件对话框(SaveFileDialog)、字体对话框(FontDialog)、颜色对话框(ColorDialog)、打印预览对话框(PrintPreviewDialog)、页面设置对话框(PageSetupDialog)和打印对话框(PrintDialog)。

相关 CommonDialog 的更多内容请参考 MSDN 相关文档，在此不再赘述。

10.6.2　打开/保存文件对话框

打开/保存文件对话框(OpenFileDialog/SaveFileDialog)可检查某个文件是否存在并打开该文件以及保存文件。.NET Framework 提供了 OpenFileDialog 和 SaveFileDialog 类支持打开/保存文件操作。它们直接继承于 FileDialog 类，间接继承于 CommonDialog 类。二者大部分属性均直接继承于 FileDialog 类，且 FileDialog 类为抽象基类。该类具有的常用成员如表 10.29 所示。

表 10.29　FileDialog 类常用成员

成　员	说　明
AddExtension	获取或设置一个值，该值指示如果用户省略扩展名，对话框是否自动在文件名中添加扩展名
CheckFileExists	已重写。获取或设置一个值，该值指示如果用户指定不存在的文件名，对话框是否显示警告

（续表）

成　　员	说　　明
CheckPathExists	获取或设置一个值，该值指示如果用户指定不存在的路径，对话框是否显示警告
FileName	获取或设置一个包含在文件对话框中选定的文件名的字符串
FileNames	获取对话框中所有选定文件的文件名
Filter	获取或设置当前文件名筛选器字符串，该字符串决定对话框的“另存为文件类型”或“文件类型”框中出现的选择内容
FilterIndex	获取或设置文件对话框中当前选定筛选器的索引
InitialDirectory	获取或设置文件对话框显示的初始目录
Multiselect	获取或设置一个值，该值指示对话框是否允许选择多个文件
OpenFile	打开用户选定的具有只读权限的文件。该文件由FileName属性指定
FileOk	当用户单击文件对话框中的 Open 或 Save 按钮时发生

下面以一个示例来说明如何使用 OpenFileDialog 通用对话框。本示例在窗体中选择“文件”|“打开”命令，打开 OpenFileDialog 对话框，选择要打开的文件，在信息对话框中输出选中的文件名称。详细内容如代码清单 10.14 所示。

代码清单 10.14

```
using System;
using System.Collections.Generic;
using System.ComponentModel;
using System.Data;
using System.Drawing;
using System.Linq;
using System.Text;
using System.Windows.Forms;
namespace WindowsFormsApplication2{
    public partial class Form1 : Form {
        OpenFileDialog ofd = new OpenFileDialog( );//实例化打开文件对话框对象
        public Form1( ){
            InitializeComponent( );
        }
        private void 打开 ToolStripMenuItem_Click(object sender, EventArgs e){
            ofd.AddExtension = true;
            ofd.CheckFileExists = true;
            //设置文件格式过滤
            ofd.Filter = "C#类别|*.cs|VB 类别|*vb|纯文本档|*.txt|所有文件|*.*";
            ofd.FilterIndex = 4;//过滤条件预设为所有文件
            ofd.FileName = "FileName.txt";
            ofd.InitialDirectory = @"C:\";//设置初始化目录
            ofd.Multiselect = true;
            ofd.RestoreDirectory = true;
```

```
                ofd.ShowReadOnly = true;//过滤条件不会显示扩展名
                ofd.Title = "请您选择文件";
                ofd.ShowDialog( );//开启文件对话框
                ofd.FileOk += new CancelEventHandler(ofd_FileOk);
            }
            void ofd_FileOk(object sender, CancelEventArgs e){
                MessageBox.Show("您选择打开的是:"+ofd.FileName);
            }
        }
    }
```

编译并执行，弹出图 10.44 所示窗体。

在弹出如图 10.45 所示的“请您选择文件”对话框中选择要打开的文件，单击“打开”按钮。

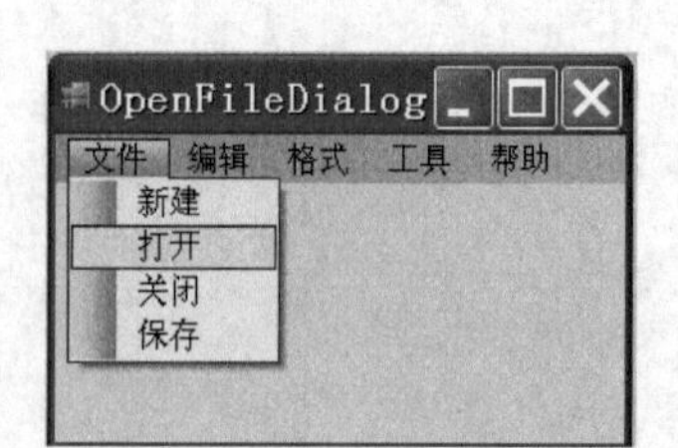

图 10.44　打开文件命令

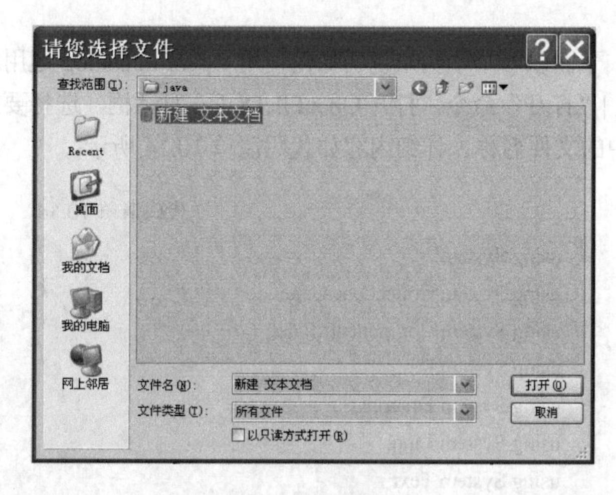

图 10.45　选择文件

弹出如图 10.46 所示的包含所选文件名称的消息对话框。

图 10.46　消息对话框

10.6.3　字体设置对话框

字体对话框 FontDialog 用来设置当前字体，外部程序可通过获取该控件的 Font 属性获取设置后的字体。.NET Framework 提供了 FontDialog 类支持字体操作。应用中必须调用继承的成员ShowDialog才能创建此特定的通用对话框。FontDialog 类常用的成员如表 10.30 所示。

表 10.30　FontDialog 成员

成　员	说　明
AllowScriptChange	获取或设置一个值，该值指示用户能否更改 Script 组合框中指定的字符集，以显示除了当前所显示字符集以外的字符集
AllowSimulations	获取或设置一个值，该值指示对话框是否允许图形设备接口(GDI)字体模拟
AllowVectorFonts	获取或设置一个值，该值指示对话框是否允许选择矢量字体
AllowVerticalFonts	获取或设置一个值，该值指示对话框是既显示垂直字体又显示水平字体，还是只显示水平字体
Color	获取或设置选定字体的颜色
Container	获取IContainer，它包含Component
FixedPitchOnly	获取或设置一个值，该值指示对话框是否只允许选择固定间距字体
Font	获取或设置选定的字体
FontMustExist	获取或设置一个值，该值指示对话框是否指定当用户试图选择不存在的字体或样式时的错误条件
MaxSize	获取或设置用户可选择的最大磅值
MinSize	获取或设置用户可选择的最小磅值
ScriptsOnly	获取或设置一个值，该值指示对话框是否允许为所有非 OEM 和 Symbol 字符集以及 ANSI 字符集选择字体
ShowApply	获取或设置一个值，该值指示对话框是否包含 Apply 按钮
ShowColor	获取或设置一个值，该值指示对话框是否显示颜色选择
ShowEffects	获取或设置一个值，该值指示对话框是否包含允许用户指定删除线、下划线和文本颜色选项的控件
ShowDialog	已重载。运行通用对话框
Apply	当用户单击“字体”对话框中的“应用”按钮时发生

下面以一个示例说明如何通过 FontDialog 对话框设置字体。本示例窗体包含一个 RichTextBox 控件，通过选择“格式”|“字体”命令，打开设置字体对话框，完成设置后，RichTextBox 控件用来显示设置后字体的效果。详细内容如代码清单 10.15 所示。

代码清单 10.15

```
using System;
using System.Collections.Generic;
using System.ComponentModel;
using System.Data;
using System.Drawing;
using System.Linq;
using System.Text;
using System.Windows.Forms;
```

```
namespace WindowsFormsApplication3{
    public partial class Form1 : Form{
        public Form1(){
            InitializeComponent();
        }
        private void 字体ToolStripMenuItem_Click(object sender, EventArgs e){
            FontDialog fd = new FontDialog();//实例化文字对话框
            //设置对话框的颜色和其他属性
            fd.Color = richTextBox1.ForeColor;
            fd.AllowScriptChange = true;
            fd.ShowColor = true;
            fd.AllowSimulations = true;
            fd.AllowVectorFonts = true;
            fd.FontMustExist = true;
            fd.MaxSize = 30;
            fd.MinSize = 6;
            fd.ShowApply = true;
            fd.ShowColor = true;
            fd.ShowEffects = true;
            if (fd.ShowDialog() != DialogResult.Cancel){
                richTextBox1.SelectionFont = fd.Font;//设定 RichTextBox 的字体
                richTextBox1.SelectionColor = fd.Color; //设定演示
            }
        }
    }
}
```

编译并执行，显示图 10.47 所示窗体。

选择“字体”命令，弹出“字体”对话框，如图 10.48 所示。

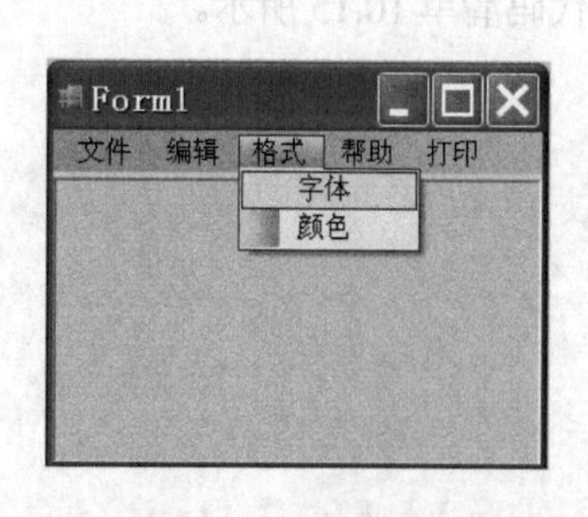

图 10.47　FontDialog 示例

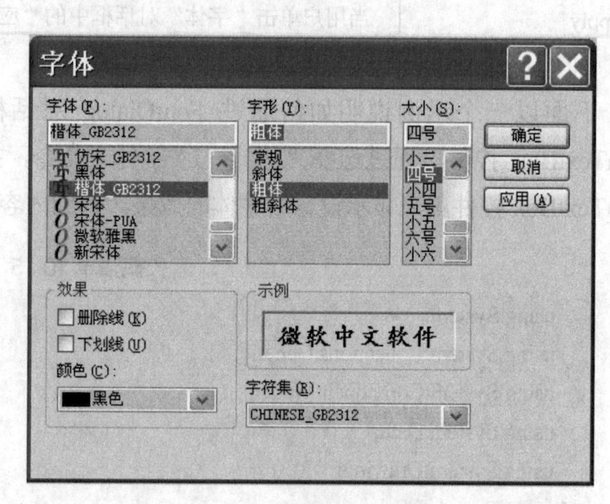

图 10.48　“字体”对话框

在“字体”对话框中设置好目标字体后，单击“确定”按钮，完成字体设置。此时，在当前示例程序的 RichTextBox 控件中输入的内容即以目标字体格式显示。效果如图 10.49 所示。

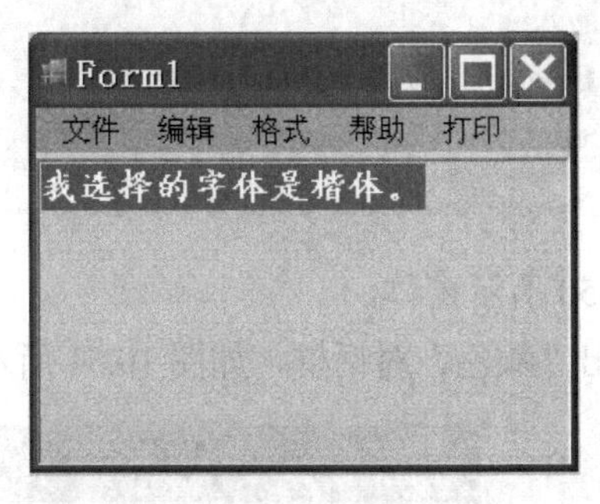

图 10.49　FontDialog 通用对话框示例

10.6.4　颜色设置对话框

颜色设置对话框(ColorDialog)也是 Windows 应用程序中常用的对话框之一，C#提供了 ColorDialog 类支持颜色拾取相关操作。表 10.31 给出了 ColorDialog 类常用成员。

表 10.31　ColorDialog 类常用成员

成　员	说　明
AllowFullOpen	获取或设置一个值，该值指示用户是否可以使用该对话框定义自定义颜色
AnyColor	获取或设置一个值，该值指示对话框是否显示基本颜色集中可用的所有颜色
Color	获取或设置用户选定的颜色
CustomColors	获取或设置对话框中显示的自定义颜色集
FullOpen	获取或设置一个值，该值指示用于创建自定义颜色的控件在对话框打开时是否可见
ShowHelp	获取或设置一个值，该值指示在颜色对话框中是否显示“帮助”按钮
SolidColorOnly	获取或设置一个值，该值指示对话框是否限制用户只选择纯色
ShowDialog	运行通用对话框

下面以一个示例说明如何使用 ColorDialog 对话框。本示例窗体包含一个 RichTextBox 控件，通过选择“格式”|“颜色”命令，打开设置颜色对话框。完成设置后，RichTextBox 控件用来显示设置后颜色的效果。详细内容如代码清单 10.16 所示。

代码清单 10.16

```
private void 颜色 ToolStripMenuItem_Click(object sender, EventArgs e){
    ColorDialog cd = new ColorDialog( );//实例化颜色对话框
    //设置颜色对话框对象的相关属性
    cd.AllowFullOpen = true;
    cd.FullOpen = true;
    //初始化当前文本框中的字体颜色，当在颜色对话框中单击取消按钮
    //恢复原来的值
    cd.Color = Color.Black;
```

```
        cd.SolidColorOnly = false;
        cd.ShowHelp = true;
        cd.ShowDialog( );
        //获取当前选择的 Color 值，应用于 RichTextBox 中
        richTextBox1.SelectionColor = cd.Color;
    }
```

编译并执行，显示图 10.50 所示窗体。

选择“颜色”命令，弹出“颜色”对话框，如图 10.51 所示。

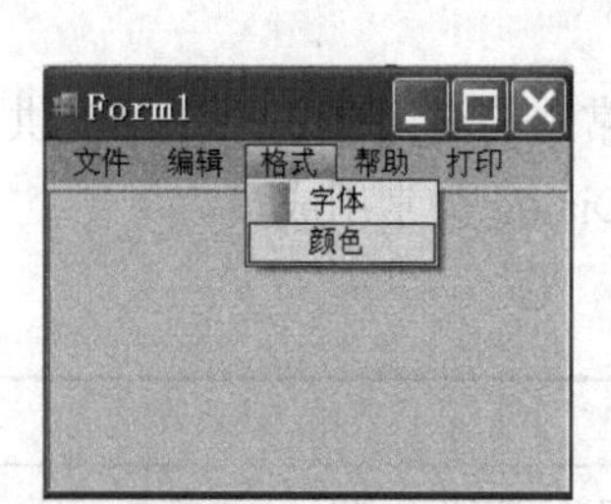

图 10.50　控件布局

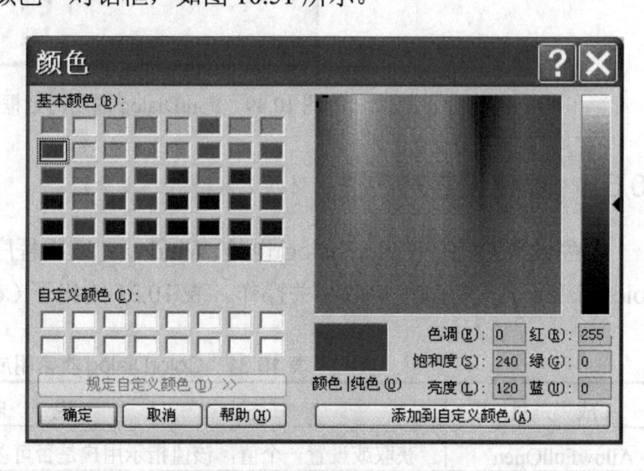

图 10.51　“颜色”对话框

在“颜色”对话框中设置好目标颜色后，单击“确定”按钮，完成颜色设置。此时，在当前示例程序的 RichTextBox 控件中输入的内容即以目标颜色显示。效果如图 10.52 所示。

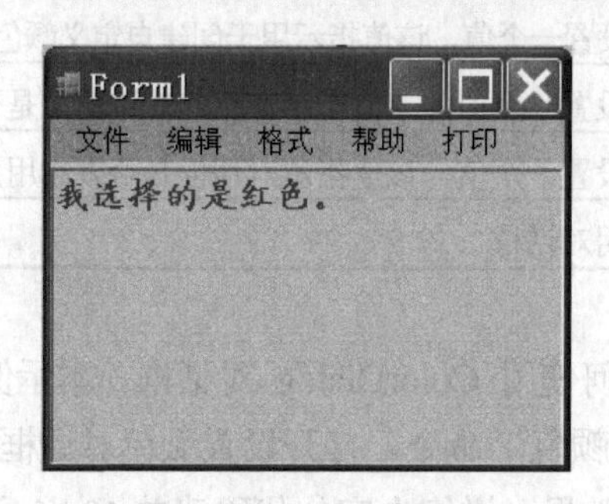

图 10.52　运行效果

10.6.5　打印机设置对话框

打印是 Windows 应用程序中经常要用到的功能，.NET Framework 中打印是以组件方式提供给开发人员使用，较之于之前的打印功能方便了许多。在.NET 环境中，实现打印功能需要使用 PrintDocument 类，该类属于 System.Drawing.Printing 命名空间，PrintDocument 实现打印的核心功能。C#还提供了 PrintDialog 类用来提供设置打印机等相关功能。该类继承于 CommonDialog 类，PrintDialog 类常用的成员如表 10.32 所示。

表 10.32　PrintDialog 类常用成员

成　　员	说　　明
AllowPrintToFile	获取或设置一个值，该值指示是否启用“打印到文件”复选框
AllowSelection	获取或设定一个值，指示是否启用了页码范围选项按钮
AllowSomePages	获取或设置一个值，该值指示是否启用“页”选项按钮
Document	获取或设置一个值，指示用于获取PrinterSettings的PrintDocument
PrinterSettings	获取或设置对话框修改的打印机设置
PrintToFile	获取或设置一个值，该值指示“打印到文件”复选框是否选中
ShowHelp	获取或设置一个值，该值指示是否显示“帮助”按钮
ShowNetwork	获取或设置一个值，该值指示是否显示“网络”按钮

下面以一个示例说明如何使用 PrintDialog 对话框。本示例通过单击菜单栏上的“打印”菜单，调用 PrintDialog 对话框。详细内容如代码清单 10.17 所示。

代码清单 10.17

```
using System.Drawing.Printing; //添加打印命名空间的引用
private void 打印 ToolStripMenuItem_Click(object sender, EventArgs e){
        PrintDialog pd = new PrintDialog( );//创建一个设置打印机对话框对象
        //首先要新建一个打印文档
        System.Drawing.Printing.PrintDocument pdd = new System.Drawing.Printing.PrintDocument( );
        pd.ShowNetwork = false;
        pd.PrintToFile = false;
        pd.Document = pdd;
        if (pd.ShowDialog( ) != DialogResult.Cancel){
            pdd.Print( );
        }
}
```

编译并执行，单击“打印”菜单，即弹出“打印”对话框，如图 10.53 所示。

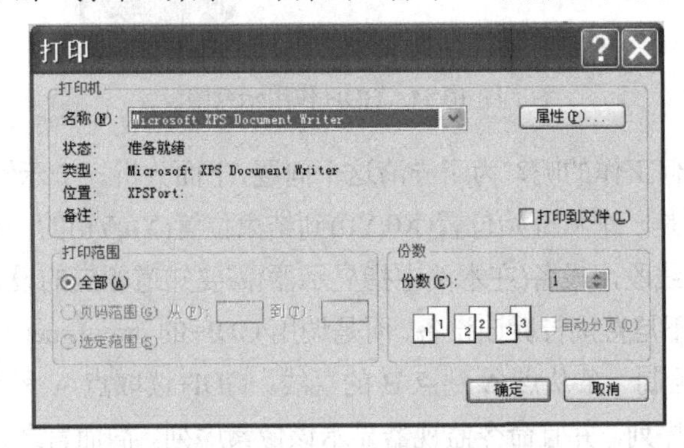

图 10.53　PrintDialog 通用对话框示例

本示例并没有对 PrintDocument 对象 pd 做任何操作，故不会打印任何内容。除此之外，还有打印预览对话框、页面设置对话框等，在此不再详述。相关内容读者可参考MSDN文档。

10.7　C# GDI+编程

熟悉VC++编程的读者对GDI一定不会陌生，所谓GDI，即图形设备接口(Graphics Device Interface)。在VC++中它给我们带来的烦恼要远大于快乐。在Windows中用GDI接口绘图并不是一件轻松的事，它的绘图机制非常复杂：首先要获得一个显示设备环境(DC)，通过这个DC才能绘图，同时还要考虑显示模式、重绘等问题。而且GDI对象的组织比较混乱，总是让人头疼不已。

Microsoft注意到了GDI的这些问题，在.NET框架推出的同时，打造了一款全新的图形设备接口(GDI+)。GDI+解决了原来GDI中的很多问题，使我们更容易地使用这些接口来绘制图形。本节将概要介绍GDI+编程。

10.7.1　GDI+概述

从实质上来看，GDI+为开发者提供了一组实现与各种设备(如监视器、打印机及其他具有图形化能力但不涉及这些图形细节的设备)进行交互的库函数。GDI+的实质在于，它能够替代开发人员实现与如显示器及其他外设的交互；而从开发者角度来看，要实现与这些设备的直接交互却是一项艰巨的任务。

图10.54展示了GDI+在开发人员与上述设备之间起着重要的中介作用。其中，GDI+为开发人员“包办”了几乎一切——从把一个简单的字符串HelloWorld打印到操纵台到绘制直线、矩形，甚至打印一个完整的表单等。

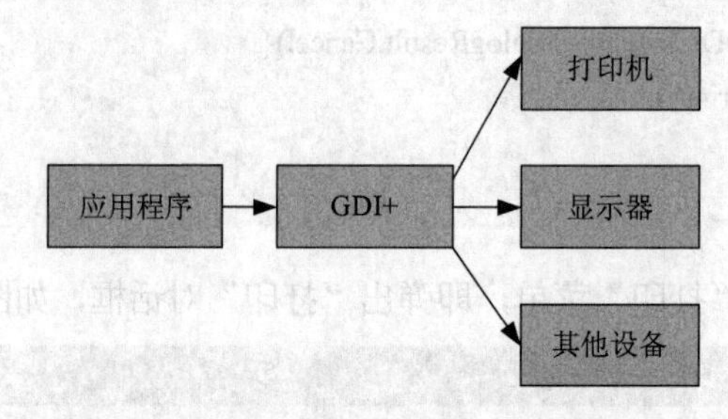

图10.54　GDI+作用示意图

那么，GDI+是如何工作的呢？为了弄清这个问题，下面分析一个示例——绘制一条线段。本质上，一条线段就是一个从开始位置(X0,Y0)到结束位置(Xn,Yn)的一系列像素点的集合。为了画出这样的一条线段，设备(在本例中指显示器)需要知道相应的设备坐标或物理坐标。

然而，开发人员不是直接告诉该设备，而是调用GDI+的drawLine( )方法，然后，由GDI+在内存(视频内存)中绘制一条从点A到点B的直线。GDI+读取点A和点B的位置，然后把它们转换成一个像素序列，并且命令监视器显示该像素序列。简而言之，GDI+把设备独立地调用转换成了一个设备可理解的形式或者实现相反方向的转换。

所有的GDI+函数都保存在System.Drawing.dll装配件中。其中包括System.Drawing、

System.Text、System.Printing、System.Internal、System.Imaging、System.Drawing2D 和 System.Design 名称空间。在 C#的图形编程中，经常使用到的是 System.Drawing 名称空间。该命名空间包含了绝大部分与绘图操作相关的类、接口、结构、枚举等。

10.7.2　Graphics 类

在 GDI+的所有类中，最重要的就是 Graphics 类。它包装了 GDI+的绘图接口，在绘制任何图形之前，一定要有一个 Graphics 类实例。Graphics 类对象就相当于一张画布一样，只有获得画布，才有可能在上面做图。

Graphics 类具有很多属性，其常用属性如表 10.33 所示。

表 10.33　Graphics 类常用属性

属　　性	功　　能
Clip	Graphics 对象的作用区域，返回 Region 类型
ClipBounds	Graphics 对象的作用区域，返回 RectangleF 类型
CompositingMode	图像的组合方式
CompositingQuality	图像的组合质量
DpiX	水平分辨率
DpiY	垂直分辨率
InterpolationMode	图像插值方法
IsClipEmpty	区域是否为空
IsVisibleClipEmpty	可见区域是否为空
PageScale	世界单位与纸单位的比例
PageUnit	单位
PixelOffsetMode	点偏移方式
RenderingOrigin	渲染原点
SmoothingMode	渲染方式
TextContrast	文字对比度
Transform	转换矩阵
VisibleClipBounds	可见区域矩形

Graphics 对象同时还具有很多的方法，常用的方法如表 10.34 所示。

表 10.34　Graphics 类常用的方法

方　　法	功　　能
Clear	清除所有的图像
DrawArc	绘制曲线
DrawBezier	绘制贝塞尔曲线
DrawBeziers	绘制一系列贝塞尔曲线

(续表)

方　法	功　能
DrawClosedCurve	绘制封闭曲线
DrawCurve	绘制经过某些点的一段曲线
DrawEllipse	绘制椭圆
DrawIcon	画图标
DrawImage	画位图
DrawLine	绘制直线
DrawPath	绘制一个路径
DrawPie	绘制饼图
DrawPolygon	绘制多边形
DrawRectangle	绘制矩形
DrawString	绘制字符串
ExcludeClip	排除某个区域
FillEllipse	填充椭圆
FillPath	填充路径区域
FillPie	填充饼图
FillPolygon	填充多边形
FillRectangle	填充矩形
FillRectangles	填充一系列矩形
FillRegion	填充一个区域
Flush	强制执行所有在缓冲区中的绘制任务
FromHdc	从设备上下文的句柄中创建 Graphics
FromHwnd	从窗口句柄中创建 Graphics
FromImage	从图像对象创建 Graphics
GetHdc	取得设备上下文
GetNearestColor	取得相近颜色
IntersectClip	与某矩形相交区域作为新绘制区域
IsVisible	是否可见
MeasureCharacterRange	获得一个字符串中每个字符的大小
MeasureString	获得字符串大小
MultiplyTransform	把对象的 Transform 矩阵与指定矩阵相乘
ReleaseHdc	释放设备上下文
RotateTransform	旋转世界的 Transform 矩阵
Save	保存
ScaleTransform	改变 Transform 比例
TransformPoint	使用现在的 Transform 矩阵进行点变换

如何才能获得 Graphics 对象呢？一般有如下三种方法。

1. 从 PaintEventArgs 中获得 Graphics 对象

当响应 Form 的 Paint 事件时，传回的事件参数 PaintEventArgs 中包含着 Form 的 Graphics 对象，这就相当于 Form 对应的画布，在上面可以进行绘图工作。响应 Paint 事件的方法是在 Form 的事件对话框中为 Paint 事件添加响应函数，如图 10.55 所示。

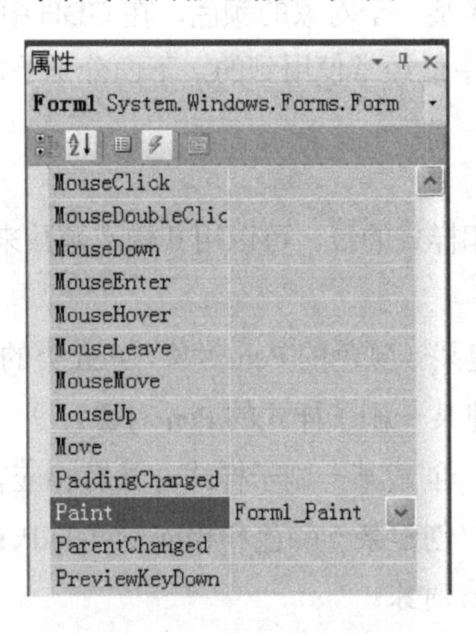

图 10.55　响应 Paint 事件

响应窗体的 Paint 事件后，Visual Studio 2010 自动生成的代码如下：

```
private void form1_Paint(object sender, PaintEventArgs e) {
        Graphics g = e.Graphics;
}
```

在系统传回的事件参数 e 中包含了 Form 对应的 Graphics 对象。

并不只是 Form 控件有 Paint 事件，只要是从 Control 类派生的组件就都具有 Paint 事件。也就是说，在任何由 Control 类派生的控件中都可以绘图。

2. 使用 CreateGraphics 方法

Control 和 Form 类都有一个 CreateGraphics 方法，通过该方法可以在程序中生成此 Control 或 Form 所对应的 Graphics 对象。这种方法一般应用于对象已经存在的情况下。获得方法如下：

```
Graphics g;                    //声明一个 Graphics 对象 g
g = this.CreateGraphics( );   //通过调用 CreateGraphics 方法，获取 Graphics 类的一个实例
```

3. 使用 Image 的派生类

使用 Image 的任何派生类都可以生成相应的 Graphics 对象。这种方法一般适用于在 C# 中对图像进行处理的情况。具体用法如下：

```
Bitmap myBitmap = new Bitmap(@"C:\myPic.bmp");
Graphics g = Graphics.FromImage(myBitmap);
```

创建 Graphics 对象后，就可以利用 Graphics 对象提供的方法绘制各种图形了。但是这些方法在使用时还是需要各种 GDI+的图形对象作为其参数的。GDI+的常用图形类如下。

- Pen：笔，用来绘制线、多边形、曲线、饼图等。
- Brush：画刷类，用来以某种颜色、图样或位图来填充封闭表面图形。
- Font：字体，用来描述字体。
- Color：颜色，用来描述某一个对象的颜色，在 GDI+中颜色可以使用 alpha 混合。

这 4 种对象是在画图任务中最经常使用到的，下面分别予以介绍。

10.7.3 Pen 画笔类

Pen 类用来绘制特定宽度和样式的线。可以用其构造函数来创建 Pen 类实例，其构造函数有以下几种。

- public Pen(Color)：创建某一颜色的 Pen 对象，Pen 类的其他属性接受默认设置。
- public Pen(Brush)：创建某一刷子样式的 Pen 对象。
- public Pen(Brush, float)：创建某一刷子样式并具有相应宽度的 Pen 对象。
- public Pen(Color, float)：创建某一颜色和相应宽度的 Pen 对象。

下面语句创建一个新的 Pen 对象：

```
Pen pn = new Pen( Color.Blue );        //创建一个蓝色的画笔，画笔其他属性接受默认值
Pen pn = new Pen( Color.Blue, 2 );     //创建一个蓝色，宽度为 2 个像素的画笔
```

Pen 类常用的属性如表 10.35 所示。

表 10.35 Pen 对象的属性

属　性	说　明
Alignment	对齐方式
Brush	Pen 的 Brush 属性
Color	颜色
Width	宽度
Dash Style	虚线
DashCap	虚线两端风格
DashedOffset	两段虚线间的位移
CustomStartCap	线两端风格
CustomEndCap	线两端风格
DashPattern	虚线样式
DashStyle	虚线风格
PenTyle	Pen 的风格
Transform	Pen 的几何变换

下面以一个简单示例来说明 Pen 画笔类的使用，该示例仅在窗体上画出一些简单的图形。示例创建过程如下：

(1) 启动 Visual Studio 2010，新建一个基于 C#的 Windows 应用程序。

(2) 为窗口的 Paint 事件添加响应函数 Form1_Paint( )。

(3) 添加事件响应函数后，自动切换到该函数，在函数内输入如下内容：

```
Graphics g = e.Graphics; //创建画板，这里的画板是由 Form 提供的
Pen p = new Pen(Color.Blue, 2);//定义了一个蓝色，宽度为 2 的画笔
g.DrawLine(p, 10, 10, 100, 100);//在画板上画直线，起始坐标为(10,10)，终点坐标为(100,100)
g.DrawRectangle(p, 10, 10, 100, 100);//在画板上画矩形，起始坐标为(10,10)，宽为 100，高为 100
g.DrawEllipse(p, 10, 10, 100, 100);//在画板上画椭圆，起始坐标为(10,10)，外接矩形的宽为 100，高
为 100
```

(4) 编译并执行，输出结果如图 10.56 所示。

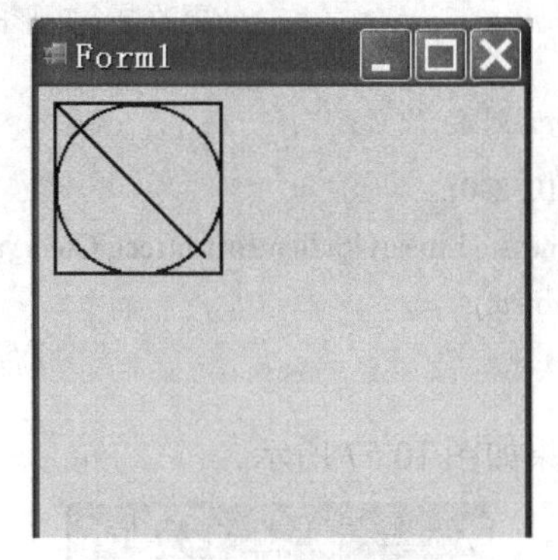

图 10.56　输出结果

从本示例中可以看出 GDI+的开发模式。首先创建一个画板，这是绘图的基础。本示例中画板是由 Form 提供，然后实例化一个画笔，最后利用 Graphics 类提供的相关方法，在画板上进行绘图。

10.7.4　Brush 画刷类

Brush 类是一个抽象基类，不能被实例化。一般使用的是它的派生类：SolidBrush、TextureBrush、RectangleGradientBrush、HatchBrush 和 LinearGradientBrush。大部分的 Brush 类型都定义在 System.Drawing 名称空间中。HatchBrush 与 GradientBrush 定义在 System. Drawing.Drawing2D 名称空间中。这些类的意义如下。

- SolidBrush：画刷最简单的形式，用纯色进行绘制。
- HatchBrush：类似于 SolidBrush，但是可以利用该类从大量预设的图案中选择绘制时要使用的图案，而不是纯色。
- TextureBrush：使用纹理(如图像)进行绘制。
- LinearGradientBrush：使用沿渐变混合的两种颜色进行绘制。
- PathGradientBrush：基于编程者定义的唯一路径，使用复杂的混合色渐变进行绘制。

关于画刷的使用，仍以一个简单示例进行说明。该示例是在上一节示例的基础上修改 Form1_Paint( )函数。修改后的内容如下：

```
Graphics g = this.CreateGraphics( );                    //获取画布
Rectangle rect = new Rectangle(10, 10, 50, 50);   //定义矩形，参数为起点横纵坐标以及其长和宽
//单色填充
SolidBrush b1 = new SolidBrush(Color.Blue);        //定义单色画刷
g.FillRectangle(b1, rect);                               //填充这个矩形
g.DrawString("字符串", new Font("宋体", 10), b1, new PointF(90, 10)); //输出一个字符串
//用图片填充
TextureBrush b2 = new TextureBrush(Image.FromFile(@"C:\Documents and Settings\Administrator\My
Documents\My Pictures\样品.jpg"));                  //此处修改为本地路径
rect.Location = new Point(10, 70);                     //更改这个矩形的起点坐标
rect.Width = 200;                                        //更改这个矩形的宽
rect.Height = 200;                                       //更改这个矩形的高
g.FillRectangle(b2, rect);
//用渐变色填充
rect.Location = new Point(10, 290);
LinearGradientBrush b3 = new    LinearGradientBrush(rect, Color.Yellow , Color.Black ,
LinearGradientMode.Horizontal);
g.FillRectangle(b3, rect);
```

(4) 编译并执行，输出结果如图 10.57 所示。

图 10.57　输出结果

本示例中首先实例化一个 Rectangle 对象 rect，然后生成一个画刷 b1 并用该画刷填充矩形空间 rect。填充完成后在特定位置绘制一行字符，最后分别使用图片及渐变样式的画刷填充一个矩形区域。需要指出的是，本示例中需要引用 System.Drawing.Drawing2D 命名空间。

10.7.5　Font 字体类

Font 字体类定义了某一种字体的格式，如类型、大小、特性等。该类常用属性如表 10.36 所示。

表 10.36　Font 类常用属性

属　　性	说　　明	属　　性	说　　明
Bold	黑体	SizeInPoints	大小(点的个数表示)
FontFamily	字体系列	Strikeout	文字中间以横线划过
Height	高度	Style	风格
Italic	斜体	Underline	下划线
Name	名称	Unit	字体大小(以单位计算)
Size	大小		

其中的 FontFamily 用来代表一个系列的字体，它的全名为 System.Drawing.FontFamily，用来表示一组相近的字体。

使用如下语句可以创建一个 FontFamily：

```
FontFamily tahomaFmly = new FontFamily("Times New Roman");
```

使用 FontFamily 可以方便地创建一个特定的字体。例如：

```
Font green28 = new Font(fontFmly, 28);   //实例化一个 Font 对象
Font red14Italic = new Font(fontFmly, 14, FontStyle.Italic);//利用一组相似字体实例化 Font 对象
g.DrawString("Hello C# !", green28, new SolidBrush(Color.Green),   10,50);
g.DrawString("Hello GDI+ !", red14Italic, new SolidBrush(Color.Red),   10,90);
```

FontFamily 有很多的成员方法和属性为用户提供了字体系列的信息，如 GetName、GetLineSpacing、GetEmHeight、IsStyleAvailable 等。

下面仍以一个简单示例来说明 Font 类的使用。创建过程如下：

(1) 启动 Visual Studio 2010，新建一个基于 C#的 Windows 应用程序。

(2) 为窗口的 Paint 事件添加响应函数 Form1_Paint( )。

(3) 添加事件响应函数 Form1_Paint( )后，自动切换到该函数。在函数内输入如下内容：

```
Font fnt1 = new Font("Verdana", 16,FontStyle.Bold);   //实例化一个 Font 对象
Graphics g = e.Graphics;             //获取画布
//以特定的字体与画刷向画布输出字符
g.DrawString("Hello World!", fnt1, new SolidBrush(Color.Red), 10, 10);
FontFamily Fmly = new FontFamily("Times New Roman");
//利用一组相似字体实例化不同 Font 对象
Font green28 = new Font(Fmly, 28);
Font red14Italic = new Font(Fmly, 14, FontStyle.Italic);
g.DrawString("Hello C# !", green28, new SolidBrush(Color.Green), 10, 50);
g.DrawString("Hello GDI+ !", red14Italic, new SolidBrush(Color.Red), 10, 90);
```

(4) 编译并执行，输出结果如图 10.58 所示。

图 10.58　输出结果

10.7.6　Color 结构

在自然界中，颜色大都由透明度(A)和三基色(R,G,B)所组成。在 GDI+中，通过 System.Drawing.Color 结构(Struct)封装对颜色的定义，然后使用该结构的实例来表示颜色。Color 结构中，除了提供(A,R,G,B)以外，还提供许多系统定义的颜色，如 Pink(粉颜色)。另外，还提供许多静态成员，用于对颜色进行操作。Color 结构的基本属性如表 10.37 所示。

表 10.37　Color 结构的基本属性

名　称	说　明
A	获取此 Color 结构的 alpha 分量值，取值(0～255)
B	获取此 Color 结构的蓝色分量值，取值(0～255)
G	获取此 Color 结构的绿色分量值，取值(0～255)
R	获取此 Color 结构的红色分量值，取值(0～255)
Name	获取此 Color 结构的名称，这将返回用户定义的颜色的名称或已知颜色的名称(如果该颜色是从某个名称创建的)，对于自定义的颜色，将返回 RGB 值

Color 结构的基本(静态)方法如表 10.38 所示。

表 10.38　Color 结构的基本方法

名　称	说　明
FromArgb	从四个 8 位 ARGB 分量(alpha、红色、绿色和蓝色)值创建 Color 结构
FromKnowColor	从指定的预定义颜色创建一个 Color 结构
FromName	从预定义颜色的指定名称创建一个 Color 结构

Color 结构变量可以通过已有颜色构造，也可以通过 RGB 建立，例如：

```
Color clr1 = Color.FromArgb(122,25,255);
Color clr2 = Color.FromKnowColor(KnowColor.Brown);     //KnownColor 为枚举类型
Color clr3 = Color.FromName("SlateBlue");
```

在图像处理中一般需要获取或设置像素的颜色值。获取一幅图像的某个像素颜色值的具体步骤如下：

(1) 定义 Bitmap。

```
Bitmap myBitmap = new Bitmap("c:\\MyImages\\TestImage.bmp");
```

(2) 定义一个颜色变量把在指定位置所取得的像素值存入颜色变量中。

```
Color c = new Color();
c = myBitmap.GetPixel(10,10); //获取此 Bitmap 中指定像素的颜色。
```

(3) 将颜色值分解出单色分量值。

```
int r,g,b;
r= c.R;
g=c.G;
b=c.B;
```

10.8　本 章 小 结

本章介绍了标准 Windows 控件以及如何在 Visual Studio 2010 及 SDK 环境下使用这些控件开发 Windows 应用程序。C#继承了快速开发工具的优点，使有快速开发工具经验的开发者能够迅速掌握这一部分内容。C#支持的控件极多，在此不能一一讲述，读者仅需要掌握开发过程及原则即可，在涉及到具体控件的应用时查阅相关的手册及帮助。

在本章介绍的内容中通用对话框编程是比较常用的部分，包括文件、字体、颜色、打印设置对话框等。这部分的内容比较固定，读者在学习的过程中应注意举一反三。GDI+编程是一件较麻烦的任务，不过其应用频率较低，本章仅给出简单介绍，有兴趣的读者可以参考相关资料及 MSDN 相关文档。学习完本章后就可以进行 Windows 应用程序界面开发了。

10.9　上 机 练 习

(1) 上机调试本章的示例程序。

(2) 模拟本章示例，练习各种常用控件的使用。

(3) 设计一个 Windows 应用程序，实现一个餐饮管理系统中的点菜功能，使用两个 ListBox 控件。其中，一个 ListBox 控件用来显示菜单，另一个 ListBox 控件用来放置选定的菜单。通过点菜和取消两个按钮来执行点菜和取消的操作，如图 10.59 所示。

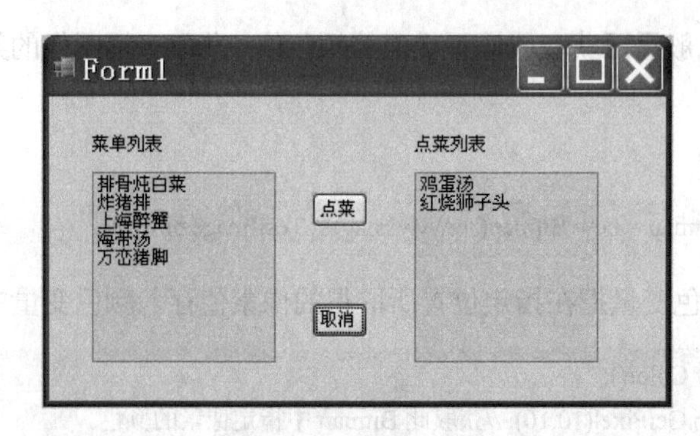

图 10.59　执行效果图

(4) 试利用 TreeView、ListView 等控件实现一个类似“资源管理器”的文档管理程序，用于查看 C:\Documents and Settings 目录下的文件。运行效果如图 10.60 所示。

(5) 参照 Windows 系统“附件”中的“计算器”，自行编写一个简易的计算器。要求可以实现由 0~4 构成的整数的加减乘除四则运算，执行效果如图 10.61 所示。

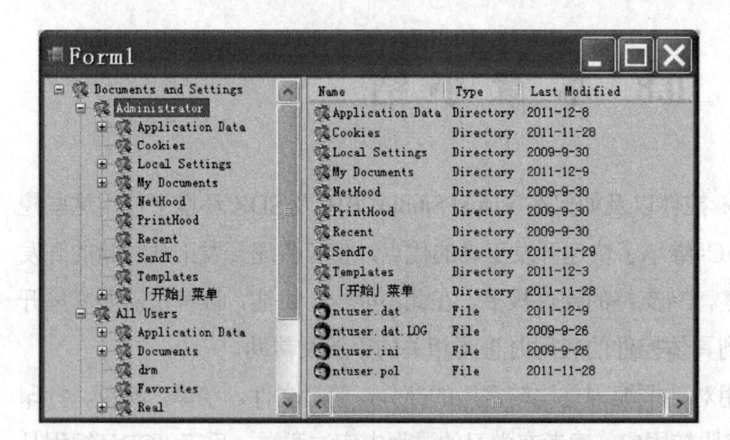

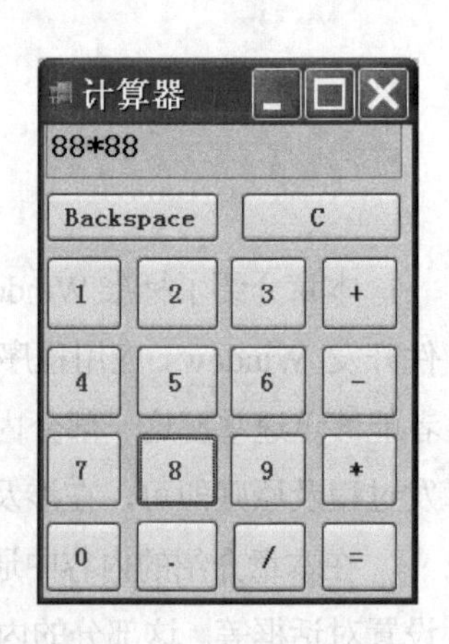

图 10.60　执行效果图　　　　图 10.61　执行效果图

(6) 设计一个 MDI 应用程序，模拟记事本的基本功能。执行效果如图 10.62 所示。

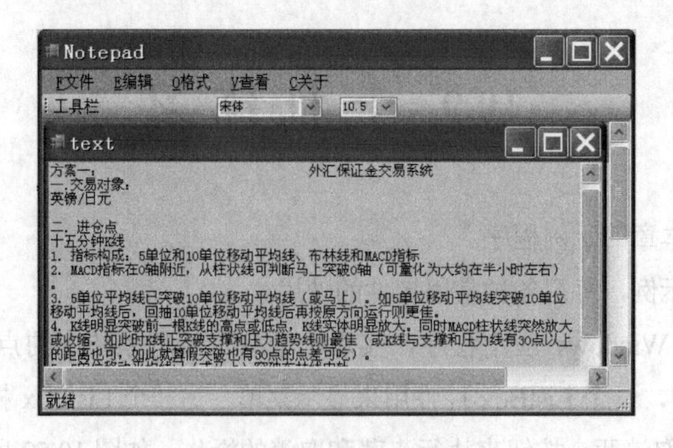

图 10.62　执行效果图

(7) 利用 RadioButton 控件来设计两个单选题，从中选择单选答案，单击“计算分数”按钮，可以获得成绩。效果如图 10.63 所示。

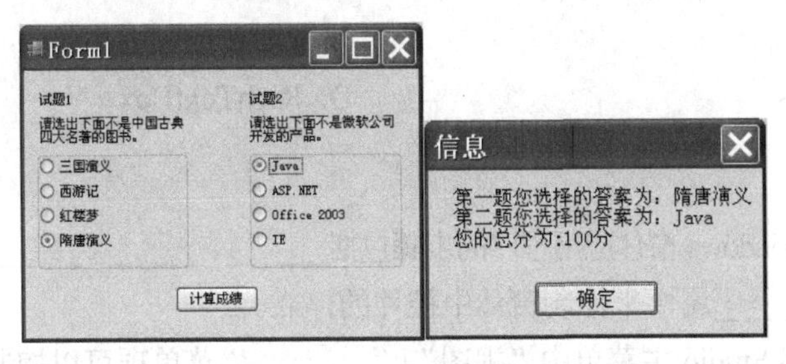

图 10.63　执行效果图

10.10　习　题

一、选择题

(1) 下列关于窗体的描述中不正确的是(　　)。

A. 窗体可看做是画布，在上面可以进行绘图工作。

B. 窗体可看做是容器，用来包含放置在其上的不同控件。

C. 窗体的功能由 Form 类来实现，在窗体上放置的控件都是某个窗体类的成员。

D. 窗体类通常作为基类，通过派生标准窗体类添加新成员，形成一个特定的窗体。

(2) 开发基于 C#的 Windows 应用程序需要引入的命名空间是(　　)。

A. System　　B. System.Forms

C. System.Collections　　D. System.Data

(3) RichTextBox 的属性中可以获取或设置被选中的文本，但格式化信息会丢失的是(　　)。

A. SelectedRtf　　B. SelectedText

C. SelectedProtected　　D. SelectedBullet

(4) 下列描述中错误的是(　　)。

A. 一般方法名是把控件名、下划线和要处理的事件名连接在一起。

B. 可以从 ListBox 中一次选择一个或多个选项。

C. RichTextBox 控件是由 Text 属性来设置文本格式的。

D. TabControl 控件的属性一般用于控制 TabPage 容器的外观，特别是正在显示的选项卡。

(5) 下列不是 Button 控件主要作用的是(　　)。

A. 用某种状态关闭对话框　　B. 显示标题

C. 给对话框上输入的数据执行操作　　D. 打开另一个对话框或应用程序

(6) 下列控件可以作为容器的是(　　)。

A. Lable 控件　　B. TabControl 控件

C. Button 控件　　D. GroupBox 控件

(7) C#工具栏中的工具项不包括的类型是(　　)。

A. Button　　　　B. Label

C. Progress　　　　D. RichTextBox

二、填空题

(1) 创建一个 Windows 窗体应用程序的步骤包括______、______、______、______、______。

(2) C#通过_______属性来控制窗体中控件的停靠。

(3) 通过 Visual Studio 主菜单中“视图”|“_______”菜单项可以控制“属性”面板的显示或隐藏。

(4) 在 Visual Studio 中双击窗体中的某个按钮，则会自动添加该按钮的_______事件。

(5) TextBox 与 RichTextBox 控件的区别在于____。

(6) CheckBox 与 RadioButton 控件的区别在于_______。

(7) 若不希望用户在 ComboBox 控件中编辑文本，则应将属性 DropDownStyle 的属性值设置为_______。

三、简答题

(1) Windows 程序的基本结构及开发过程是什么？

(2) 什么是 MDI？Windows 应用程序的界面元素一般有哪些？

(3) 创建一个 Windows 窗体，拖动图标为其添加一个按钮，并通过 Visual Studio 环境添加单击事件的响应函数，观察编译器自动产生的代码，理解事件的处理。

(4) 指出绘制字体时应当注意的问题。

第11章　C#数据库编程与ADO.NET

C#数据库程序设计是基于.NET平台的，是用.NET框架编写的。在应用程序需要访问数据库时，将使用ADO.NET来实现数据库访问。本章将介绍什么是ADO.NET、如何在.NET命名空间中找到它及其基本工作原理是什么，并重点探讨ADO.NET数据库编程中的相关技术及应用。

本章重点：

- ADO.NET的结构
- Connection、Command对象的使用
- DataReader、DataAdapter、DataSet对象的使用
- ADO.NET连接数据源

11.1　ADO.NET概述

ADO.NET是支持数据库应用程序开发的数据访问中间件。它建立在.NET Framework提供的平台之上，是.NET平台的一部分。ADO.NET是使用Microsoft .NET Framework中的托管代码构建的，这意味着它继承了.NET执行时环境的健壮性。ADO.NET主要用来解决Web和分布式应用程序的问题，由.NET Framework(提供了对.NET应用程序的数据访问和管理功能)中的一组类或命名空间组成。

11.1.1　ADO.NET结构

ADO.NET为创建分布式数据共享应用程序提供了一组丰富的组件。ADO.NET库中包含用于连接至数据源、提交查询以及处理结果的类。利用最主要的非连接对象DataSet，可以对数据进行排序、搜索、筛选、存储、挂起、更改，以及在分层数据中进行浏览。DataSet还包含很多功能，填补了传统数据访问和XML开发之间的空白。

1. .NET Framework数据提供程序

.NET Framework数据提供程序是专门为数据处理以及快速地只进、只读访问数据而设计的组件。Connection对象提供与数据源的连接。Command对象能够访问用于返回数据、修改数据、运行存储过程以及发送或检索参数信息的数据库命令。DataReader从数据源中提供高性能的数据流。最后，DataAdapter提供连接DataSet对象和数据源的桥梁。DataAdapter使用

Command 对象在数据源中执行 SQL 命令，以便将数据加载到 DataSet 中，并使对 DataSet 中数据的更改与数据源保持一致。

2. DataSet

ADO.NET DataSet 专门为独立于任何数据源的数据访问而设计。因此，它可以用于多种不同的数据源、用于 XML 数据或用于管理应用程序本地的数据。DataSet 包含一个或多个 DataTable 对象的集合，这些对象由数据行和数据列以及有关 DataTable 对象中数据的主键、外键、约束和关系信息组成。

图 11.1 说明了.NET Framework 数据提供程序与 DataSet 之间的关系。

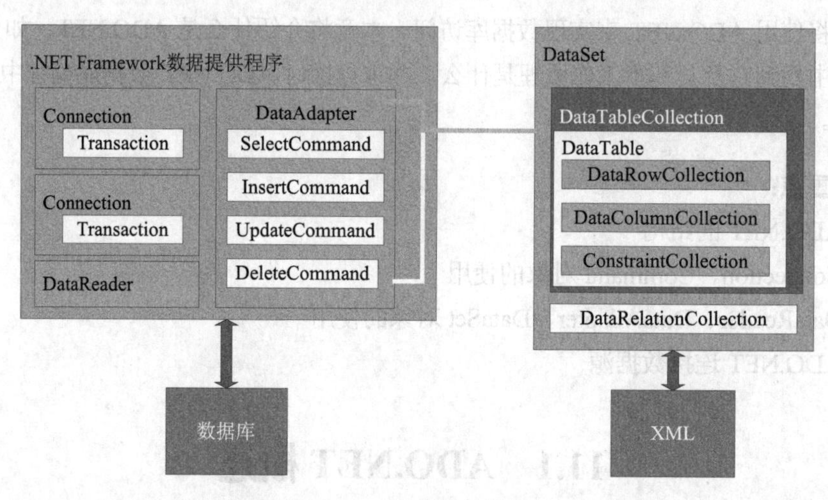

图 11.1　ADO.NET 结构

3. XML 和 ADO.NET

ADO.NET 利用 XML 来提供对数据的断开式访问。ADO.NET 的设计与.NET Framework 中 XML 类的设计是并进的，它们都是同一个结构的组件。

ADO.NET 和.NET Framework 中的 XML 类集中于 DataSet 对象。无论 XML 源是文件还是 XML 流，都可以用来填充 DataSet。无论 DataSet 中数据的数据源是什么，DataSet 都可以作为符合万维网联合会(W3C)标准的 XML 进行编写，并且将其架构包含为 XML 架构定义语言(XSD)架构。由于 DataSet 固有的序列化格式为 XML，因此是在层间移动数据出色的媒介，这使 DataSet 成为在远程向 XML Web 服务发送数据和架构上下文以及从 XML Web 服务接收数据和架构上下文的最佳选择。

11.1.2　.NET Framework 数据提供程序

.NET Framework 数据提供程序用于连接到数据库、执行命令和检索结果。可以直接处理检索到的结果，或将其放入 ADO.NET DataSet 对象，以便与来自多个源的数据或在层之间进行远程处理的数据组合在一起，以特殊方式向用户公开。.NET Framework 数据提供程序是轻量的，它在数据源和代码之间创建了一个最小层，以便在不以功能为代价的前提下提高性能。

表 11.1 列出了.NET Framework 中包含的.NET Framework 数据提供程序。

表 11.1　.NET Framework 数据提供程序

.NET Framework 数据提供程序	说　明
SQL Server .NET Framework 数据提供程序	提供对 Microsoft SQL Server 7.0 或更高版本的数据访问。使用 System.Data.SqlClient 命名空间
OLE DB .NET Framework 数据提供程序	适合于使用 OLE DB 公开的数据源。使用 System.Data.OleDb 命名空间
ODBC .NET Framework 数据提供程序	适合于使用 ODBC 公开的数据源。使用 System.Data.Odbc 命名空间
Oracle .NET Framework 数据提供程序	适用于 Oracle 数据源。Oracle .NET Framework 数据提供程序支持 Oracle 客户端软件 8.1.7 版和更高版本，使用 System.Data.OracleClient 命名空间

表 11.2 概括了组成.NET Framework 数据提供程序的 4 个核心对象。

表 11.2　.NET Framework 数据提供程序的核心对象

对　象	说　明
Connection	建立与特定数据源的连接。所有 Connection 对象的基类均为 DbConnection 类
Command	对数据源执行命令。公开 Parameters，并且可以通过 Connection 在 Transaction 的范围内执行。所有 Command 对象的基类均为 DbCommand 类
DataReader	从数据源中读取只进且只读的数据流。所有 DataReader 对象的基类均为 DbDataReader 类
DataAdapter	用数据源填充 DataSet 并解析更新。所有 DataAdapter 对象的基类均为 DbDataAdapter 类

11.1.3　在代码中使用 ADO.NET

ADO.NET 的相关类都被封装到 System.Data 命名空间中，在代码中要使用 ADO.NET 相关功能，需要将 System.Data 命名空间引入到代码中，其中该命名空间下又包括 OleDb、ODBC、SqlClient、Common、SqlTypes、Sql、ProviderBase 等常用子命名空间。根据需要使用的数据提供程序不同需要将特定的子命名空间引入到程序中即可。

.NET Framework 类库中与数据库相关的常用命名空间及说明如下。

- System.Data.Odbc：用于 ODBC 的.NET Framework 数据提供程序描述了用来访问托管空间中的 ODBC 数据源的类集合。
- System.Data.OleDb：用于 OLE DB 的.NET Framework 数据提供程序描述了用来访问托管空间中的 OLE DB 数据源的类集合。
- System.Data.Sql：包含支持 SQL Server 特定的功能的类。
- System.Data.SqlClient：SQL Server 的.NET Framework 数据提供程序描述了一个类集合，这个类集合用于访问托管空间中的 SQL Server 数据库。

- System.Data.SqlTypes：为 SQL Server 中的本机数据类型提供类，这些类为.NET Framework 公共语言运行库(CLR)所提供的数据类型提供了一种更为安全和快速的替代项。

引用命名空间的具体示例将在稍后的示例中给出。

11.2　数据连接对象 Connection

Connection 对象代表与数据源进行的唯一会话。如果是客户端/服务器数据库系统，该对象可以等价于到服务器的实际网络连接。提供者所支持的功能不同，Connection 对象的某些集合、方法或属性有可能无效。

11.2.1　Connection 对象

Connection 对象主要用于连接数据库，它的常用属性如下。

- ConnectionString 属性：用来获取或设置打开 SQL Server 数据库的字符串。
- ConnectionTimeout 属性：用来获取在尝试建立连接时终止尝试并生成错误之前所等待的时间。
- DataBase 属性：用来获取当前数据库或连接打开后要使用的数据库的名称。
- DataSource 属性：用来设置要连接的数据源实例名称，如 SQL Server 的 Local 服务实例。
- State 属性：是一个枚举类型的值，用来表示同当前数据库的连接状态。State 属性一般是只读不写的。

11.2.2　Connection 对象的方法

Connection 类型的对象用来连接数据源。在不同的数据提供者的内部，Connection 对象的名称是不同的，在 SQL Server Data Provider 中称为 SqlConnection，而在 OLE DB Data Provider 中称为 OleDbConnection。

下面将详细介绍 Connection 类型对象的常用方法。

(1) 构造方法

构造函数用来构造 Connection 类型的对象。对于 SqlConnection 类，其构造方法如表 11.3 所示。

表 11.3　SqlConnection 类构造方法

方 法 定 义	参 数 说 明	方 法 说 明
SqlConnection( )	不带参数	创建 SqlConnection 对象
SqlConnection(string connectionString)	连接字符串	根据连接字符串，创建 SqlConnection 对象

表 11.4 所示是 OleDbConnection 类的构造方法。可以看出，它们和 SqlConnection 类的构造方法非常相近。

表 11.4　OleDbConnection 类构造方法

方法定义	参数说明	方法说明
OleDbConnection( )	不带参数	创建 OleDbConnection 对象
OleDbConnection(string connectionString)	连接字符串	根据连接字符串，创建 OleDbConnection 对象

(2) Open( )和 Close( )方法

Open( )和 Close( )方法分别用来打开和关闭数据库连接，都不带参数，均无返回值。

(3) SqlCommand(OleDbCommand)的 CreateCommand( )方法

SqlCommand(OleDbCommand)的 CreateCommand( )方法用来创建一个 Command 类型的对象。

11.2.3　Connection 对象的事件

所有.NET Framework 数据提供程序中的 Connection 对象都有两个事件，可用于从数据源中检索信息性消息或确定 Connection 的状态是否已被更改。表 11.5 描述了 Connection 对象的这些事件。

表 11.5　Connection 对象的事件

事　件	说　明
InfoMessage	当从数据源中返回信息性消息时发生。信息性消息是数据源中不会引发异常的消息
StateChange	当 Connection 的状态改变时发生

1. 使用 InfoMessage 事件

可以使用 SqlConnection 对象的 InfoMessage 事件从数据源中检索警告和信息性消息。从数据源返回的严重程度为 11～16 的错误将引发异常。但是，InfoMessage 事件可用于从数据源中获取与错误无关联的消息。对于 Microsoft SQL Server，任何严重程度等于或小于 10 的错误都将被视为信息性消息，将使用 InfoMessage 事件来捕获。

InfoMessage 事件接收 SqlInfoMessageEventArgs 对象，该对象在其 Errors 属性中包含来自数据源的消息的集合。可以查询此集合中的 Error 对象，以获取错误编号和消息文本以及错误的来源。SQL Server .NET Framework 数据提供程序还包含有关消息所来自的数据库、存储过程和行号的详细信息。

代码清单 11.1 给出了如何为 InfoMessage 事件添加事件处理程序，并将出错信息输出到控制台中。

代码清单 11.1

```
//创建连接 myDB 数据库的字符串
private static string strConnect = "data source=localhost; uid=sa;pwd=sa123;database=myDB"
//根据连接字符串创建 SqlConnection 连接句柄
SqlConnection objConnection = new SqlConnection(strConnect);
//为 infomessage 事件添加事件处理程序
  objConnection.InfoMessage += new SqlInfoMessageEventHandler(OnInfoMessage);
//编写 infomessage 事件处理函数
protected static void OnInfoMessage(object sender, SqlInfoMessageEventArgs args){
  //遍历 SqlInfoMessageEventArgs 对象 args 的消息集合
  foreach (SqlError err in args.Errors){
    //将获得的出错信息在控制台中输出
    Console.WriteLine(
        "数据提供程序{0} 接收到一个严重的错误，严重程度为{1}, "+
        "错误代码为{2}，错误类型为{3}\n" +
        "错误位置在 SQL Server 实例名称为{4}中的"+
        "存储过程{5}中的第{6}行\n 错误描述如下：\n{7}",
        err.Source, err.Class, err.State, err.Number, err.Servererr.LineNumber,
        err.Procedure, err.LineNumber, err.Message);
  }
}
```

2. 使用 StateChange 事件

StateChange 事件在 Connection 的状态改变时发生。StateChange 事件接收 StateChangeEventArgs，使用户能够使用 OriginalState 和 CurrentState 属性来确定 Connection 状态的改变。OriginalState 属性是一个 ConnectionState 枚举，指示改变前的 Connection 状态。CurrentState 是一个 ConnectionState 枚举，指示改变后的 Connection 状态。

11.2.4　创建 Connection 对象

针对数据库驱动提供者的不同，Connection 对象的创建方式也有所差异。

1. 连接到 SQL Server

SQL Server .NET Framework 数据提供程序支持类似于 OLE DB (ADO)连接字符串格式的连接字符串格式。

代码清单 11.2 演示了如何创建并打开与 SQL Server 7.0 或更高版本的数据库的连接。

代码清单 11.2

```
using System.Data.SqlClient;   //引入命名空间
…
SqlConnection connection = new SqlConnection(connectionString) //实例化一个连接对象
    if (connection.State == ConnectionState.Closed){
        connection.Open( );    //打开连接
    }
```

2. 连接到 OLE DB 数据源

OLE DB .NET Framework 数据提供程序通过 OleDbConnection 对象提供与使用 OLE DB 公开的数据源的连接以及与 Microsoft SQL Server 6.x 或较早版本(通过用于 SQL Server 的 OLE DB 提供程序)的连接。

对于 OLE DB .NET Framework 数据提供程序，连接字符串格式与 ADO 中使用的连接字符串格式基本相同，但存在以下例外：

- Provider 关键字是必需关键字。
- 不支持 URL、Remote Provider 和 Remote Server 关键字。

代码清单 11.3 给出了如何创建和打开与 OLE DB 数据源的连接。

代码清单 11.3

```
using System.Data.OleDb; //引入命名空间
...
OleDbConnection connection = new OleDbConnection(connectionString); //实例化连接对象
if (connection.State == ConnectionState.Closed){
      connection.Open( );      //打开连接
}
```

3. 连接到 ODBC 数据源

ODBC .NET Framework 数据提供程序通过 OdbcConnection 对象提供与使用 ODBC 公开的数据源的连接。对于 ODBC .NET Framework 数据提供程序，连接字符串的格式设计为尽可能与 ODBC 连接字符串的格式相匹配。

代码清单 11.4 演示了如何创建和打开与 ODBC 数据源的连接。

代码清单 11.4

```
using System.Data.Odbc; //引入命名空间
...
OdbcConnection   connection = new   OdbcConnection (connectionString); //实例化连接对象
if (connection.State == ConnectionState.Closed){
      connection.Open( );      //打开连接
}
```

4. 连接到 Oracle 数据源

Oracle .NET Framework 数据提供程序使用 OracleConnection 对象提供与 Oracle 数据源的连接。对于 Oracle .NET Framework 数据提供程序，连接字符串的格式设计为尽可能与用于 Oracle 的 OLE DB 提供程序(MSDAORA)连接字符串格式相匹配。

代码清单 11.5 演示了如何创建和打开与 Oracle 数据源的连接。

代码清单 11.5

```
using System.Data.Odbc; //引入命名空间
...
```

```
OracleConnection connection = new   OracleConnection (connectionString); //实例化连接对象
if (connection.State == ConnectionState.Closed){
    connection.Open( );    //打开连接
}
```

5. 关闭连接

在使用完连接时一定要关闭连接，以便连接可以返回池。如果 C# 的代码中存在 Using 块，将自动断开连接，即使发生无法处理的异常，也可以使用适合所使用的提供程序的连接对象的 Close( )或 Dispose( )方法。不是显式关闭的连接可能不会添加或返回到池中。例如，如果连接已超出范围但没有显式关闭，则仅当达到最大池大小而该连接仍然有效时，该连接才会返回到连接池中。

11.2.5　Connection 对象的应用

Connection 对象应用的一般步骤如下。

(1) 创建连接字符串。

(2) 创建 Connection 类型的对象。

(3) 打开数据源的连接。

(4) 执行数据库的访问操作代码。

(5) 关闭数据源连接。

代码清单 11.6 给出了使用连接字符串创建数据库连接的一般方式。

代码清单 11.6

```
using System.Data.OleDb;   //添加引用
//连接 Access 数据库
string connStr="Porvider = Microsoft.Jet.OleDB.4.0;Data Source= D:\myDB.mdb";
//根据连接字符串创建 OleDbConnection 连接对象
OleDbConnection objConnection = new OleDbConnection(strConnect);
if (objConnection.State == ConnectionState.Closed) {
    objConnection.Open( );//打开数据连接
}
if (objConnection.State == ConnectionState.Open) {
    objConnection.Close( );//关闭数据连接

}
```

11.3　执行数据库命令对象 Command

当建立与数据源的连接后，可以使用 Command 对象来执行命令并从数据源中返回结果。可以使用 Command 构造函数来创建命令，该构造函数采用在数据源、Connection 对象和 Transaction 对象中执行的 SQL 语句的可选参数。也可以使用 Connection 的 CreateCommand

方法来创建用于特定连接的命令。可以使用 CommandText 属性来查询和修改 Command 对象的 SQL 语句。

.NET Framework 提供的每个.NET Framework 数据提供程序包括一个 Command 对象：OLE DB .NET Framework 数据提供程序包括一个 OleDbCommand 对象，SQL Server .NET Framework 数据提供程序包括一个 SqlCommand 对象，ODBC .NET Framework 数据提供程序包括一个 OdbcCommand 对象，Oracle .NET Framework 数据提供程序包括一个 OracleCommand 对象。

11.3.1　Command 对象的属性

Command 对象的属性常用的有 Connection、ConnectionString、CommandType、CommandText 和 CommandTimeout。

1. Connection 属性

Connection 属性用来获得或设置该 Command 对象的连接数据源。例如，某 SqlConnection 类型的对象 conn 连在 SQL Server 服务器上，又有一个 Command 类型的对象 cmd，可以通过 cmd.Connection = conn 使 cmd 在 conn 对象所指定的数据库上操作。

不过，通常的做法是直接通过 Connection 对象来创建 Command 对象，而 Command 对象不宜通过设置 Connection 属性来更换数据库。所以上述做法并不推荐。

2. ConnectionString 属性

ConnectionString 属性用来获得或设置连接数据库时用到的连接字符串，用法和上述 Connection 属性相同。同样，不推荐使用该属性来更换数据库。

3. CommandType 属性

CommandType 属性用来获得或设置 CommandText 属性中的语句是 SQL 语句、数据表名还是存储过程。该属性的取值有 3 个。

- 如果把 CommandType 设置成 Text 或不设置，说明 CommandText 属性的值是一个 SQL 语句。
- 如果把 CommandType 设置成 TableDirect，说明 CommandText 属性的值是一个要操作的数据表的名。
- 如果把 CommandType 设置成 StoredProcedure，说明 CommandText 属性的值是一个存储过程。

4. CommandText 属性

根据 CommandType 属性的不同取值，可以使用 CommandText 属性获取或设置 SQL 语句、数据表名或存储过程。

11.3.2　Command 对象的方法

下面将介绍 Command 类型对象的常用方法，包括构造方法、执行不带返回结果集的 SQL 语句方法、执行带返回结果集的 SQL 语句方法和使用查询结果填充 DataReader 对象的方法。

1. 构造方法

构造函数用来构造 Command 对象。对于 SqlCommand 类型的对象，其构造方法如表 11.6 所示。

表 11.6　SqlCommand 类构造方法

方 法 定 义	参 数 说 明	方 法 说 明
SqlCommand( )	不带参数	创建 SqlCommand 对象
SqlCommand(string cmdText)	cmdText：SQL 语句字符串	根据 SQL 语句字符串，创建 SqlCommand 对象
SqlCommand(string cmdText, SqlConnection connection)	cmdText：SQL 语句字符串 connection：连接到的数据源	根据数据源和 SQL 语句，创建 SqlCommand 对象
SqlCommand(string cmdText, SqlConnection connection, SqlTransaction transaction)	cmdText：SQL 语句字符串 connection：连接到的数据源 transaction：事务对象	根据数据源、SQL 语句和事务对象，创建 SqlCommand 对象

而对于 OleDbCommand 类型的对象，其构造方法如 11.7 所示。同样可以看出，它们和 SqlCommand 类的构造方法非常相似。

表 11.7　SqlCommand 类构造方法说明

方 法 定 义	参 数 说 明	方 法 说 明
OleDbCommand( )	不带参数	创建 OleDbCommand 对象
OleDbCommand(string cmdText)	cmdText：SQL 语句字符串	根据 SQL 语句字符串，创建 OleDbCommand 对象
OleDbCommand(string cmdText, OleDbConnection connection)	cmdText：SQL 语句字符串 connection: 连接到的数据源	根据数据源和 SQL 语句，创建 OleDbCommand 对象
OleDbCommand(string cmdText, OleDbConnection connection, OleDbTransaction transaction)	cmdText：SQL 语句字符串 connection: 连接到的数据源 transaction：事务对象	根据数据源、SQL 语句和事务对象，创建 OleDbCommand 对象

2. ExecuteNonQuery 方法

ExecuteNonQuery 方法用来执行 Insert、Update、Delete 和其他没有返回结果集的 SQL 语句，并返回执行命令后影响的行数。如果 Update 和 Delete 命令所对应的目标记录不存在，返回 0。如果出错，返回 1。

3. ExecuteScalar 方法

ExecuteScalar 方法执行一个 SQL 命令，并返回结果集中的首行首列。如果结果集大于一行一列，则忽略其他部分。根据该特性，这个方法通常用来执行包含 Count、Sum 等聚合函数的 SQL 语句。

4. ExecuteReader 方法

ExecuteReader 方法在 Command 对象中用得比较多，通过 DataReader 类型的对象，应用程序能够获得执行 SQL 查询语句后的结果集。该方法的两种定义如下。

- ExecuteReader( )：不带参数，直接返回一个 DataReader 结果集。
- ExecuteReader(CommandBehavior behavior)：根据 behavior 的取值类型，决定 DataReader 的类型。

如果 behavior 取值是 CommandBehavior.SingleRow 这个枚举值，则说明返回的 ExecuteReader 只获得结果集中的第一条数据。如果取值是 CommandBehavior.SingleResult，则说明只返回在查询结果中多个结果集里的第一个。

一般来说，应用代码可以随机访问返回的 ExecuteReader 列，但如果 behavior 取值为 CommandBehavior.SequentialAccess，则说明对于返回的 ExecuteReader 对象只能顺序读取它包含的列。也就是说，一旦读过该对象中的列，就再也不能返回去阅读了。这种操作是以方便性为代价换取读数据时的高效率，需谨慎使用。

11.3.3　创建 Command 对象

像 Connection 对象一样，对于操作 SQL Server 数据库和支持 ADO Managed Provider 的数据库使用了两个不同的 Command 对象，分别是 SqlCommand 对象和 OleDbCommand 对象。

(1) 当使用 OleDbCommand 对象时，使用方法如下：

```
string mySelectQuery = "SELECT OrderID, CustomerID FROM Orders";
OleDbCommand myCommand = new OleDbCommand(mySelectQuery,myConnection);
```

(2) 当使用 SqlCommand 对象时，使用方法如下：

```
string mySelectQuery = "SELECT OrderID, Customer FROM Orders";
SqlCommand myCommand = new SqlCommand(mySelectQuery,myConnection);
```

11.3.4　Command 对象的应用

代码清单 11.7 演示了 Command 对象的应用，完成对数据库 myDB 中表 TEST 增加数据记录的操作。首先根据连接字符串创建一个 SqlConnection 连接对象，并用此对象连接数据源 myDB，然后创建一个 SqlCommand 对象，并用此对象的 ExecuteNonQuery 方法执行不带返回结果集的 SQL 语句，对 TEST 表追加数据。

代码清单 11.7

```
//创建连接 myDB 数据库的字符串
private static string strConnect = "data source=localhost; uid=sa;pwd=sa123;database=myDB"
//根据连接字符串创建 SqlConnection 连接句柄
SqlConnection objConnection = new SqlConnection(strConnect);
//创建数据库命令
```

```
        SqlCommand objCommand = new SqlCommand("", objConnection);
        //设置 SQL 语句
        objCommand.CommandText = " INSERT INTO TEST " +
            " (ID, NAME, Role) "+" VALUES " + " (@ID, @ NAME, @ Role) ";
        //以下省略设置各值的语句
        ...
        try{
                if (objConnection.State == ConnectionState.Closed) {   //打开数据库连接
                        objConnection.Open( );
                }
                objCommand.ExecuteNonQuery( );   //获取运行结果,插入数据
                //省略后续动作
                ...
        }catch(SqlException e){
                Response.Write(e.Message.ToString( ));
        }
        finally{
        if (objConnection.State == ConnectionState.Open) {   //关闭数据库连接
        objConnection.Close( );
        }
    }
```

这段代码是连接数据库并执行操作的典型代码。其中，操作数据库的代码均在 try…catch…finally 结构中，因此代码不仅能正常地操作数据库，更能在发生异常的情况下抛出异常。另外，不论是否发生异常，也不论发生了哪种数据库操作的异常，finally 块里的代码均会被执行，所以，一定能保证代码在访问数据库后关闭连接。

11.4　数据读取器对象 DataReader

使用 ADO.NET DataReader 能够从数据库中检索只读、只进的数据流。查询结果在查询执行时返回，并存储在客户端的网络缓冲区中，直到使用 DataReader 的 Read 方法对它们发出请求。使用 DataReader 可以提高应用程序的性能，原因是它只要数据可用就立即检索数据，并且(默认情况下)一次只在内存中存储一行，减少了系统开销。

.NET Framework 提供的每个.NET Framework 数据提供程序包括一个 DataReader 对象：OLE DB .NET Framework 数据提供程序包括一个 OleDbDataReader 对象，SQL Server .NET Framework 数据提供程序包括一个 SqlDataReader 对象，ODBC .NET Framework 数据提供程序包括一个 OdbcDataReader 对象，Oracle .NET Framework 数据提供程序包括一个 OracleDataReader 对象。

11.4.1　DataReader 对象的属性

DataReader 对象提供了用顺序的、只读的方式读取用 Command 对象获得的数据结果集。由于 DataReader 只执行读操作，并且每次只在内存缓冲区里存储结果集中的一条数据，所以使用 DataReader 对象的效率比较高，如果要查询大量数据，同时不需要随机访问和修改数据，DataReader 是优先的选择。

DataReader 对象有以下常用属性。

- FieldCount 属性：用来表示由 DataReader 得到的一行数据中的字段数。
- HasRows 属性：用来表示 DataReader 是否包含数据。
- IsClosed 属性：用来表示 DataReader 对象是否关闭。

11.4.2　DataReader 对象的方法

SQL Server Data Provider 中的 DataReader 对象称为 SqlDataReader，而在 OLE DB Data Provider 中称为 OleDbDataReader。

DataReader 对象使用指针的方式来管理所连接的结果集，它的常用方法有关闭方法、读取记录集下一条记录和读取下一个记录集的方法、读取记录集中字段和记录的方法，以及判断记录集是为空的方法。

1. Close( )方法

Close( )方法不带参数，无返回值，用来关闭 DataReader 对象。由于 DataReader 在执行 SQL 命令时一直要保持同数据库的连接，所以在 DataReader 对象开启的状态下，该对象所对应的 Connection 连接对象不能用来执行其他的操作。所以，在使用完 DataReader 对象时，一定要使用 Close( )方法关闭该 DataReader 对象，否则不仅会影响到数据库连接的效率，更会阻止其他对象使用 Connection 连接对象来访问数据库。

2. bool Read( )方法

bool Read( )方法会让记录指针指向本结果集中的下一条记录，返回值是 true 或 false。当 Command 的 ExecuteReader( )方法返回 DataReader 对象后，需用 Read( )方法来获得第一条记录；当读好一条记录想获得下一条记录时，也可以使用 Read( )方法。如果当前记录已经是最后一条，调用 Read( )方法将返回 false。也就是说，只要该方法返回 true，则可以访问当前记录所包含的字段。

3. bool NextResult( )方法

bool NextResult( )方法会让记录指针指向下一个结果集。当调用该方法获得下一个结果集后，依然要用 Read( )方法来开始访问该结果集。

4. Object GetValue(int i)方法

Object GetValue(int i)方法根据传入的列的索引值，返回当前记录行里指定列的值。由于事先无法预知返回列的数据类型，所以该方法使用 Object 类型来接收返回数据。

5. int GetValues (Object[ ] values)方法

int GetValues (Object[ ] values)方法会把当前记录行里所有的数据保存到一个数组里并返回。可以使用 FieldCount 属性来获知记录里字段的总数，据此定义接收返回值的数组长度。

6. 获得指定字段的方法

获得指定字段的方法有 GetString( )、GetChar( )、GetInt32( )等，这些方法都带有一个表示列索引的参数，返回均是 Object 类型。用户可以根据字段的类型，通过输入列索引，分别调用上述方法，获得指定列的值。

例如，在数据库中，id 的列索引是 0，通过以下代码可以获得 id 的值。

```
string id = GetString (0);
```

7. 返回列的数据类型和列名的方法

可以调用 GetDataTypeName( )方法，通过输入列索引，获得该列的类型。这个方法的定义是：

```
string GetDataTypeName (int i)
```

可以调用 GetName( )方法，通过输入列索引，获得该列的名称。这个方法的定义是：

```
string GetName (int i)
```

综合使用上述两方法，可以获得数据表里列名和列的字段。

8. bool IsDBNull(int i)方法

bool IsDBNull(int i)方法的参数用来指定列的索引号，该方法用来判断指定索引号的列的值是否为空，返回 true 或 false。

11.4.3　创建 DataReader 对象

使用 DataReader 检索数据包括创建 Command 对象的实例，然后通过调用 Command.ExecuteReader 创建一个 DataReader，以便从数据源检索行。以下示例说明如何使用 SqlDataReader，其中 command 代表有效的 SqlCommand 对象。

```
SqlDataReader reader = command.ExecuteReader( );
```

使用 DataReader 对象的 Read( )方法可从查询结果中获取行。通过向 DataReader 传递列的名称或序号引用，可以访问返回行的每一列。

11.4.4　DataReader 对象的应用

代码清单 11.8 演示了如何利用 DataReader 对象获得并访问数据库 myDB 中表 TEST 的结果集。

代码清单 11.8

```
//创建连接 myDB 数据库的字符串
private static string strConnect = "data source=localhost; uid=sa;pwd=sa123;database=myDB";
SqlConnection objConnection = new SqlConnection(strConnect);
SqlCommand objCommand = new SqlCommand("", objConnection);
//设置查询类的 SQL 语句以检索 TEST 全表
objCommand.CommandText = "SELECT * FROM TEST";
try{
    if (objConnection.State == ConnectionState.Closed) { //打开数据库连接
            objConnection.Open( );
        }
        //获取运行结果
        SqlDataReader result = objCommand.ExecuteReader( );
        //如果 DataRead 对象成功获得数据，返回 true，否则返回 false
        if (result.Read( ) == true){   //输出结果集中的各个字段
         Response.Write(result["ID"].ToString( ));
         Response.Write(result["NAME"].ToString( ));
         Response.Write(result["ROLE"].ToString( ));
        }
}catch(SqlException e){
         Response.Write(e.Message.ToString( ));
}
finally{
         if (objConnection.State == ConnectionState.Open){ //关闭数据库连接

            objConnection.Close( );
         }
         if(result.IsClosed == false){ //关闭 DataReader 对象

            result.Close( );
         }
}
```

在代码中，给出了两种使用 DataReader 对象访问结果集的方式，一种是直接根据字段名，利用 result["ID"]的形式获得特定字段的值；另一种方式写在注释里，通过 for 循环，利用 FieldCount 属性和 GetValue 方法，依次访问数据集的字段。

DataReader 提供未缓冲的数据流，该数据流使过程逻辑可以有效地按顺序处理从数据源中返回的结果。由于数据不在内存中缓存，所以在检索大量数据时，DataReader 是一种适合的选择。另外，值得注意的是，DataReader 在读取数据时，限制每次只能读一条，这样无疑提高了读取效率，一般适用于返回结果只有一条数据的情况。如果返回的是多条记录，就要慎用此对象。

11.5　数据适配器对象 DataAdapter

DataAdapter 用于从数据源检索数据并填充 DataSet 中的表。DataAdapter 还将对 DataSet 的更改解析回数据源。DataAdapter 使用.NET Framework 数据提供程序的 Connection 对象连接到数据源，并使用 Command 对象从数据源检索数据以及将更改解析回数据源。

.NET Framework 提供的每个.NET Framework 数据提供程序包括一个 DataAdapter 对象：OLE DB .NET Framework 数据提供程序包括一个 OleDbDataAdapter 对象，SQL Server .NET Framework 数据提供程序包括一个 SqlDataAdapter 对象，ODBC .NET Framework 数据提供程序包括一个 OdbcDataAdapter 对象，Oracle .NET Framework 数据提供程序包括一个 OracleDataAdapter 对象。

11.5.1　DataAdapter 对象的属性

DataAdapter 对象的常用属性形式为 XXXCommand，用于描述和设置操作数据库。使用 DataAdapter 对象，可以读取、添加、更新和删除数据源中的记录。对于每种操作的执行方式，适配器支持以下 4 个属性，类型都是 Command，分别用来管理数据操作的“增”、“删”、“改”、“查”动作。

- InsertCommand 属性：用来向数据库中插入数据。
- DeleteCommand 属性：用来删除数据库中的数据。
- UpdateCommand 属性：用来更新数据库中的数据。
- SelectCommand 属性：用来从数据库中检索数据。

11.5.2　DataAdapter 对象的方法

DataAdapter 对象常用方法有构造方法、填充或刷新 DataSet 的方法、将 DataSet 中的数据更新到数据库里的方法和释放资源的方法。

1. 构造方法

不同类型的数据提供对象必须使用不同的方法来完成 DataAdapter 对象的构造。对于 SqlDataAdapter 类，其构造方法如表 11.8 所示。

表 11.8　SqlDataAdapter 类构造方法

方法定义	参数说明	方法说明
SqlDataAdapter( )	不带参数	创建 SqlDataAdapter 对象
SqlDataAdapter (SqlCommand selectCommand)	selectCommand：指定新创建对象的 SelectCommand 属性	创建 SqlDataAdapter 对象。用参数 selectCommand 设置其 SelectCommand 属性
SqlDataAdapter(string selectCommandText,SqlConnection selectConnection)	selectCommandText：指定新创建对象的 SelectCommand 属性值 selectConnection：指定连接对象	创建 SqlDataAdapter 对象。用参数 selectCommandText 设置其 SelectCommand 属性值，并设置其连接对象是 selectConnection

(续表)

方法定义	参数说明	方法说明
SqlDataAdapter(string selectCommandText,String selectConnectionString)	selectCommandText：指定新创建对象的 SelectCommand 属性值 selectConnectionString：指定新创建对象的连接字符串	创建 SqlDataAdapter 对象。将参数 selectCommandText 设置为 SelectCommand 属性值，其连接字符串是 selectConnectionString

2. Fill( )方法

当调用 Fill( )方法时，它将向数据存储区传输一条 SQL SELECT 语句。该方法主要用来填充或刷新 DataSet，返回值是影响 DataSet 的行数。该方法的常用定义如表 11.9 所示。

表 11.9　DataAdapter 类的 Fill( )方法

方法定义	参数说明	方法说明
int Fill (DataSet dataset)	dataset：需要更新的 DataSet	根据匹配的数据源，添加或更新参数所指定的 DataSet，返回值是影响的行数
int Fill (DataSet dataset,string srcTable)	dataset：需要更新的 DataSet srcTable：填充 DataSet 的 dataTable 名	根据 dataTable 名填充 DataSet

3. int Update(DataSet dataSet)方法

当程序调用 Update( )方法时，DataAdapter 将检查参数 DataSet 每一行的 RowState 属性，根据 RowState 属性来检查 DataSet 里的每行是否改变和改变的类型，并依次执行所需的 INSERT、UPDATE 或 DELETE 语句，将改变提交到数据库中。这个方法返回影响 DataSet 的行数。更准确地说，Update( )方法会将更改解析回数据源。

11.5.3　DataAdapter 对象的事件

DataAdapter 公开了 3 个可用于响应对数据源中的数据所做更改的事件，如表 11.10 所示。

表 11.10　DataAdapter 类响应数据更改的事件

事　件	说　明
RowUpdating	将要开始对某行执行 UPDATE、INSERT 或 DELETE 操作(通过调用 Update 方法之一)
RowUpdated	对某行的 UPDATE、INSERT 或 DELETE 操作(通过调用 Update 方法之一)已完成
FillError	在 Fill 操作过程中出错

1. RowUpdating 和 RowUpdated

在数据源中处理对 DataSet 中某行的任何更新之前，将引发 RowUpdating。在数据源中处理对 DataSet 中某行的任何更新之后，将引发 RowUpdated。因此，可以使用 RowUpdating 在更新行为发生之前对其进行修改，在更新将发生时提供附加的处理，保留对已更新行的引用，取消当前更新操作并将其安排在以后进行批处理等。RowUpdated 用于响应在更新过程中发生的错误和异常。

2. FillError

当 Fill 操作过程中出错时，DataAdapter 将发出 FillError 事件。当所添加行中的数据必须损失一些精度才能转换成.NET Framework 类型时，通常会发生这种类型的错误。如果在 Fill 操作过程中出错，则当前行将不会被添加到 DataTable 中。FillError 事件能够解决错误并添加当前行，或者忽略已排除的行并继续执行 Fill 操作。

11.5.4　创建 DataAdapter 对象

代码清单 11.9 演示了如何创建一个 DataAdapter 对象。

代码清单 11.9

```
SqlConnection conn; //连接字符串
//创建连接对象 conn 的语句
//创建 DataAdapter 对象
SqlDataAdapter myda = new SqlDataAdapter;
//给 DataAdapter 对象的 SelectCommand 属性赋值
myda.SelectCommand = new SqlCommand("select * from myTable", conn);
//后续代码
```

11.5.5　使用 DataAdapter 填充数据集

使用 DataAdapter 对象填充 DataSet 对象的步骤如下。

(1) 根据连接字符串和 SQL 语句，创建一个 SqlDataAdapter 对象。

(2) 创建 DataSet 对象，该对象需要用 DataAdapter 填充。

(3) 调用 DataAdapter 的 Fill( )方法，通过 DataTable 填充 DataSet 对象。

代码清单 11.10 将演示如何使用 DataAdapter 对象填充 DataSet 对象。

代码清单 11.10

```
//创建连接 myDB 数据库的字符串
private static string strconn = "data source=localhost;
    uid=sa;pwd=sa123;database=myDB";
string sqlStr =" Select * from myTable "; //创建检索 myTable 表的 SQL 语句
SqlDataAdapter myda = new SqlDataAdapter(sqlStr, strconn); //创建 DataAdapter
DataSet ds = new DataSet( );//创建 DataSet
//填充，第一个参数是要填充的 DataSet 对象，第二个参数是填充 DataSet 的 Datatable
myda.Fill(ds, "myTable");
```

11.6　数据集对象 DataSet

DataSet 类是 ADO.NET 中最核心的成员之一，也是各种开发基于.NET 平台程序语言开发数据库应用程序最常接触的类。之所以 DataSet 类在 ADO.NET 中具有特殊的地位，是因为 DataSet 在 ADO.NET 实现从数据库抽取数据中起到关键作用，在从数据库完成数据抽取后，DataSet 就是数据的存放地，它是各种数据源中的数据在计算机内存中映射成的缓存，所以有时说 DataSet 可以看成是一个数据容器。同时它在客户端实现读取、更新数据库等过程中起到了中间部件的作用(DataReader 只能检索数据库中的数据)。

11.6.1　DataSet 内部结构

各种.NET 平台开发语言开发数据库应用程序，一般并不直接对数据库操作(直接在程序中调用存储过程等除外)，而是先完成数据连接和通过数据适配器填充 DataSet 对象，然后客户端再通过读取 DataSet 来获得需要的数据。同样地，更新数据库中数据，也是首先更新 DataSet，然后再通过 DataSet 来更新数据库中对应的数据。可见，了解、掌握 ADO.NET，首先必须了解、掌握 DataSet。DataSet 主要有三个特性。

(1) 独立性。DataSet 独立于各种数据源。微软公司在推出 DataSet 时就考虑到各种数据源的多样性、复杂性。在.NET 中，无论什么类型数据源，它都会提供一致的关系编程模型，而这就是 DataSet。

(2) 离线(断开)和连接。DataSet 既可以以离线方式，也可以以实时连接来操作数据库中的数据。这一点有点像 ADO 中的 RecordSet。

(3) DataSet 对象是一个可以用 XML 形式表示的数据视图，是一种数据关系视图。

每一个 DataSet 往往是一个或多个 DataTable 对象的集合，这些对象由数据行和数据列以及主键、外键、约束和有关 DataTable 对象中数据的关系信息组成。

11.6.2　创建 DataSet

可以通过调用 DataSet 构造函数来创建 DataSet 的实例，可以选择指定一个名称参数。如果没有为 DataSet 指定名称，则该名称会设置为 NewDataSet。也可以基于现有的 DataSet 来创建新的 DataSet。新的 DataSet 可以是：现有 DataSet 的原样副本；或 DataSet 的复本，它复制关系结构(架构)但不包含现有 DataSet 中的任何数据；或 DataSet 的子集，它仅包含现有 DataSet 中已使用 GetChanges 方法修改的行。

以下代码示例演示了如何构造 DataSet 的实例。

```
DataSet customerOrders = new DataSet("CustomerOrders");
```

11.6.3　使用 DataSet 对象访问数据库

当对 DataSet 对象进行操作时，DataSet 对象会产生副本，所以对 DataSet 中的数据进行编辑操作不会直接对数据库产生影响，而是将 DataRow 的状态设置为 Added、Deleted 或

Changed，最终的更新数据源动作将通过 DataAdapter 对象的 Update( )方法来完成。

DataSet 对象一般和 DataAdapter 对象配合使用，其一般步骤如下。

(1) 创建 DataAdapter 和 DataSet 对象，并用 DataAdapter 的 SQL 语句生成的表填充到 DataSet 的 DataTable 中。

(2) 使用 DataTable 对表进行操作，如做增、删、改等动作。

(3) 使用 DataAdapter 的 Update 语句将更新后的数据提交到数据库中。

代码清单 11.11 演示了如何综合使用 DataSet 和 DataAdapter 对象访问数据库 myDB 的表 myTable。

代码清单 11.11

```
//这里省略获得连接对象的代码
...
string sql = " select * from myTable";
SqlDataAdapter myda = new SqlDataAdapter(sql,conn); //创建 DataAdapter
DataSet ds = new DataSet( );//创建并填充 DataSet
myda.fill(ds, "myTable");
//给 DataSet 创建一个副本，操作对副本进行，以免因误操作而破坏数据
DataSet dsCopy = ds.Copy( );
DataTable dt = ds.Table["myTable"];
//对 DataTable 中的 DataRow 和 DataColumn 对象进行操作
...
myda.update(ds, " myTable");//最后将更新提交到数据库中
```

11.7　使用 ADO.NET 连接数据源

本节将介绍如何使用 ADO.NET 连接 ODBC 数据源、OLE DB 数据源和 Excel 文件。

11.7.1　连接 ODBC 数据源

ODBC(Open Database Connectivity)即开放式数据库互连，可以使用相同的 API 接口来访问不同的数据源，如 SQL Server 系列数据库、Oracle 系列数据库、Access、MySQL 等。

ODBC.NET Data Provider 和 ODBC 数据源有两种连接方式，下面分别介绍。

1. 与已有 DSN(Data Source Name，数据源名)的连接字符串连接

选择“控制面板”|“管理工具”|“数据源(ODBC)”，打开“ODBC 数据源管理器”对话框，如图 11.2 所示。

在“ODBC 数据源管理器”对话框中，选择“系统 DSN”选项卡，单击“添加”按钮，打开“创建新数据源”对话框，如图 11.3 所示。

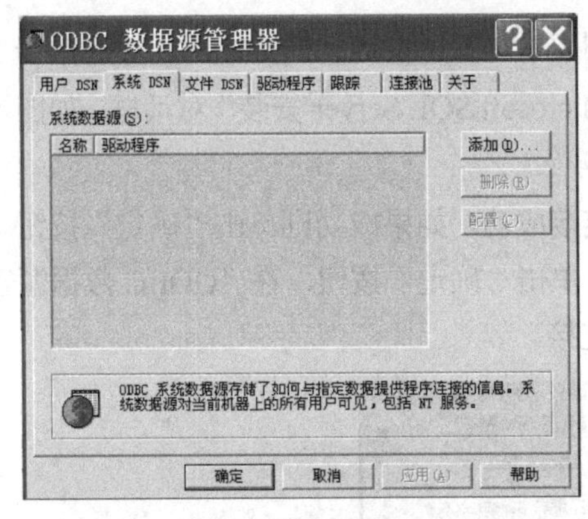

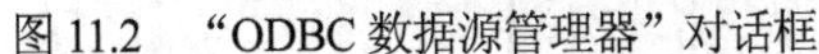

图 11.2　“ODBC 数据源管理器”对话框

图 11.3　新建数据源

在驱动程序列表中选择 SQL Server，然后单击“完成”按钮，打开“创建到 SQL Server 的新数据源”对话框，如图 11.4 所示。

图 11.4　命名新的数据源

在“名称”文本框中输入数据源的名称，在“描述”文本框中输入此连接的描述信息，在“服务器”列表框中选择服务器 local，然后单击“下一步”按钮，打开“验证登录页面”对话框。使“验证登录页面”保持默认，然后单击“下一步”按钮，打开“更改默认的数据库为”对话框，如图 11.5 所示。

图 11.5　选择数据库

选中“更改默认的数据库为”复选框，从列表中选择所要连接的数据库，然后单击“下一步”按钮，单击“完成”按钮，打开“ODBC Microsoft SQL Server 安装”对话框，如图 11.6 所示。

可以单击“测试数据源”按钮来测试是否连接成功，如果成功则单击“确定”按钮。回到“ODBC Microsoft SQL Server 安装”对话框，单击“确定”按钮，在“ODBC 数据源管理器”对话框中单击“确定”按钮完成数据源的连接。

图 11.6　测试连接

2. 与无 DSN 的连接字符串连接

ODBC.NET Data Provider 的命名空间为 System.Data.Odbc，其主要类如表 11.11 所示。

表 11.11　System.Data.Odbc 主要类

类 名 称	说　　明
OdbcConnection	连接到某一个 ODBC 数据源
OdbcCommand	在一个连接上执行 SQL 语句或存储过程

在实际应用程序中，很多情况下需要与无 DSN 的连接字符串连接，此时需要为 ConnectionString 属性指定驱动器、路径等参数。以 SQL Server 为例，首先利用 Odbcconnection 构造函数创建连接，然后再调用 Open( )方法打开连接。代码如下所示：

```
OdbcConnection conn = new  OdbcConnection(@"Driver={SQL Server};Server = localhost;Database =
   User ID =;Password =") //创建 OdbcConnection 连接 SQL Server，连接字符串随环境不同而不同
conn.open( );                                         //打开连接
```

11.7.2　连接 OLE DB 数据源

OLE DB(Object Linking and Embedding Database)即对象链接与嵌套数据库，建立在 ODBC 的基础之上，可以访问关系型数据库和非关系型数据库。

OLE DB.NET Data Provider 的命名空间为 System.Data.OleDb，其主要类如表 11.12 所示。

表 11.12　System.Data.OleDb 主要类

类　名　称	说　　明
OleDbConnection	连接到某一个 OLE DB 数据源
OleDbCommand	在一个连接上执行 SQL 语句或存储过程

可以使用以下语句来建立连接：

```
OleDbConnection    conn = new    OleDbConnection (@"Provider=Microsoft.Jet.OleDb.4.0; Data Source
    = *.mdb;");                               //创建 OleDbConnection 连接到 Access 数据库
conn.open( );                                       //打开连接
```

11.7.3　访问 Excel

可以使用 ODBC.NET Data Provider 和 OLE DB.NET Data Provider 两种方法来连接 Excel。

1. 使用 ODBC.NET Data Provider 连接 Excel

ODBC.NET Data Provider 连接 Excel 字符串，如表 11.13 所示。

表 11.13　ODBC.NET Data Provider 连接 Excel 关键字

关 键 字	说　　明
Driver	驱动器程序
Dba	Excel 的路径名称

可以使用以下语句来建立连接：

```
OdbcConnection    conn = new    OdbcConnection (@"Driver=Microsoft Excel Driver
    (*.xls);Dba=*.xls;");    //创建 OdbcConnection 连接 Excel
conn.open( );
```

2. 使用 OLE DB.NET Data Provider 连接 Excel

OLE DB.NET Data Provider 连接 Excel 字符串，如表 11.14 所示。

表 11.14　OLE DB.NET Data Provider 连接 Excel 关键字

关 键 字	说　　明
Provider	驱动器名称
Data Source	Excel 的路径名称
Extended Properties	附加属性

也可以使用 OleDbConnection 创建连接对象，然后调用 Open( )方法，连接至 Excel，代码如下所示：

```
OleDbConnection   conn = new   OleDbConnection (@"Provider=Microsoft.Jet.OleDb4.0;Data Source
    = *.xls;Extended Properties = Excel 8.0;");//创建 OleDbConnection 连接 Excel
conn.open( );
```

11.7.4　在 C#中使用 ADO.NET 访问数据库

前面介绍了 ADO.NET 所包含的主要对象，本节将给出在 C#中使用 ADO.NET 访问数据库的一般步骤。

ADO.NET 允许调用者以不同方式连接到各种数据库。在 C#中使用这些不同数据库的过程都是一致的，大致可分为连接数据库、存取数据、关闭数据库连接等步骤。下面结合一个简单示例进行说明。

本示例采用数据库为某软件的下载统计数据库，其 DownloadLog 表中记录了该系列软件的下载日志，包括下载日期、IP 地址、下载类别等内容(详见所提供的实例源代码)，打开 Visual Studio 2010，新建一个基于 C#的 Windows 应用程序，命名为 DatabaseSample，在默认窗体 Form1 中添加一个 ListView 控件，命名为 listView1，View 属性值为 Details，GridLine 属性值为 True。设置该控件的 Columns 属性，添加三个列，其 Text 属性分别为“序号”“IP 地址”和“下载地点”。为窗体添加三个 button 控件，Text 属性值分别为“加载数据”、“添加记录”、“删除记录”，接受默认 ID。为工程添加 CControl.cs 类文件，该类用来完成数据的显示任务，可在实例源代码中找到该文件。

1. 连接数据库

使用数据库必须要连接到目标数据库中，并打开连接，即建立 C#应用程序与物理数据库之间的数据通道。该过程是通过 ADO.NET 的 Connection 对象完成。连接过程的核心操作为设置连接字符串并打开连接，相关操作可以参考 11.2 节的内容，连接字符串根据连接方式及目标数据库的不同而不同。在 C#应用程序中通常将连接字符串写入应用程序的配置文件，在 C#应用程序中只需要从配置文件中读取连接字符串即可。

为本小节示例添加配置文件。右击项目名称，在弹出的快捷菜单中选择“添加”|“新建项”命令，为工程添加一个应用程序配置文件 App.config，在该配置文件中写入如下内容：

```
<?xml version="1.0" encoding="utf-8" ?>
<configuration>
  <appSettings>
  <add key="DB" value="Data Source=IIZ;Initial Catalog=Crystal Sample;Integrated Security=SSPI;"/>
    <!—//value 值根据目标数据库及连接方式的不同而不同-->
  </appSettings>
</configuration>
```

2. 存取数据

连接到目标数据库并打开后，即可进行数据操作。最基本的操作是通过构造标准 SQL Select 语句从数据库中读取感兴趣的数据。在 C#中可以通过 ADO.NET 提供的 DataSet、

DataAdapter、SqlCommand、SqlDataReader 对象完成数据操作。其中 SqlDataReader 对象只能完成数据读取操作，利用该对象读取数据的过程如代码清单 11.8 所示。

为本示例添加 CControl 文件，该文件提供了数据的显示服务，在此仅了解即可。

切换到 Form1.cs 代码视图，添加 System.data.SqlClient 引用，并为 Form1 类添加 3 个数据成员。如下：

```
private SqlConnection con;        //数据库连接对象
private SqlCommand com;           //Command 对象
private string sql;               //操作 SQL 语句
```

双击 Form1 窗体的空白处，添加 Load 事件处理函数，在该函数中使用 SqlDataReader 类读取数据(此处仅演示该对象的用法，忽略使用合理性)并显示到窗体中。代码如下：

```
string constr = System.Configuration.ConfigurationSettings.AppSettings["DB"]; //读取配置文件
this.con = new SqlConnection(constr);                                        //新建连接对象
con.Open( );                                                                 //打开
this.com = new SqlCommand( );                                                //新建 Command 对象
com.Connection = con;                                                        //设置连接
```

本示例中添加“加载数据”的单击响应函数，在该函数中完成数据的读取和显示功能。具体代码如下：

```
private void button1_Click(object sender, EventArgs e){
    //构造 SQL 语句
    this.com.CommandText = "select IP 地址,下载日期,下载地点 from DownLog where DownID = 5";
        SqlDataReader dr = this.com.ExecuteReader( );     //定义 SqlDataReader 对象
        CControl.AddListViewByDataReader(this.listView1, dr); //输出
    }
```

运行效果如图 11.7 所示。

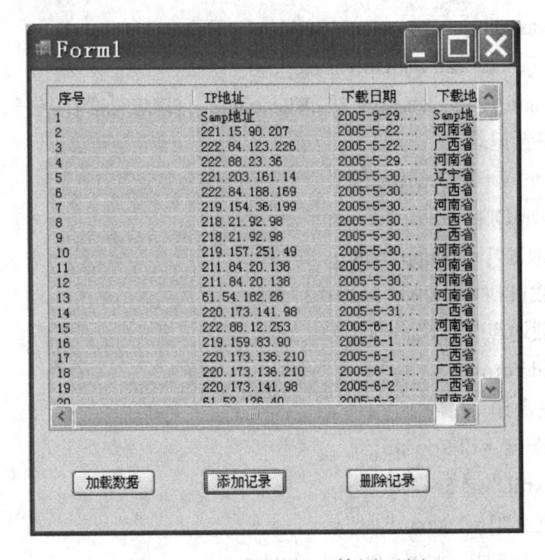

图 11.7　DataReader 使用示例

C#中对数据的简单操作如插入、查询、删除等可以使用 SqlCommand 对象完成。执行操作的过程首先构造目标 SQL 语句，并通过 SqlCommand 的相关服务完成。SqlCommand 对象的使用方法如代码清单 11.7 所示。

本示例中使用 SqlCommand 完成删除记录操作。双击“删除记录”按钮，添加 Click 事件响应函数，具体代码如下所示，读者可自行演示以查看其执行结果。

```
private void button2_Click(object sender, EventArgs e){
    sql = "delete from DownLog where 下载地点= '湖南省'";//构造 SQL 语句
    com.CommandText = sql; //设置 SqlCommand 对象
    com.ExecuteNonQuery( );//执行 SQL 语句
    MessageBox.Show("删除成功！");
}
```

C#中通过 ADO.NET 的 DataAdapter 及 DataSet 对象不仅能够读取目标数据，还可以将对目标数据的更新保存到数据库中。C#中数据处理的核心是 DataSet 对象，通过对 DataSet 对象处理完成对目标数据的存取及更新操作，并通过 DataAdapter 对象将这些操作体现到数据库中。DataSet 的使用示例如代码清单 11.11 所示。

本示例中使用 DataSet 及 DataAdapter 对象完成添加记录操作。双击“添加记录”按钮，添加 Click 事件的响应函数，具体代码如下，读者可自行演示以查看执行效果。

```
private void button2_Click(object sender, EventArgs e){
    string sql = "select * from DownLog where DownID = 5";//构造 SQL 语句
    SqlDataAdapter myda = new SqlDataAdapter(sql,this.con); //创建 DataAdapter
    DataSet ds = new DataSet( );//创建并填充 DataSet
    myda.Fill(ds, "DownLog");
    SqlCommandBuilder objcmdBuilder = new SqlCommandBuilder(myda);
    myda.UpdateCommand = objcmdBuilder.GetUpdateCommand( );
    myda.InsertCommand = objcmdBuilder.GetInsertCommand( );
    myda.DeleteCommand = objcmdBuilder.GetDeleteCommand( );
    DataTable dt = ds.Tables["DownLog"];
    //对 DataTable 中的 DataRow 和 DataColumn 对象进行操作
    //添加一条新记录
    DataRow drow =dt.NewRow( );
    drow["DownID"] = 5;
    drow["IP 地址"] = "Samp 地址";
    drow["下载日期"] = "2005-9-29 0:37:00";
    drow["下载地点"] = "Samp 地点";
    dt.Rows.Add(drow);
    //修改记录操作
    DataRow drow = dt.Rows[0];
    drow["DownID"] = 5;
    drow["IP 地址"] = "Samp 地址";
    drow["下载日期"] = "2005-9-29 0:37:00";
```

```
        drow["下载地点"] = "Samp 地点";
        //最后将更新提交到数据库中
        myda.Update(ds, "DownLog");
    }
```

3. 关闭数据库连接

数据库操作完成后关闭数据库连接。该过程较简单，可参考网上所下载的实例源代码，在此不再赘述。

11.8　本 章 小 结

本章首先介绍了 ADO.NET 的基本概念和体系结构模型。ADO.NET 组件的表现形式是.NET 的类库，它拥有两个核心组件：.NET Data Provider(数据提供者)和 DataSet(数据结果集)对象。ADO.NET 主要提供了两种数据提供者(Data Provider)，分别是 SQL Server.NET Provider 和 OLE DB.NET Provider。ADO.NET 对象模型中有 5 个主要的数据库访问和操作对象，分别是 Connection、Command、DataReader、DataAdapter 和 DataSet 对象。

随后在此基础上讲述了 ADO.NET 各组件的作用和使用方式。其中，Connection 对象主要负责连接数据库，Command 对象主要负责生成并执行 SQL 语句，DataReader 对象主要负责读取数据库中的数据，DataAdapter 对象主要负责在 Command 对象执行完 SQL 语句后生成并填充 DataSet 和 DataTable，而 DataSet 对象主要负责存取和更新数据，并且对 DataSet 数据集的内部结构和使用方法也做了详细介绍。

11.9　上 机 练 习

(1) 本章部分示例并未给出完整的代码，请读者按照书中的代码完成相关示例。

(2) 编写一个简单的个人通讯录程序，数据库使用网上下载的源代码中给出的 UserInfo 数据库，实现向库中的 UserInfo 数据表插入一个用户的通讯记录，用户姓名为 zfq，用户年龄为 30、最高学历为大专，联系电话为 68945678，联系人地址为湖南省长沙市。

(3) 将第(2)题中 UserInfo 数据表中 UserName 为 wjn 的记录修改为：用户年龄为 20，最高学历为高中，联系电话为 68396789，联系人地址为北京市朝阳区。

(4) 将第(2)题中添加的通讯录用户 zfq 从 UserInfo 数据表中删除。

(5) 在“用户姓名”文本框中输入 wjn，使该联系人的信息显示在列表中。

程序运行的界面效果如图 11.8 所示。

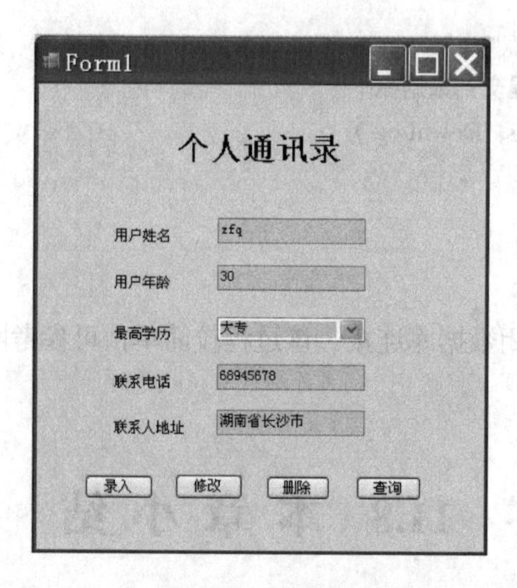

图 11.8　运行结果

11.10　习　　题

一、选择题

(1) 下列关于 ADO.NET 对象的描述中，正确的是(　　)。

A. ADO.NET 可以实现脱机工作，即不用一直保持连接状态。

B. ADO.NET 提供缓存机制。

C. ADO.NET 使用二进制的方式传输数据。

D. ADO.NET 的操作可以通过 Command 组件来完成，包括数据库指令、SQL 表达式或存储过程。

(2) 通常情况下，访问数据库时需要用到数据集 DataSet，下列情况下不必要使用数据集的是(　　)。

A. 访问由存储过程获得的数据时。

B. 访问需要修改的数据时。

C. 执行事务时。

D. 访问那些不适合存储在数据集中的数据时。

(3) 下列关于 DataReader 的描述中正确的是(　　)。

A. 使用 DataReader 读取数据时，必须保持与数据库的连接。

B. DataReader 访问数据库方式速度快，占用资源少。

C. 使用 DataReader 访问数据库时会阻塞 DataAdapter 及其他数据库连接。

D. DataReader 工作完成后应立即关闭，并释放所占的连接资源。

(4) 在 Command 对象中，CommandText 值的类型不能为(　　)。

A. SQL 语句　　　　B. 存储过程名词

C. 连接字符串　　　　D. 数据库表名词

(5) 下列属性不属于 DataReader 对象的是(　　)。

A. FieldCount　　B. HasRows　　C. IsClosed　　D. IsOpened

(6) 在 ADO.NET 中，为访问 DataTable 对象从数据源提取的数据行，可使用 DataTable 对象的属性(　　)。

A. Rows　　B. Columns　　C. Constraints　　D. DataSet

(7) 下列 C#语句将创建(　　)个连接池来管理这些 SqlConnection 对象。

```
SqlConnection Conn1 = new SqlConnection( );
Conn1.C;
Conn1.Open( );
SqlConnection Conn2 = new SqlConnection( );
Conn2.C;
Conn2.Open( );
```

A. 1　　B. 2　　C. 0　　D. 3

(8) 下列选项可以作为 DataSet 的数据源的是(　　)。

A. SQL Server 2000 数据库中的视图　　B. oracle 数据库中的表

C. XML 文件　　D. Excel 制表文件

(9) 假设 ds 为数据集对象，以下语句的作用是(　　)。

```
ds.Tables[";Product"].Constraints.Add(
new UniqueConstraint("UC_ProductName",new string[ ]{"Name","Class"},true));
```

A. 为表";Product"添加一个由列"Name","Class"组合成的主键约束。

B. 为表";Product"添加一个由列"Name","Class"组合成的唯一性约束。

C. 为数据集 ds 添加一个名为";Product"的数据表，并添加两个列，列名分别为"Name"和"Class"。

D. 为数据集 ds 添加一个名为";Product"的数据表，并添加一个名为"UC_ProductName"的数据列。

(10) 在 DataSet 中，若修改某一 DataRow 对象的任何一列的值，该行的 DataRowState 属性的值将变为(　　)。

A. DataRowState.Added　　B. DataRowState.Deleted

C. DataRowState.Detached　　D. DataRowState.Modified

(11) DataAdapter 对象使用与(　　)属性关联的 Command 对象将 DataSet 修改的数据保存入数据源。

A. SelectCommand　　B. InsertCommand

C. UpdateCommand　　D. DeleteCommand

(12) 已知 ds1、ds2 分别代表两个不同的 DataSet 对象，其中 ds1 已包含名为"Customer"的 DataTable 对象，且该 DataTable 对象被变量 dt_Customer 引用，已知 dt_Customer 表中有 100 条记录，则执行下列语句后，新的数据表 new_dt_Customer 中包含的记录条数是(　　)。

```
DataTable new_dt_Customer = dt_Customer.Copy( );
```

A. 0　　B. 100　　C. 200　　D. 300

二、填空题

(1) ADO.NET 对象模型可以看做由两部分组成：DataSet 和数据提供器。DataSet 可以看做是一个__________，它可以对来自一个或多个数据库表的数据进行操作；数据提供器则由__________、__________、__________等对象组合而成。

(2) Connection 对象是在__________和__________之间建立真正的物理连接。

(3) DataAdapter 是用来在__________和__________之间交换数据的桥梁。

(4) DataReader 组件是以__________和__________的方式来访问从数据库中检索到的数据，且每次只能读取__________条数据。

(5) DataSet 有两种类型，一种是__________，另一种是__________。

(6) 连接对象 Connection 的使用步骤为：初始化连接字符串并创建连接对象、__________、关闭数据源的连接。

(7) 数据连接成功后可以使用__________对象，设置过滤条件，并获得感兴趣的数据。

(8) 使用 DataAdapter 对象的__________方法，可以将对 DataSet 的修改提交到数据库中。

三、简答题

(1) ADO.NET 与 ADO 的区别是什么？

(2) 怎样将 Connection 对象与 Command 对象进行关联？有几种方式？

(3) DataSet 对象与 Table 对象的区别在什么地方？

(4) DataAdapter 对象的作用有哪些？

第12章　Web应用程序开发及ASP.NET

C#是一种类型安全的面向对象的语言，它简单易用，但功能强大，使开发者能够构建各种应用程序。通过结合.NET Framework，可使用 Visual C#创建 Web 应用程序、Web 服务、Web 控件以及其他更多内容。ASP.NET 提供了一个统一的 Web 开发模型，其中包括生成企业级 Web 应用程序所必需的各种服务。ASP.NET 是.NET Framework 的组成部分，使开发者能够充分利用公共语言运行库(CLR)的功能，如类型安全、继承、语言互操作性和版本控制。

本章重点：

- 使用 ASP.NET 4.0 创建 Web 应用程序
- 创建基于 Visual C#的数据库 Web 应用程序
- ASP.NET 4.0 配置管理

12.1　Web Form 与 ASP.NET 4.0 概述

WinForm 是.NET 开发平台中对 Windows Form 的一种称谓。.NET Framework 为开发 WinForm 的应用程序提供了丰富的类库。这些 WinForm 类库支持快速应用程序开发，可简化基于 Web 的数据访问，并且包含了能够促进代码重用、可视化一致性以及增强开发便利的功能。ASP.NET 则是微软公司提出的一个统一的 Web 开发模型，它也是建立在公共语言运行库上的编程框架，可用于在服务器上生成功能强大的 Web 应用程序。

12.1.1　Web Form 概述

Web Forms 就是 Active Server Pages，它是一个可升级的公用语言运行程序模型，被用来在服务器端动态地建立可编程的网页。Web Forms 在以下几个方面简化了 Web 应用程序的开发。

- 在服务器端提供了基于事件的编程模式，使得开发 Web 应用程序就像使用 RAD(快速开发工具)开发 Windows 应用程序一样简单。
- 支持 HTML 标记与应用逻辑完全分离，将页面文件与编程逻辑分成两个文件存储，并支持.NET 平台下的任何语言。
- 运行在.NET 平台上，支持种类丰富、功能强大的.NET 组件。

Web Forms 将程序分为两部分：用户界面(UI)与业务逻辑部分，并分别存储在不同的文件中。UI 页面存放在扩展名为 aspx 的文件中，业务逻辑部分存放在一个后台 C#源文件中。运行表单时后台代码文件将被执行，并动态生成目标 HTML 代码发送到客户端。

12.1.2 ASP.NET 的工作原理

在多数场合下，可以将 ASP.NET 页面简单地看成一般的 HTML 页面，页面包含标记有特殊处理方式的一些代码段。当安装.NET 时，本地的 IIS Web 服务器自动配置成查找扩展名为.ASPX 的文件，且用 ASP.NET 模块(名为 aspnet_isapi.dll 的文件)处理这些文件。

从技术上讲，ASP.NET 模块分析.ASPX 文件的内容，并将文件内容分解成单独的命令以建立代码的整体结构。完成此工作后，ASP.NET 模块将各命令放置到预定义的类定义中(不需要放在一起，也不需要按编写顺序放置)。然后使用这个类定义一个特殊的 ASP.NET 对象 Page。该对象要完成的任务之一就是生成 HTML 流，这些 HTML 流可以返回到 IIS，再从 IIS 返回到客户。

也就是在用户请求 IIS 服务器提供一个页面时，Web 服务器通过分析客户的 HTTP 请求来定位所请求网页的位置。如果所请求的网页的文件名的后缀是 aspx，那么就把这个文件传送到 aspnet_isapi.dll 进行处理，由 aspnet_isapi.dll 把 ASP.NET 代码提交给 CLR。如果以前没有执行过这个程序，那么就由 CLR 编译并执行，得到纯 HTML 结果；如果已经执行过这个程序，那么就直接执行编译好的程序并得到纯 HTML 结果。最后把这些纯 HTML 结果传回浏览器作为 HTTP 响应。浏览器收到这个响应之后，就可以显示 Web 网页。

12.2 使用 ASP.NET 4.0 创建 Web 应用程序

Visual Studio 2010 包含 Visual Web Developer Web 开发工具，它用于创建 ASP.NET 4.0 网站。Visual Web Developer 不仅具有集成开发环境(IDE)在工作效率方面的优点，同时在支持网站创建方面进行了重要的改进。

12.2.1 创建基于 C#的 ASP.NET 4.0 Web 应用程序

为了简化 Web 页面的结构，Visual Studio 2010 提供了 Web 窗体以创建窗口的方式图形化地建立 ASP.NET 页面。换句话说，就是把控件从工具箱拖放到窗体上，再考虑窗体的代码，为控件编写事件处理程序。在使用 C#创建 Web 窗体时，就是创建一个继承于 Page 基类的 C#类，以及把这个类看做是后台编码的 ASP.NET 页面。把窗体概念应用于 Web 页面，可以使 Web 开发容易许多。

用于添加到 Web 窗体上的控件与 ActiveX 控件并不是同一种控件，它们是 ASP.NET 命名空间中的 XML 标记，当请求一个页面时，Web 浏览器会动态地把它们转换为 HTML 和客户端脚本。Web 服务器能以不同的方式显示相同的服务器端控件，产生一个对应于请求者特定 Web 浏览器的转换。这意味着现在很容易为 Web 页面编写相当复杂的用户界面，而不必担心如何确保页面运行在可用的任何浏览器上，因为 Web 窗体会完成这些任务。

本节将创建一个基于 C#编程语言的 ASP.NET 4.0 的 Web 应用程序并为其添加新页，还将添加 C#语言编写处理 Button 控件的 Click 事件的代码，并在 Web 浏览器中运行该页。

创建网站项目的具体步骤如下：

(1) 单击“开始”|“所有程序”| Microsoft Visual Studio 2010 | Microsoft Visual Studio 2010 命令启动 Visual Studio 2010。

(2) 在 Visual Studio 2010 中选择“文件”|“新建项目”命令，弹出“新建项目”对话框，如图 12.1 所示。该对话框左边窗口中显示“已安装的模板”树状列表，中间窗口显示与选定模板相对应的项目类型列表，右边窗口是对模板的描述。模板中的 ASP.NET Web 应用程序和 ASP.NET 空 Web 应用程序是用得最多的。ASP.NET 空 Web 应用程序没有自动生成 Default.aspx 和 Default.aspx.cs 文件，而 ASP.NET Web 应用程序则提供许多内容，包括基础的身份验证功能、默认的网站项目母版页、默认的 css 样式文件 site.css，精简了 web.config 配置文件，只存放站点设置的数据信息，把大部分不需要在网站应用程序中使用的配置设置信息放在了 machine.config 文件中，JQuery 的自动智能提示等。

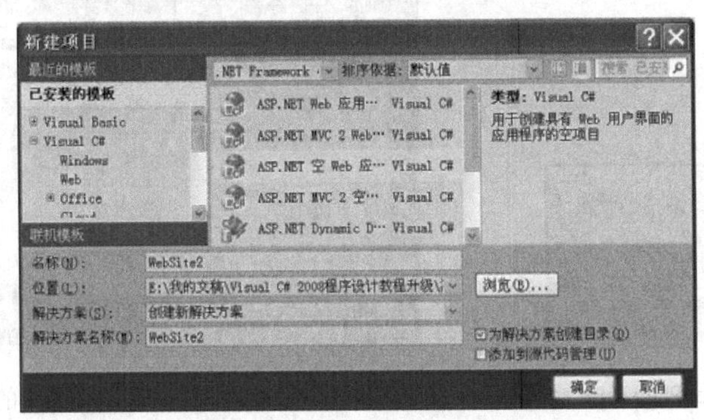

图 12.1　“新建项目”对话框

(3) 这里打开“Visual C#”类型节点，选择 Web 子节点这个模板，同时在右边窗口选择“ASP.NET 空 Web 应用程序”。在“名称”文本框中输入 WebSite2，并在“位置”文本框中输入相应的存储路径，最后，单击“确定”按钮。

(4) 在解决方案资源管理器的网站根目录下会生成一个名为 WebSite2 的空 Web 应用程序。右击项目名称，在弹出的快捷菜单中选择“添加”｜“新建项”命令，弹出图 12.2 所示的“添加新项”对话框。

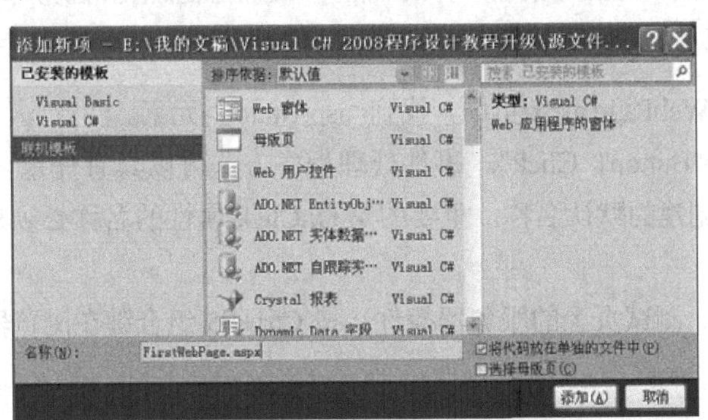

图 12.2　“添加新项”对话框

(5) 选择“已安装的模板”下的 Web 模板，并在模板文件列表中选中“Web 窗体”，然后在“名称”文本框中输入该文件的名称 FirstWebPage.aspx，最后单击“添加”按钮。

(6) 此时，WebSite2 目录下面会生成一个图 12.3 所示的 FirstWebPage.aspx 页面，用于页面设计，它包括一个 FirstWebPage.aspx.cs 文件用于编写程序的后台代码。

(7) 双击 FirstWebPage.aspx 页面，选择“设计”选项卡切换到“设计”视图，按几次 Shift+Enter 组合键以留出一些空间。

(8) 从“工具箱”|“标准”组中将 TextBox、Button 和 Label 三个控件拖到页上。

(9) 将插入点放在 TextBox 控件之上，然后输入“请输入您的姓名：”。此静态 HTML 文本是 TextBox 控件的标题。可以在同一页上混合放置静态 HTML 和服务器控件。图 12.4 显示了这三个控件在“设计”视图中的位置。

图 12.3　生成 FirstWebPage.aspx 页面

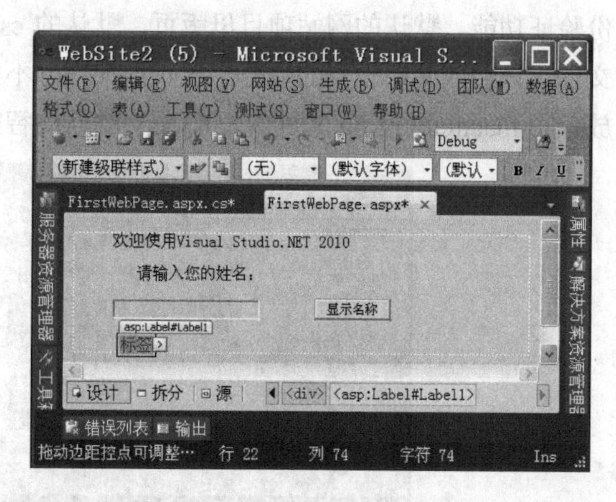

图 12.4　“设计”视图中的控件

(10) 设置控件属性。选择 Button 控件，然后在“属性”窗口中将“文本”设置为“显示名称”。

(11) 对 Button 控件编程。单击编辑器左下角的“设计”选项卡，切换到“设计”视图。双击 Button 控件。Visual Studio.NET 2010 切换到“源”视图并为 Button 控件的默认事件(Click 事件)创建一个主干事件处理程序。在处理程序内输入以下内容：

```
protected void Button1_Click(object sender, System.EventArgs e){
    Label1.Text = TextBox1.Text + ", welcome to Visual Studio.NET 2010!";
}
```

(12) 打开 FirstWebPage.aspx 页面，找到<asp:Button>元素。注意，<asp:Button>元素现在具有属性 OnClick="Button1_Click"。事件处理程序方法可以具有任意名称，看到的名称是 Visual Studio 2010 创建的默认名称。重要的是 OnClick 属性的名称必须与页中某个方法的名称匹配。

(13) 运行该页。测试页上的服务器控件。按 Ctrl+F5 组合键在浏览器中运行该页，效果如图 12.5 所示。

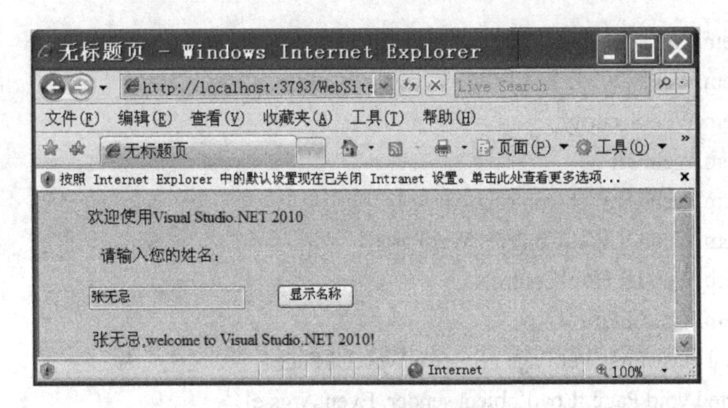

图 12.5　简单网站示例

至此，一个简单的 Web 应用程序示例就完成了。下面的代码清单 12.1 是该应用的页面代码部分。

代码清单 12.1

```
<%@ Page Language="C#" AutoEventWireup="true" CodeFile="FirstWebPage.aspx.cs"
    Inherits="FirstWebPage" %>
<!DOCTYPE html PUBLIC "-//W3C//DTD XHTML 1.0 Transitional//EN"
    "http://www.w3.org/TR/xhtml1/DTD/xhtml1-transitional.dtd">
<html xmlns="http://www.w3.org/1999/xhtml" >
<head runat="server">
    <title>无标题页</title>
</head>
<body>
    <form id="form1" runat="server">
    <div>
            欢迎使用 Visual Studio.NET 2010<br /><br />
             请输入您的姓名：<br /><br />
        <asp:TextBox ID="TextBox1" runat="server"></asp:TextBox>
                
        <asp:Button ID="Button1" runat="server" OnClick="Button1_Click" Text="显示名称" /><br />
            <br />
     <asp:Label ID="Label1" runat="server" Text="标签"></asp:Label>
    </div>
  </form>
</body>
</html>
```

代码清单 12.2 是 FirstWebPage.aspx 的后台代码部分。

代码清单 12.2

```
using System;
using System.Data;
using System.Linq;
using System.Configuration;
```

```
using System.Collections;
using System.Web;
using System.Web.Security;
using System.Web.UI;
using System.Web.UI.WebControls;
using System.Web.UI.WebControls.WebParts;
using System.Web.UI.HtmlControls;
using System.Xml.Linq;
public partial class FirstWebPage : System.Web.UI.Page{
    protected void Page_Load(object sender, EventArgs e){
    }
    protected void Button1_Click(object sender, EventArgs e){
        Label1.Text=TextBox1.Text + ", welcome to Visual Studio.NET 2010!";
    }
}
```

12.2.2 理解 Server 控件

在创建 ASP.NET 4.0 网页时，可以使用以下类型的控件。

- HTML 服务器控件：对服务器公开的 HTML 元素，可对其进行编程。HTML 服务器控件公开一个对象模型，该模型十分紧密地映射到相应控件所呈现的 HTML 元素。
- Web 服务器控件：这些控件比 HTML 服务器控件具有更多内置功能。Web 服务器控件不仅包括窗体控件(如按钮和文本框)，而且还包括特殊用途的控件(如日历、菜单和树视图控件)。Web 服务器控件与 HTML 服务器控件相比更为抽象，因为其对象模型不一定反映 HTML 语法。
- 验证控件：包含逻辑以允许对用户在输入控件(如 TextBox 控件)中输入的内容进行验证的控件。验证控件可用于对必填字段进行检查，对照字符的特定值或模式进行测试，验证某个值是否在限定范围之内等。
- 用户控件：作为 ASP.NET 网页创建的控件。ASP.NET 用户控件可以嵌入到其他 ASP.NET 网页中，这是一种创建工具栏和其他可重用元素的捷径。

1. HTML 服务器控件

HTML 服务器控件属于 HTML 元素(或采用其他支持的标记的元素，如 XHTML)，它包含多种属性，使其可以在服务器代码中进行编程。默认情况下，服务器上无法使用 ASP.NET 网页中的 HTML 元素。这些元素将被视为不透明文本并传递给浏览器。但是，通过将 HTML 元素转换为 HTML 服务器控件，可将其公开为可在服务器上编程的元素。

HTML 服务器控件的对象模型紧密映射到相应元素的对象模型。例如，HTML 属性在 HTML 服务器控件中作为属性公开。页中的任何 HTML 元素都可以通过添加属性 runat="server"来转换为 HTML 服务器控件。在分析过程中，ASP.NET 页框架将创建包含 runat="server"属性的所有元素的实例。若要在代码中以成员的形式引用该控件，则还应为该控件分配 id 属性。

页框架为页中最常动态使用的 HTML 元素提供了预定义的 HTML 服务器控件：form 元素、input 元素(文本框、复选框、“提交”按钮)、select 元素等。这些预定义的 HTML 服务器控件具有一般控件的基本属性，此外每个控件通常提供自己的属性集和自己的事件。

HTML 服务器控件提供以下功能：

- 可在服务器上使用熟悉的面向对象的技术对其进行编程的对象模型。每个服务器控件都公开一些属性(Property)，可以使用这些属性在服务器代码中以编程方式来操作该控件的标记属性(Attribute)。
- 提供一组事件，可以为其编写事件处理程序，方法与在基于客户端的窗体中大致相同，所不同的是事件处理是在服务器代码中完成的。
- 在客户端脚本中处理事件的能力。
- 自动维护控件状态。在页到服务器的往返行程中，将自动对用户在 HTML 服务器控件中输入的值进行维护并发送回浏览器。
- 与 ASP.NET 验证控件进行交互，因此可以验证用户是否已在控件中输入了适当的信息。
- 数据绑定到一个或多个控件属性。
- 支持样式(如果在支持级联样式表的浏览器中可以显示 ASP.NET 网页)。

2. Web 服务器控件

Web 服务器控件是设计侧重点不同的另一组控件。它们不必一对一地映射到 HTML 服务器控件，而是定义为抽象控件，在抽象控件中，控件所呈现的实际标记与编程所使用的模型可能截然不同。例如，RadioButtonList Web 服务器控件可以在表中呈现，也可以作为带有其他标记的内联文本呈现。

Web 服务器控件包括传统的窗体控件，如按钮、文本框和表等复杂控件，还包括提供常用窗体功能(如在网格中显示数据、选择日期、显示菜单等)的控件。

除了提供 HTML 服务器控件的上述所有功能(不包括与元素的一对一映射)外，Web 服务器控件还提供以下附加功能：

- 功能丰富的对象模型，该模型具有类型安全编程功能。
- 自动浏览器检测。控件可以检测浏览器的功能并呈现适当的标记。
- 对于某些控件，可以使用 Templates 定义自己的控件布局。
- 对于某些控件，可以指定控件的事件是立即发送到服务器，还是先缓存然后在提交该页时引发。
- 可将事件从嵌套控件(如表中的按钮)传递到容器控件。

控件使用类似以下语法：

```
<asp:button attributes runat="server" id="Button1" />
```

在运行 ASP.NET 网页时，Web 服务器控件使用适当的标记在页中呈现，这通常不仅取决于浏览器类型，还与对该控件所做的设置有关。例如，TextBox 控件可能呈现为 input 标记，也可能呈现为 textarea 标记，具体取决于其属性。

12.3　创建基于 Visual C#的数据库 Web 应用程序

处理数据是 ASP.NET 4.0 网页的重要任务，Visual Studio 2010 在这方面进行了很多改进，使数据访问更易于实现和管理。在 ASP.NET 4.0 中，数据绑定的总体目标是无须编写任何代码就能完成各种数据绑定方案。在 Visual Studio 2010 中创建基于 C#的数据库 Web 应用程序就需要用到 ASP.NET 4.0 的数据控件。

ASP.NET 4.0 的数据控件可细分为两类：一类是数据源控件，另一类是数据绑定控件。

数据源控件包括 SqlDataSource、AccessDataSource、LinqDataSource、XmlDataSource、SiteMapDataSource 和 ObjectDataSource 等。这些控件主要实现连接不同数据源、数据检索和修改功能，如查询、排序、分页、筛选、更新、删除和插入等。

其中，使用 LinqDataSource 控件，开发者可以通过标记，在 ASP.NET 网页中使用语言集成查询(LINQ)，从数据对象中检索和修改数据。该控件支持自动生成选择、更新、插入和删除命令。此外，还支持排序、筛选和分页。

数据绑定控件主要包括 GridView、DetailsView、DataList、ListView、Repeater 和 FormView 等。这些控件可与数据源控件配合，将获取的数据以不同形式显示在页面上。其中 ListView 控件类似于 GridView 控件，区别在于它使用用户定义的模板而不是行字段来显示数据。创建用户模板可以更灵活地控制数据的显示方式。

由于数据源控件和数据绑定控件支持良好的可视化设计时功能，因此，当利用 Visual Studio 2010 实现数据访问时，甚至不需要编写任何代码就能够完成任务。

下面以一个示例来演示如何使用 Visual Studio 2010 的数据控件 ListView 配合 LinqDataSource 创建基于 C#的数据库访问 Web 应用程序，几乎不需要编写 C#代码。但实际上是 Visual Studio 2010 已经自动生成了这些 C#访问数据库的代码。整个示例以访问 myDB 数据库中 test 表的数据为例，并添加修改、删除的功能。

数据库创建过程如下：

(1) 打开 SQL Server 2008，创建名为 myDB 的数据库，其他设置接受默认值。

(2) 为该数据库新建一个 test 表，结构如表 12.1 所示。

表 12.1　test 表结构

字 段 名	数 据 类 型	主　键	是否允许空	描　述
sID	nchar(10)	是	否	ID
name	nchar(10)	否	是	名称
role	nchar(50)	否	是	角色

示例程序实现的具体过程如下：

(1) 在 Visual Studio 2010 中创建使用 Visual C#语言的 ASP.NET Web 应用程序 WebSite1。

(2) 选择“视图”|“服务器资源管理器”命令，弹出如图 12.6 所示的“服务器资源管理器”窗口。右击“数据连接”，在弹出的快捷菜单中选择“添加连接”命令。

(3) 在弹出的“添加连接”对话框中单击“浏览”按钮，选择网站项目下 App_Data 文件夹下的 myDB.mdf 数据库文件。单击“测试连接”按钮，如果连接成功，会弹出连接成功的对话框，然后单击该对话框中的“确定”按钮。最后回到“添加连接”对话框中单击“确定”按钮，如图 12.7 所示。

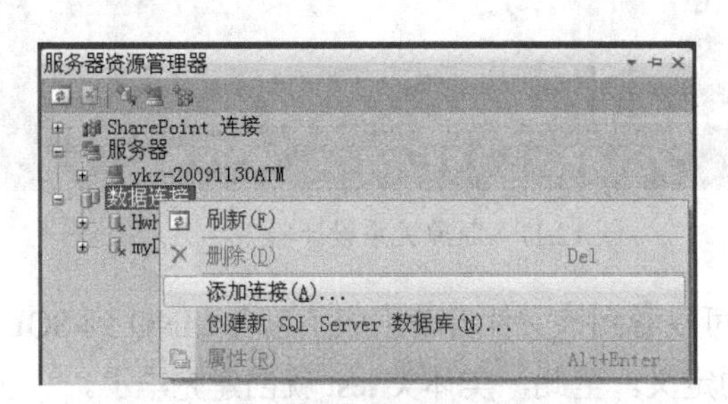

图 12.6　“服务器资源管理器”窗口

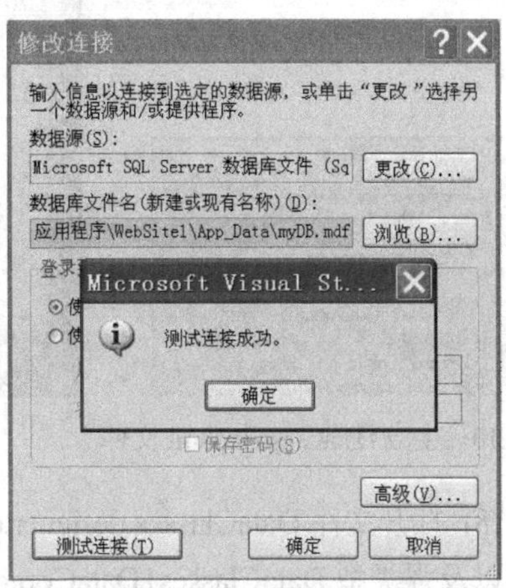

图 12.7　“添加连接”对话框

(4) 在“服务器资源管理器”窗口中的“数据连接”节点下会出现刚才添加好的 myDB.mdf 数据库。展开 myDB.mdf 节点下的“表”节点，可以看到图 12.8 所示的 test 数据表。

(5) 右击网站名称，从弹出的快捷菜单中选择“添加新项”命令，弹出如图 12.9 所示的“添加新项”对话框。选择“已安装的模板”下的 Visual C#模板，并在模板列表中选中“LINQ to SQL 类”模板，然后在“名称”文本框中输入该文件的名称 DataClasses.dbml，最后单击“添加”按钮。

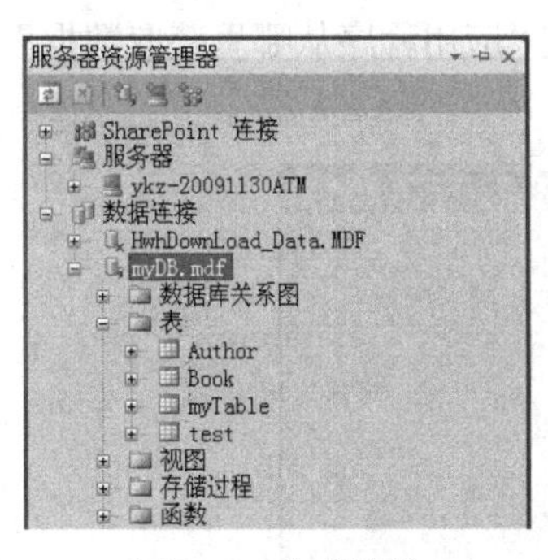

图 12.8　生成连接

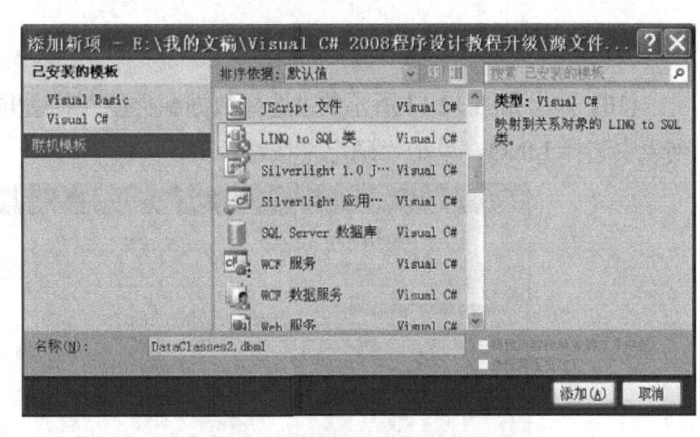

图 12.9　“添加新项”对话框

(6) 此时在网站根目录下会生成如图 12.10 所示的 App_Code 文件夹，在该文件夹中会自动生成一个名为 DataClasses.dbml 的文件，该文件又包含了一个 DataClasses.dbml.layout 文件和一个 DataClasses.designer.cs 文件。

(7) 双击 DataClasses.dbml 文件，出现 LINQ to SQL 类的“对象关系设计器”界面。在此界面中，可以通过拖曳方式来定义与数据库相对应的实体和关系。将“服务器资源管理器”

窗口中 myDB.mdf 节点下的“表”节点中的 test 表拖曳到“对象关系设计器”界面上，这时就会生成一个如图 12.11 所示的实体类，该类包含了与 test 表的字段对应的属性。

图 12.10　生成 DataClasses.dbml 文件

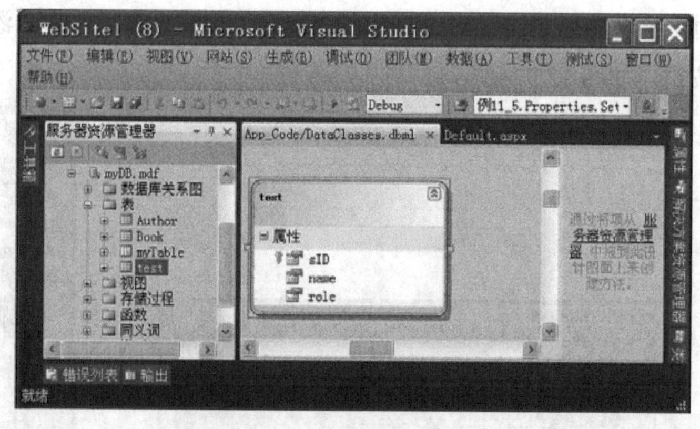

图 12.11　对象关系设计器

(8) 打开文件 DataClasses.designer.cs，可以看到该文件自动生成了包含 LINQ 到 SQL 实体类以及强类型 DataClasses1DataContext 的定义。至此，实体类 test 就创建完毕了。

(9) 单击 Default.aspx 页左下角的“设计”按钮，就转入其设计视图状态。将工具箱中“数据”选项卡中的 ListView 控件拖动到如图 12.12 所示的设计视图中。单击其右上角的三角形按钮，在出现的 ListView 任务列表中的“选择数据源”列表框中选择“新建数据源”选项。

图 12.12　ListView 控件

(10) 弹出如图 12.13 所示的“选择数据源类型”对话框，在“应用程序从哪里获取数据”列表中选择 LINQ，单击“确定”按钮。

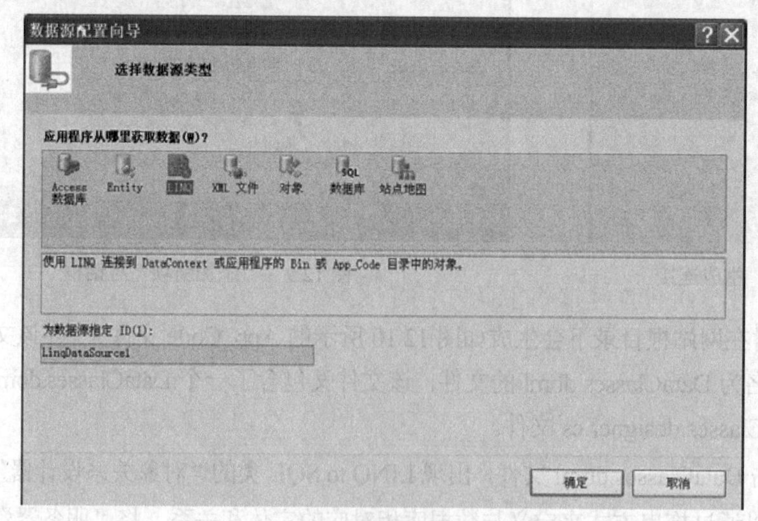

图 12.13　“选择数据源类型”对话框

(11) 弹出如图 12.14 所示的“配置数据源”对话框，单击“下一步”按钮。

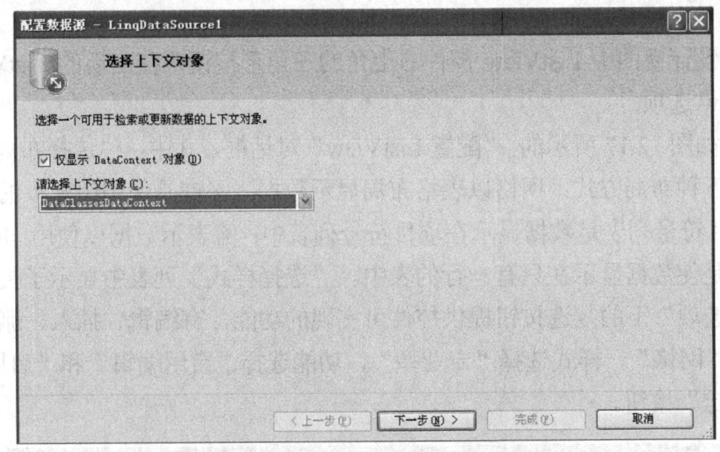

图 12.14　“配置数据源”对话框

(12) 进入如图 12.15 所示的“配置数据选择”对话框，在 Select 语句列表中可以选择要显示的列，这里选择“*”表示查询出 test 表所有字段的信息，然后单击“高级”按钮。

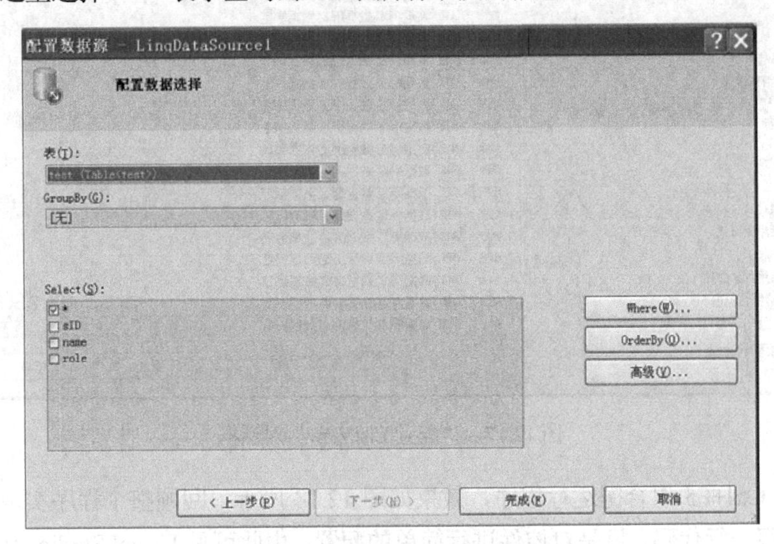

图 12.15　“配置数据选择”对话框

(13) 弹出如图 12.16 所示的“高级选项”对话框，选中“启用 LinqDataSource 以进行自动删除”和“启用 LinqDataSource 以进行自动更新”复选框，单击“确定”按钮。

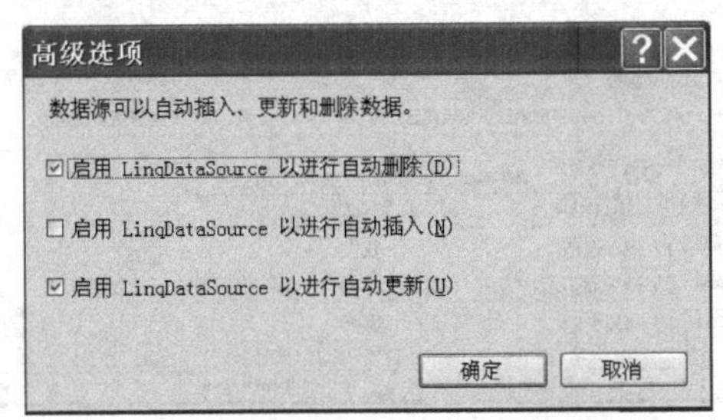

图 12.16　“高级选项”对话框

(14) 回到“配置数据选择”对话框，单击“完成”按钮，结束 LinqDataSource 控件的配置。

(15) 单击设计视图中 ListView 控件右上角的三角形按钮，在出现的 ListView 任务列表中单击 ListView 选项。

(16) 进入如图 12.17 所示的 “配置 ListView”对话框。其中，“选择布局”列表中显示了控件可用的五种布局方式：网格以表格布局显示数据；平铺是使用组模板的平铺表格布局显示数据；项目符号列表是数据显示在项目符号列表中；流表示数据以使用 div 元素的流布局显示；单行是使数据显示在只有一行的表中。“选择样式”列表中显示了控件可用的四种外观样式。“选项”下的复选按钮提供控件可实现的功能，有编辑、插入、删除和分页，在这里布局选择“网格”，样式选择“专业型”，功能选择“启用编辑”和“启用删除”两种。最后单击“确定”按钮。

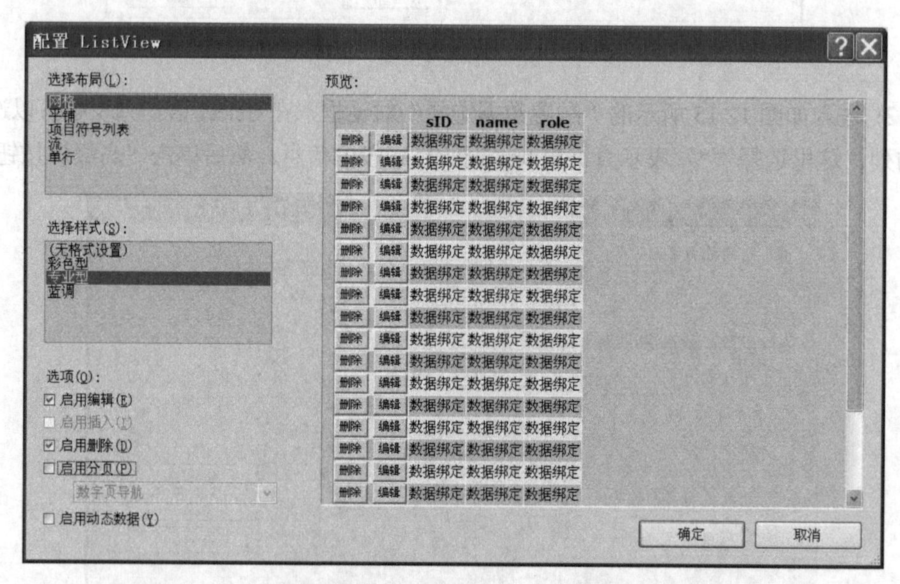

图 12.17　“配置 ListView”对话框

(17) 按 Ctrl+F5 组合键运行程序，效果如图 12.18 所示。回顾整个程序实现的过程，并没有手工编写一行代码，只是对控件进行简单的配置，由此可见 Visual Studio 2010 中新增控件的强大功能。

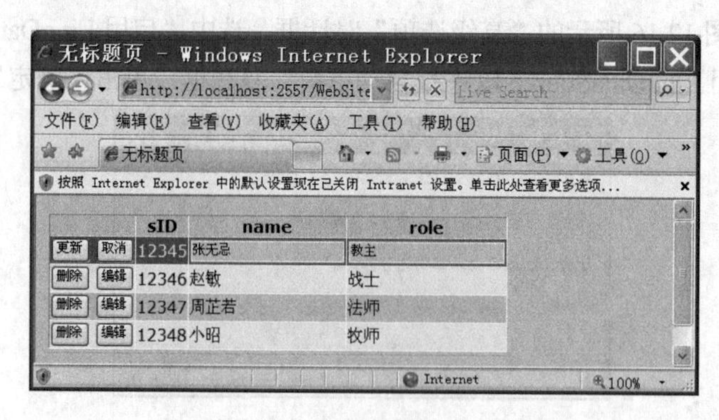

图 12.18　运行效果

12.4 ASP.NET 配置管理

使用 ASP.NET 配置系统的功能，可以配置整个服务器、ASP.NET 应用程序或应用程序子目录中的单个页。可以配置的功能包括身份验证的模式、页面缓存、编译器选项、自定义错误、调试和跟踪选项等。ASP.NET 配置系统的功能是一个可扩展的基础结构，该基础结构能够在一些容易部署的 XML 文件中定义配置设置。这些文件(每个文件名都为 Web.config)可以存在于 ASP.NET 应用程序的多个位置中。在任何时候都可以添加或修订配置设置，且对运行的 Web 应用程序和服务器产生的影响会最小。

12.4.1 ASP.NET 配置概述

ASP.NET 程序的配置主要包括设置应用程序配置文件以及使用各种系统提供的配置工具实现网站的管理和安全。

1. 配置文件

ASP.NET 配置数据存储在命名为 Web.config 的 XML 文本文件中，Web.config 文件可以出现在 ASP.NET 应用程序的多个目录中。使用这些文件，可以在将应用程序部署到服务器上之前、期间或之后方便地编辑配置数据。可以通过使用标准的文本编辑器、ASP.NET MMC 管理单元、网站管理工具或 ASP.NET 配置 API 来创建和编辑 ASP.NET 配置文件。

ASP.NET 配置文件将应用程序配置设置与应用程序代码分开。通过将配置数据与代码分开，可以方便地将设置与应用程序关联，在部署应用程序之后根据需要更改设置，以及扩展配置架构。

2. 配置工具

使用 ASP.NET 配置系统所提供的工具(ASP.NET MMC 管理单元)来配置应用程序比使用文本编辑器简单，因为这些工具包括错误检测功能。

ASP.NET 中的 Microsoft 管理控制台(MMC)能够方便地在本地或远程 Web 服务器上进行各种 ASP.NET 程序的配置。ASP.NET MMC 管理单元使用 ASP.NET 配置 API，通过提供一个图形用户界面(GUI)来简化配置设置的编辑过程。另外，该工具还支持多个 ASP.NET 配置 API 功能，这些功能控制 Web 应用程序是否可以继承设置，并管理配置层次结构各级别之间的依赖性。

3. 网站管理工具

对网站具有管理权限的任何人都可以使用网站管理工具来管理该网站的配置设置。网站管理工具旨在为各个网站中最常用的配置设置提供一个用户友好的图形编辑工具。由于网站管理工具使用基于浏览器的界面，因此它允许远程更改网站设置，这对于管理已经部署到成品 Web 服务器的站点(如承载的网站)非常有用。

4. ASP.NET 配置 API

ASP.NET 配置系统提供一个完整的托管接口，使用该接口，可以通过编程方式配置 ASP.NET 应用程序，而不必直接编辑 XML 配置文件。另外，ASP.NET 配置 API 还执行下列任务。

- 通过为配置层次结构中所有级别的数据提供一个集成视图来简化管理任务。
- 支持部署任务，包括创建配置和用一个脚本配置多台计算机。
- 为构建 ASP.NET 应用程序、控制台应用程序和脚本、基于 Web 的管理工具和 MMC 管理单元的开发人员提供单一的编程接口。
- 防止开发人员和管理员进行无效的配置设置。
- 允许扩展配置架构。可以定义新配置参数并编写配置节处理程序以对它们进行处理。
- 提供从当前正在运行的应用程序获取配置信息的静态方法，以及从单独的应用程序获取配置信息的非静态方法。使用静态方法可以提高应用程序的运行速度，但是这些方法只能从要获取其配置数据的应用程序内部使用。

5. 配置安全性

ASP.NET 配置系统有助于防止未经授权的用户访问配置文件。ASP.NET 将 IIS 配置为拒绝任何浏览器访问 Machine.config 或 Web.config 文件。对于试图直接请求配置文件的任何浏览器，都返回 HTTP 访问错误 403(禁止)。

另外，将禁止一个 ASP.NET 应用程序中的配置文件访问其他 ASP.NET 应用程序中的配置设置，除非将配置应用程序设置为完全信任模式，才能对其他应用程序中的配置文件具有读取权限。

12.4.2 ASP.NET 配置文件

Web.config 文件是一个 XML 文件，它用来储存 ASP.NET Web 应用程序的配置信息(如最常用的设置 ASP.NET Web 应用程序的身份验证方式)，它可以出现在应用程序的每一个目录中。Web.config 文件包括默认的配置设置，所有的子目录都继承它的配置设置。如果要修改子目录的配置设置，可以在该子目录下新建一个 Web.config 文件。它可以提供除从父目录继承的配置信息以外的配置信息，也可以重写或修改父目录中定义的设置。当通过 Visual Studio 2010 新建一个 Web 应用程序后，默认情况下会在根目录自动创建一个默认的 Web.config 文件。由于 ASP.NET 4.0 的 Machine.config 文件自动注册所有的 ASP.NET 标识、处理器和模块，所以在 Visual Studio 2010 中创建新的空白 ASP.NET 应用项目时，会发现默认的 Web.config 文件既干净又简洁而不像以前的版本有 100 多行代码。

如果想修改配置的设置，可以在 Web.config 文件下的 Web.Release.config 文件中进行重新配置。它可以提供重写或修改 Web.config 文件中定义的设置。

在运行时对 Web.config 文件的修改不需要重启服务就可以生效。当然，Web.config 文件是可以扩展的。可以自定义新配置参数并编写配置节处理程序以对它们进行处理。Web.config 配置文件(默认的配置设置)格式如下：

```
<configuration>
 <system.web>
    …
 </system.web>
</configuration>
```

Web.config 是以 XML 文件规范存储的，该文件分为以下部分。

(1) 配置节处理程序声明：位于配置文件的顶部，包含在<configSections>元素中。

(2) 特定应用程序配置：位于<appSetting>子元素中，用以定义应用程序的全局常量设置等信息。

(3) 配置节设置：位于<system.Web>元素中，控制 ASP.NET 运行时的行为。

(4) 配置节组：用<sectionGroup>标记，可以自定义分组，可以放到<configSections>内部或其他<sectionGroup>元素的内部。

Web.config 配置文件常见的配置选项被域定义为不同的节点，常用节点如下。

1. appSetting 节

appSetting 节用于定义应用程序设置项。对一些不确定设置，还可以让用户根据实际情况自己设置。如在该节中定义连接字符串 con，语法为：

```
<appSettings>
<add key="con" value="server=127.0.0.1;userid=sa;password=sa;database=DownLog;"/>
<appSettings>
```

此时就可以通过访问配置文件获取 con 访问数据库，当连接字符串需要进行改动时，只需要改动配置文件即可，不需要重新编译源代码。

2. <authentication>与<authorization>节

<authentication>节通过其 mode 属性设置 ASP.NET 身份验证支持，mode 属性的取值为 Windows、Forms、Passport 或 None 四种，分别代表不同的访问限制层次。

- Windows：使用 IIS 验证方式。
- Forms：使用基于窗体的验证方式。
- Passport：采用 Passport Cookie 验证模式。
- None：不采用任何验证方式。

该元素只能在计算机、站点或应用程序级别声明。当选择不同限制时需要与不同的子节配合使用，以下示例演示了如何配置程序，实现访问限制的功能。当没有登录的用户去访问当前目标窗体时程序会自动跳转到预订好的登录页面。代码如下：

```
<authentication mode="Forms" >
<forms name=". FormsAuthCookie " loginUrl="Login.aspx" protection="All" timeout="30"/>
</authentication>
<authorization>
<deny users="?"/>
</authorization>
```

其中<forms>子节点的属性指代的含义如下。

- name：指定完成身份验证的 Http Cookie 的名称。
- loginUrl：如果未通过验证或超时后重定向的页面 URL，一般为登录页面，让用户重新登录。
- protection：指定 Cookie 数据的保护方式。
- timeout：指定超时的时间线。

<authorization>节用来控制对 URL 资源的客户端访问(如允许匿名用户访问)。它必须与<authentication>节配合使用。

```
<authorization>
  <deny users="?"/>
</authorization>
```

3. <compilation>节

该节配置 ASP.NET 使用的所有编译设置。默认的 debug 属性为 true，即启动调试。通常情况下在开发时设置为 true，交付用户后设置为 false。除了 debug 外，还有 default language 属性用来设定后台代码语言，一般为 C#或 VB.NET。

4. <customErrors>节

<customErrors>节主要为 ASP.NET 应用程序提供有关自定义错误信息的信息。格式为：

```
<customErrors
mode="RemoteOnly"
defaultRedirect="error.aspx"
<error statusCode="440" redirect="err440page.aspx"/>
<error statusCode="500" redirect="err500Page.aspx"/>
/>
```

其中各属性的意义如下。

- mode：具有 On、Off、RemoteOnly 3 种状态。On 表示始终显示自定义的信息，Off 表示始终显示详细的 asp.net 错误信息，RemoteOnly 表示只对不在本地 Web 服务器上运行的用户显示自定义信息。
- defaultRedirect：用于出现错误时重定向的 URL 地址，是可选的。
- statusCode：指明错误状态码，表明一种特定的出错状态。
- redirect：错误重定向的 URL。

例如，当发生错误时，将网页跳转到自定义的错误页面。

```
<customErrors defaultRedirect="ErrorPage.aspx" mode="RemoteOnly">
</customErrors>
```

除此之外，还包括<httpRuntime>、<pages>、<sessionState>、<globalization>等内容，由于使用频率较低，在此不再一一详述，读者在编程需要时可查阅 MSDN 相关文档。

在 C#中可以通过使用 System.Configuration.ConfigurationSettings 集合来访问 Web.config 文件，获取相关配置内容。

```
string strCon = System.Configuration.ConfigurationSettings.AppSettings["con"];
```

12.4.3　ASP.NET 配置方案

当服务器接收对特定 Web 资源的请求时，ASP.NET 使用位于所请求 URL 的虚拟目录路径中的所有配置文件，按层次结构计算该资源的配置设置。大多数本地配置设置将重写父配置文件中的设置。

1. 配置方案一

例如，具有以下物理文件结构的网站，其中 Application Root 目录是应用程序虚拟目录。

通常，最后一个配置设置将改写在父目录中提供的同一节的设置。对于集合元素，将不重写这些设置，并将它们添加到集合中。

假定在 SubDir1 目录中有一个 Web.config 文件，而在 Application Root 或 SubDir2 目录中没有。在这种情况下，ASP.NET 使用 3 个配置文件来计算 SubDir1 目录的配置设置。最高级别的文件是位于%systemroot%\Microsoft .NET\Framework\versionNumber\CONFIG 目录中的文件。此文件的名称为 Machine.config，它位于计算机级别。所有运行.NET Framework 指定版本(versionNumber)的.NET Framework 应用程序都从该文件继承设置。次高级别的文件是位于同一个位置的根 Web.config 文件。所有运行指定版本的.NET Framework 的 ASP.NET 应用程序都继承它的设置。第三个配置文件是位于 SubDir1 目录中的 Web.config 文件。

假定 SubDir1 目录中的 Web.config 文件包含 enabled 属性设置为 true 的 anonymousIdentification 元素。enabled 属性的默认设置为 false。这是内部默认设置，而且不在任何根配置文件中指定。由于 Application Root 或 SubDir2 目录中没有可修改 anonymousIdentification 元素的配置文件，因此匿名用户无法访问这些目录中的 ASP.NET 资源。但是，匿名用户确实能够访问 SubDir1 目录中的 ASP.NET 资源。

2. 配置方案二

下面的网站有一个文件结构，在该结构中，应用程序虚拟目录映射到应用程序根目录(MyAppRootDir)。

```
MyAppRootDir
    SubDir1
        SubDir1A
    SubDir2
```

将 MyAppRootDir 保持原样。MyAppRootDir 中的 ASP.NET 资源从 Machine.config 文件继承默认设置，其中的某个设置允许进行匿名访问。在此阶段，MyAppRootDir 及其三个子目录继承此身份验证设置。

将 Web.config 文件放在 SubDir1 中，并将身份验证功能设置为仅允许选定用户访问 SubDir1。这将重写 Machine.config 文件中的设置所允许的匿名访问权限，并且将向下继承到

SubDir1A。SubDir2(与 SubDir1 位于同一级别)不继承 SubDir1 中的身份验证设置。

所有的 ASP.NET 应用程序都继承位于根网站级别的 Web.config 文件中的默认设置。该文件安全配置节的默认设置允许所有用户访问所有 URL 资源。示例的 Application Root 中没有修改安全性的配置文件，因此所有用户都可以访问其中的 ASP.NET 资源(因为该目录从计算机级别的配置文件继承)。如果 SubDir1 目录中的 Web.config 文件包含一个安全配置节，该节仅授予某些用户访问权限，则 SubDir1A 继承该设置。因此，所有用户都可以访问应用程序根目录和 SubDir2 中的 ASP.NET 资源，但只有选定用户可以访问 SubDir1 和 SubDir1A 中的 ASP.NET 资源。

3. 配置方案三

虚拟目录可以简化访问路径并隐藏实际目录的名称。虚拟目录的配置设置与物理目录结构无关。因此，必须仔细组织虚拟目录，以免出现配置问题。例如，可以设置虚拟目录，以便从下面的物理目录结构检索名为 MyResource.aspx 的 ASP.NET 页。

```
MyDir
    SubDir1 (mapped from VDir1)
        SubDir1A (mapped from VDir1A)
            MyResource.aspx
  SubDir2
```

在此示例中，SubDir1 中有一个 Web.config 文件，SubDir1A 中有另一个 Web.config 文件。如果客户端使用 URL：http://localhost/vdir1/subdir1A/MyResource.aspx 访问 C:\Subdir1\Subdir1A\MyResource.aspx，则资源从 VDir1 继承配置设置。但是，如果客户端使用 URL：http://localhost/vdir1A/MyResource.aspx 访问相同的资源，则它不从 VDir1 继承设置。因此，建议不要按此方式创建虚拟目录，因为这可能导致意外的结果，甚至会导致应用程序失败。

12.4.4　ASP.NET 和 IIS 配置

使用 Internet 信息服务(IIS)管理器，可以创建用来承载 ASP.NET Web 应用程序的本地网站。创建本地站点的另一种方法是创建虚拟目录。在一台计算机上承载网站，而将该网站的实际页和内容包含在根目录或主目录以外的某个位置，如远程计算机。这也是一种为本地 Web 开发工作设置站点的方便方法，因为它不需要唯一的站点标识，这意味着它比创建唯一站点所需要的步骤少。

1. 启动 IIS 管理器

以本地计算机上的 Administrators 组成员的身份登录，启动 IIS 管理器。在“开始”菜单上选择“设置”，再在其子菜单中选择“控制面板”。然后，在“控制面板”窗口中选择“管理工具”，最后，在“管理工具”窗口中选择“Internet 信息服务”，这样就启动了 IIS 管理器。

2. 在 IIS 中创建 ASP.NET Web 应用程序的根目录

下面的步骤演示如何创建虚拟目录并将 C:\WebApp 目录设置为应用程序的根目录。

(1) 在 IIS 管理器中，展开本地计算机节点，如 myserver，然后右击“默认 Web 站点”，在弹出的快捷菜单上选择“新建”|“虚拟目录”命令，如图 12.19 所示。

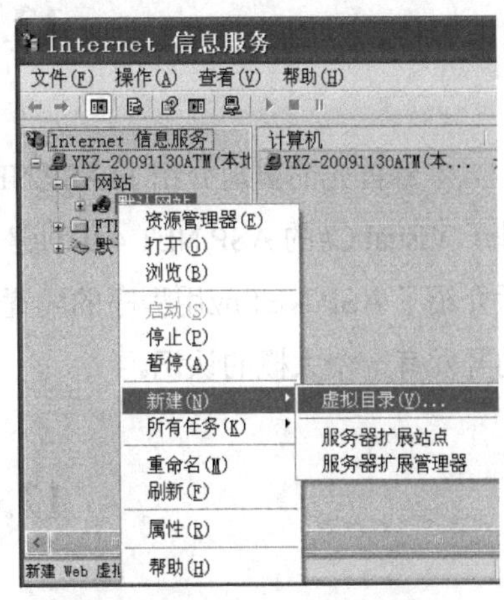

图 12.19　新建“虚拟目录”

(2) 在弹出的“虚拟目录创建向导”对话框中，单击“下一步”按钮。在“别名”文本框中，输入新应用程序的名称，如 myhome，然后单击“下一步”按钮。在“路径”文本框中，输入物理目录，如 C:\WebApp，然后单击“下一步”按钮。或者单击“浏览”按钮浏览到 C:\WebApp 目录。在“访问权限”页上确保选中了“读取”和“运行脚本”复选框，然后单击“下一步”按钮。“读取”和“运行脚本”是运行 ASP.NET 页所必需的唯一权限，如图 12.20 所示。

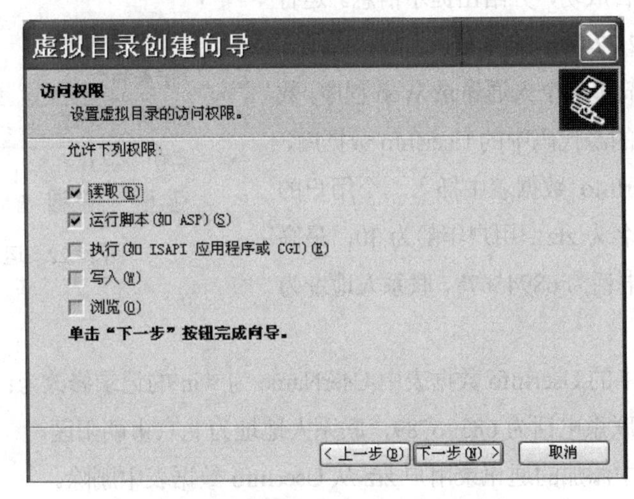

图 12.20　设置虚拟目录的访问权限

(3) 单击“完成”按钮，虚拟目录 myhome 就创建成功了，如图 12.21 所示。

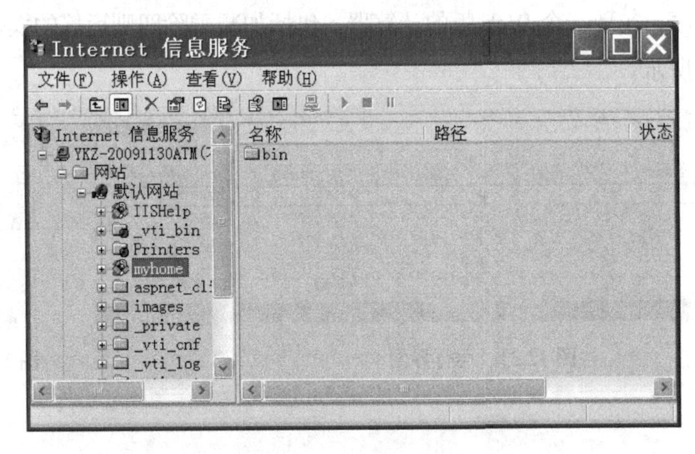

图 12.21　虚拟目录 myhome 创建成功

12.5　本 章 小 结

本章首先简要地介绍了 ASP.NET 4.0 的基本工作原理，然后通过示例详细地讲解了使用基于 Visual C#的 ASP.NET 4.0 创建 Web 应用程序和访问数据库的 Web 应用程序的过程。最后介绍了 ASP.NET应用程序的配置管理。通过这三个方面的讲解使读者对 C# Web 应用程序的开发有一个大概的认识。

12.6　上 机 练 习

(1) 参考本章示例，新建一个网站，创建一个登录页面，通过验证用户输入的用户名和密码，判断登录是否成功，并给出提示信息。运行程序后显示如图 12.22 所示的界面。

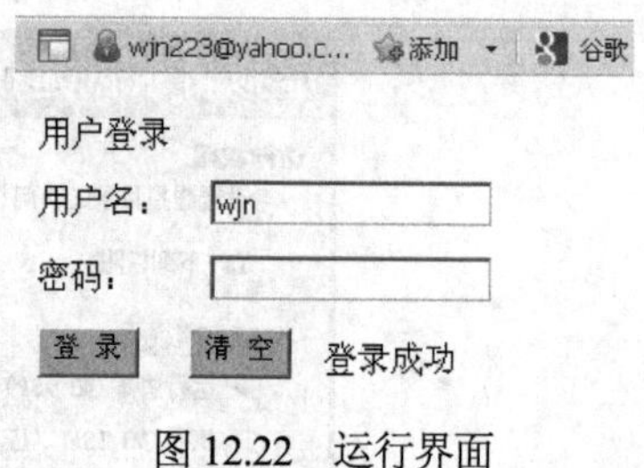

图 12.22　运行界面

(2) 编写一个简单的个人通讯录 Web 程序，数据库使用网上下载的源代码中的 UserInfo 数据库，实现向库中的 UserInfo 数据表中插入一个用户的通讯记录，用户姓名为 zfz，用户年龄为 30，最高学历为大专，联系电话为 68945678，联系人地址为湖南省长沙市。

(3) 将第(2)题中的 UserInfo 数据表中 UserName 为 wjn 的记录修改为：用户年龄为 20，最高学历为高中，联系电话为 68396789，联系人地址为北京市朝阳区。

(4) 将第(2)题中添加的通讯录用户 zfz 从 UserInfo 数据表中删除。

(5) 在用户姓名的文本框中输入 wjn，使该联系人的信息显示在列表中。程序运行的效果如图 12.23 所示。

(6) 编写程序，实现一个 Web 版的计算器，包括加减乘除四则运算的操作。程序运行的效果如图 12.24 所示。

查询用户

		UserId	UserName	age	qualification	phone	address
更新	取消	1	wjn	20	高中	68396789	北京市朝阳区
删除	编辑	3	njw	45	高中	57676787	上海
删除	编辑	4	zfq	24	大专	56566776	北京
删除	编辑	5	wsn	43	高中	56576787	江苏无锡
插入	清除		wsx	48	大专	69776644	湖北武汉

第一页 1 最后一页

图 12.23　运行界面

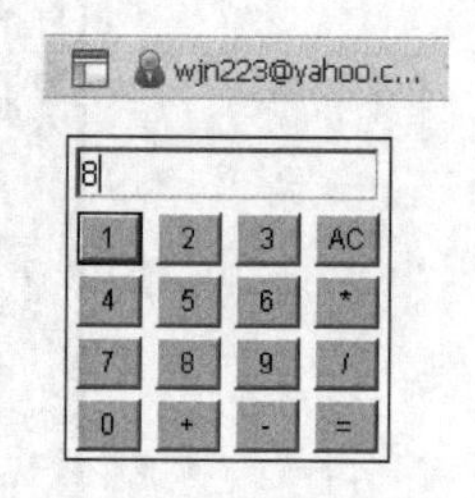

图 12.24　运行效果

12.7　习　　题

一、选择题

(1) 下列方式可以浏览 aspx 页面的是(　　)。

A. 用记事本打开 aspx 文件。

B. 用 Dreamweaver 打开 aspx 文件。

C. 在浏览器中是输入地址打开 aspx 文件。

D. 使用 Frontpage 打开 aspx 文件。

(2) Server 控件中的 Server 是指(　　)。

A. 控件在服务器端定义　　B. 控件是服务器

C. 控件在服务器端存在并执行　　D. 控件可以提供服务

(3) ASP.NET 的运行环境包括(　　)。

A. .NET Framework　　B. IIS

C. SQL Server　　D. Visual Studio 2005

(4) ASP.NET 应用系统不同类型的文件使用不同的文件后缀名区分，下列正确的是(　　)。

A. .aspx　　B. .aspa　　C. aspx.vb　　D. aspx.cs

(5) 使用 Visual Studio 2010 可以创建 Web 应用网站的是(　　)。

A. 文件系统网站　　B. 本地 IIS 网站

C. FTP 站点　　D. Crystal Report 站点

二、填空题

(1) Web 开发技术主要有_______、_______、_______、_______、_______等。

(2) Web 服务器的默认路径为____________________________。

(3) ASP.NET 中的控件分为_______、_______、_______、_______几种。

(4) ASP.NET Web 应用程序的配置文件是_______________。

(5) ASP.NET 下最常用的两种编程语言为_______、_______。

三、简答题

(1) 什么是 Web Form？它与普通的 Web 页面有何不同？

(2) 简述 ASP.NET 的工作原理。

(3) ASP.NET 身份验证支持哪几种验证方式？

(4) Web 控件与 HTML 中的标签有何不同？

(5) 简述 ASP.NET 4.0 的主要特点。

第13章 文件处理

文件是计算机管理数据的基本单位，同时也是应用程序保存和读取数据的一个重要场所。文件管理是操作系统的一个重要组成部分，而文件操作就是在用户编写应用程序时对文件进行管理的一种手段。本章将简单介绍C#中文件处理的方法。

本章重点：

- C#的文件系统
- C#中的文件处理方法
- 读写文件技术

13.1 C#的文件系统

在编写应用程序时，常常需要以文件的形式保存和读取一些信息，这时就不可避免地要进行各种文件操作，以及设计自己的文件格式。因此，有效地实现文件操作，是一个良好的应用程序所必须具备的内容。

13.1.1 认识C#的文件处理系统

目前的计算机系统中存在许多不同的文件系统。在广大计算机用户非常熟悉的DOS、Windows 98/XP/2000/2003、Windows 7等操作系统中，使用到了FAT、FAT32、NTFS等文件系统。这些文件系统在操作系统内部实现时有不同的方式，但是它们提供给用户的接口是一致的。因此，在编写有关文件操作的代码时，用户不需要考虑文件的具体实现方式，只需要利用语言环境提供的外部接口就可以顺利进行各种有关操作。

同样，在Visual C#中进行文件操作时，用户也不需要关心文件的具体存储格式，只要利用.NET框架结构所封装的对文件操作的统一外部接口，就可以保证程序在不同的文件系统上能够良好地移植。

.NET框架结构在System.IO名称空间中提供了多种类型，用于进行数据文件和数据流的读写操作。这些操作可以同步进行，也可以异步进行。其中经常用到的有File、Stream、FileStream、BinaryReader、BinaryWriter、StreamReader、SteamWriter等。在这些类中，Stream是抽象类，不允许直接使用类的实例，但用户可以使用系统提供的Stream类的派生类，或者根据需要创建自己的派生类。

13.1.2 文件和流

文件(File)和流(Stream)是既有区别又有联系的两个概念。文件是指在各种存储介质上(例如可移动磁盘、硬盘、CD 等)永久存储的数据有序集合，它是进行数据读写操作的基本对象。通常情况下文件按照树状目录进行组织，每个文件都有文件名、文件所在路径、创建时间、访问权限等属性。

流是字节序列的抽象概念，如文件、输入/输出设备、内部进程通信管道或者 TCP/IP 套接字。流提供一种向后备存储器写入字节和从后备存储器读取字节的方式。除了和磁盘文件直接相关的文件流以外，流还有多种类型。流可以分布在网络中、内存中或者磁带中，分别称为网络流、内存流和磁带流等。

C#中所有表示流的类都是从抽象基类 Stream 继承的。Stream 类及其派生类提供不同类型的输入和输出的一般视图，使开发者不必了解操作系统和基础设备的具体细节。

流涉及以下三种基本操作。

(1) 读取：从流到数据结构(如字节数组)的数据传输。

(2) 写入：从数据结构到流的数据传输。

(3) 查找：对流内的当前位置进行查询和修改。

从概念上讲，流非常类似于单独的磁盘文件，它也是进行数据读取操作的基本对象。流为用户提供了连续的字节流存储空间。虽然数据实际的存储位置可以不连续，甚至可以分布在多个磁盘上，但用户看到的是封装以后的数据结构，是连续的字节流抽象结构。这和一个文件可以分布在磁盘上的多个扇区是一样的道理。

13.2 文 件 处 理

C#为用户提供了有关文件操作的强大功能。利用.NET 环境所提供的各种功能，用户可以方便地编写 Visual C#程序，实现文件的存储管理以及对文件的读写等各种操作。本节将从目录管理和文件操作两方面来介绍相关内容。

13.2.1 目录管理

.NET 框架结构在名称空间 System.IO 中提供了 Directory 类来进行目录管理。利用 Directory 类可以进行创建、移动、浏览目录(或子目录)等操作，甚至还可以定义隐藏目录和只读目录。

Directory 类是一个密封类，它的所有方法都是静态的，因而不必具有目录的实例就可直接调用。

Directory 类的构造函数形式如下：

```
public Directory(string path);
```

其中，参数 path 表示目录所在的路径。

Directory 类的常用方法如下。

(1) CreateDirectory( )方法：用于创建子目录。其方法原型为：

```
public static DirectoryInfo CreateDirectory(string path);
```

其中参数path代表要创建的目录路径，返回值是path指定的所有DirectoryInfo对象，包括子目录。

(2) Delete( )方法：用于删除目录及其内容。其方法原型为：

```
public static void Delete(string);
```

(3) GetCurrentDirectory( )方法：用于获取应用程序的当前工作目录，其方法原型为：

```
public static string GetCurrentDirectory( );
```

下面以一个简单示例来说明如何使用该类。本示例实现在当前工作目录下创建一个新目录new，详细内容如代码清单13.1所示。

代码清单 13.1

```
using System;
using System.IO;
class test{
  public static void Main( ){
    string d=Directory.GetCurrentDirectory( );//获取当前目录名
    Console.WriteLine("Current directory is {0}",d);//输出当前目录名
    try{
      Directory.CreateDirectory("new"); //创建新目录 new
    }
    catch(IOException e){ //如果产生异常，则输出异常提示信息
      Console.WriteLine("Directory creation failed because:{0}",e);
      return;
    }
  }
}
```

编译并执行，输出当前工作目录名，同时可以看到当前目录下增加了一个名为new的新目录。

要删除一个指定目录，如在上例中要删除当前目录中创建的目录new，可在程序最后调用如下语句：

```
Directory.Delete("new");
```

值得注意的是，在所有以路径作为输入字符串的成员方法中，路径的引用格式必须正确。路径可以是文件或目录，也可以是相对路径或者服务器和共享名称的统一命名约定(UNC)路径。路径的长度应符合操作平台所规定的长度限制。

以下路径都是可以接受的正确路径：

```
"c:\\MyDir"
"MyDir\\MySubdir"
"\\\\MyServer\\MyShare"
```

默认情况下，所有用户都拥有对新目录的完全读/写访问权限。

13.2.2 文件操作

在 System.IO 名称空间中提供了多种类型，用于进行文件和数据流的读写操作。其中，File 类通常和 FileStream 类协作来完成文件的创建、删除、复制、移动、打开等操作。下面对 File 类和 FileStream 类的常用构造函数及成员进行简单介绍。

1. File 类

File 类提供的方法主要有 Create、Copy、Move、Delete 等，可以利用这些方法实现基本的文件管理操作。

(1) 创建文件

Create( )方法用于新建一个文件，该方法执行成功后将返回代表新建的文件的 FileStream 类对象。Create( )方法的原型定义如下：

```
public static FileStream Create(string path);
```

其中 path 参数表示文件的全路径名称。

(2) 打开文件

在 C#中，打开文件的方法有多种，常用的方法有 Open( )、OpenRead( )、OpenText( )、OpenWrite( )几种。

Open( )方法可以打开一个文件。该方法的原型定义如下：

```
public static FileStream Open(string, FileMode);
public static FileStream Open(string, FileMode, FileAccess);
public static FileStream Open(string, FileMode, FileAccess, FileShare);
```

其中 FileMode 参数用于指定对文件的操作模式，它可以是下列值之一。

- Append：向文件中追加数据。
- Create：新建文件，如果同名文件已经存在，新建文件将覆盖该文件。
- CreateNew：新建文件，如果同名文件已经存在，则引发异常。
- Open：打开文件。
- OpenOrCreate：如果文件已经存在，则打开该文件，否则新建一个文件。
- Truncate：截断文件。

FileAccess 参数用于指定程序对文件流所能进行的操作，它可以是下列值之一。

- Read：读访问，从文件中读取数据。
- ReadWrite：读访问和写访问，从文件读取数据和将数据写入文件。
- Write：读访问和写访问，可从文件读取数据和将数据写入文件。

考虑到有可能多个应用程序需要同时读取一个文件，因此在 Open 方法中设置了文件共享标志 FileShare，该参数的值可以是下列值之一。

- Inheritable：使文件句柄可由子进程继承。

- None：不共享当前文件。
- Read：只读共享，允许随后打开文件读取。
- Write：只写共享，允许随后打开文件写入。
- ReadWrite：读和写共享，允许随后打开文件读取或写入。

除了可以用 Open( )方法打开文件外，还可以用 OpenRead( )方法打开文件。通过 OpenRead( )打开的文件只能进行文件读的操作，不能进行写入文件的操作。该方法的原型定义如下：

```
public static FileStream OpenRead(string path);
```

其中 path 参数表示要打开的文件的全路径名称。

此外，还可以用 OpenText( )方法打开文件。通过 OpenText( )方法打开的文件只能进行读取操作，不能进行文件写入操作，而且打开的文件类型只能是纯文本文件。该方法的原型定义如下(其中 path 参数表示要打开的文件的全路径名称)：

```
public static StreamReader OpenText(string path);
```

和 OpenText( )方法不同，OpenWrite( )方法打开的文件既可以进行读取操作，也可以进行写入操作。该方法的原型定义如下：

```
public static FileStream OpenWrite(string path);
```

(3) 复制文件

在 C#中，可以通过 Copy( )方法实现以文件为单位的数据复制操作。Copy( )方法能将源文件中的所有内容复制到目的文件中。该方法的原型定义如下：

```
public static void Copy(string sourceFileName,string destFileName);
public static void Copy(string sourceFileName,string destFileName, bool overwrite);
```

其中 sourceFileName 参数表示源文件的全路径名，destFileName 参数表示目的文件的全路径名，overwrite 参数表示是否覆盖目的文件。

(4) 删除文件

在 C#中，可以通过 Delete( )方法从磁盘上删除一个文件。该方法的原型定义如下：

```
public static void Delete(string path);
```

其中 path 参数表示要删除的文件的全路径名。

(5) 移动文件

Move( )方法用于将指定文件移到新位置，并提供指定新文件名的选项。该方法的原型定义如下：

```
public static void Move(string sourceFileName,string destFileName);
```

其中 sourceFileName 参数表示源文件的全路径名，destFileName 参数表示文件的新路径。

2. FileStream 类

FileStream 类实现用文件流的方式来操纵文件。下面就 FileStream 类的重要方法和主要属性做一个简要介绍。

(1) 构造函数

通过 FileStream 类的构造函数也可以新建一个文件。FileStream 类的构造函数有很多，其中比较常用的构造函数的原型定义如下。

- 通过指定路径和创建模式初始化 FileStream 类的新实例。

```
public FileStream(string path, FileMode mode);
```

- 通过指定的路径、创建模式和读/写权限初始化 FileStream 类的新实例。

```
public FileStream(string path,FileMode mode,FileAccess access);
```

- 通过指定的路径、创建模式、读/写权限和共享权限创建 FileStream 类的新实例。

```
public FileStream(string path,FileMode mode,FileAccess access, FileShare share);
```

其中 mode 参数、access 参数的取值和 File 类的 Open( )方法的相应参数的取值是相同的。如果需要通过文件流的构造函数新建一个文件，则可以设定 mode 参数为 Create，同时设定 access 参数为 Write。例如：

```
FileStream fs=new FileStream("log.txt",FileMode.Create,FileAccess.Write);
```

如果需要打开一个已存在的文件，则指定 FileStream 方法的 mode 参数为 Open 即可。

(2) 属性

FileStream 类的主要属性如下。

- CanRead：决定当前文件流是否支持文件读取操作。
- CanSeek：决定当前文件流是否支持文件移动操作。
- CanWrite：决定当前文件流是否支持文件写入操作。
- Length：获取用字节表示的文件流的长度。
- Position：获取或设置文件流的当前位置。

(3) 常用方法

- Close( )方法：用于关闭文件流。该方法的原型定义如下：

```
public override void Close( );
```

- Read( )方法：用于实现文件流的读取。该方法的原型定义如下：

```
public override int Read(byte[ ] array,int offset,int count);
```

其中 array 参数是保存读取数据的字节数组，offset 参数表示开始读取的文件偏移值，count 参数表示读取的数据量。

- ReadByte( )方法：用于从文件流中读取一个字节的数据。该方法的原型定义如下：

```
public override int ReadByte( );
```

- Write( )方法：和 Read( )方法相对应，该方法负责将数据写入到文件中。该方法的原型定义如下：

```
public override int Write(byte[ ] array,int offset,int count);
```

其中 array 参数是保存写入数据的字节数组，offset 参数表示写入位置，count 参数表示写入的数据量。

- WriteByte( )方法：用于向文件流中写入一个字节的数据。该方法的原型定义如下：

```
public override int WriteByte( );
```

- Flush( )方法：向文件中写入数据后，一般还需要调用 Flush( )方法来刷新该文件，Flush( )方法负责将保存在缓冲区中的所有数据真正写入到文件中。Flush( )方法的原型定义如下：

```
public override int Flush( );
```

此外，还有 Seek( )方法用于将文件流的当前位置设置为给定值；Lock( )方法用于在多任务操作系统中锁定文件或文件的某一部分，这时其他应用程序对该文件或者对其中锁定部分的访问将被拒绝；Unlock( )方法执行与 Lock( )方法相反的操作，它用于解除对文件或者文件的某一部分的锁定。

下面以一个简单示例来说明如何利用 File 类和 FileStream 类进行文件操作。本例中，首先在 new 子目录下创建一个名为 file1.txt 的新文件，然后向其中写入 5 个字节的数据，再对该文件进行复制、移动和删除操作。详细内容如代码清单 13.2 所示。

代码清单 13.2

```
using System;
using System.IO;
class test{
  public static void Main( ) {
    FileStream sf=File.Create("c:\\new\\file1.txt");  //创建新文件
    Console.WriteLine("file1.txt is created at:{0}",
    File.GetCreationTime("c:\\new\\file1.txt"));
    //向该文件中写入数据
    byte[ ] b={1,2,3,4,5,6,7,8,12};
    sf.Write(b,1,5);
    sf.Close( );  //关闭该文件
    //在同一目录下复制该文件，目标文件名为 file2.txt
    File.Copy("c:\\new\\file1.txt","c:\\new\\file2.txt");
    //将文件 file2.txt 复制到根目录下
    File.Copy("c:\\new\\file2.txt","c:\\file2.txt");
    //将文件 file1.txt 移动到根目录下
    File.Move("c:\\new\\file1.txt","c:\\file1.txt");
    //删除根目录下的文件 file2.txt
    File.Delete("c:\\file2.txt");
```

```
            Console.WriteLine("file2.txt in root has been deleted!");
        }
    }
```

本例执行过后，在操作目录下可以观察到所建文件的长度为 5 bytes，输出及执行结果是：

```
file1.txt is created at:2011-12-10 12:08:29
file2.txt in root has been deleted!
```

13.3 读 写 文 件

在上一节中已经介绍了一些有关文件读写的内容。除了前文提到的使用 FileStream 类实现文件读写之外，C#还提供了两个专门负责文件读取和写入操作的类，即 StreamWriter 类和 StreamReader 类。

StreamReader 类和 StreamWriter 类为用户提供了按文本模式读写数据的方法。与 FileStream 类中的 Read( )方法和 Write( )方法相比，这两个类的应用更为广泛。其中 StreamWriter 类主要负责向文件中写入数据，StreamReader 类则负责从文件中读取数据。这两个类的用法和 FileStream 类的用法类似，下面简单介绍一下它们的常用构造函数及方法。

13.3.1 StreamReader 类

StreamReader 类的常用构造函数如下：

(1) 为指定的流初始化 StreamReader 类的新实例。

```
public StreamReader(Stream stream);
```

(2) 为指定的文件名初始化 StreamReader 类的新实例。

```
public StreamReader(string path);
```

StreamReader 类的常用方法包括 Read( )方法和 ReadLine( )方法。

- Read 方法：用于读取输入流中的下一个字符，并使当前流的位置提升一个字符。其方法原型如下：

```
public override int Read( );
```

- ReadLine( )方法：用于从当前流中读取一行字符并将数据作为字符串返回。其方法原型如下：

```
public override string ReadLine( );
```

13.3.2 StreamWriter 类

StreamWriter 类的常用构造函数如下：

(1) 为指定的流初始化 StreamWriter 类的新实例。

```
public StreamWriter(Stream stream);
```

(2) 为指定的文件名初始化 StreamWriter 类的新实例。

```
public StreamWriter(string path);
```

StreamWriter 类的常用方法包括 Write( )方法和 WriteLine( )方法。

- Write( )方法：用于将字符、字符数组、字符串等写入流。其方法原型如下：

```
public override void Write(char);
public override void Write(char[ ]);
public override void Write(string);
```

- WriteLine( )方法：用于将后跟行结束符的字符、字符数组、字符串等写入文本流。其方法原型如下：

```
public virtual void WriteLine(char value);
public virtual void WriteLine(char[ ] buffer);
public virtual void WriteLine(string value);
```

下面仍以一个示例说明如何使用 StreamReader 类与 StreamWriter 类。本示例建立一个新文本文件。首先调用 StreamWriter 类的方法向其中输入三个字母 def 及四个单词 This、is、a、test，共五行内容，其中字母 def 从包含七个元素的数组写入文件(从数组的第四个元素开始)。然后调用 StreamReader 类的方法输出该文件的后四行数据。详细内容如代码清单 13.3 所示。

代码清单 13.3

```
using System;
using System.IO;
public class test{
    public static void Main( ){
        FileStream fs=File.Create("g:\\new\\file.txt");//建立文件
        //初始化 StreamWriter 类的实例
        StreamWriter sw=new StreamWriter((System.IO.Stream) fs);
        char[ ] ch={'a','b','c','d','e','f','g'};
        sw.Write(ch,3,3); //写入 3 个字母
        //写入一个空串，以使后面输入的数据出现在下一行
        sw.WriteLine("");
        //开始写入四个单词
        sw.WriteLine("This");
        sw.WriteLine("is");
        sw.WriteLine("a");
        sw.WriteLine("test");
        sw.Close( );
        //初始化 StreamReader 类的实例
        StreamReader sr=new StreamReader("g:\\new\\file.txt");
        sr.ReadLine( );//读文件中第一行数据
```

```
            //读文件中其余数据并输出到控制台
            Console.WriteLine(sr.ReadLine( ));
            Console.WriteLine(sr.ReadLine( ));
            Console.WriteLine(sr.ReadLine( ));
            Console.WriteLine(sr.ReadLine( ));
            sr.Close( );
        }
    }
```

编译并执行，程序的输出结果是：

```
This
is
A
test
```

至此，学习了关于文件、目录管理的绝大部分操作，下面以一个综合示例来说明文件及目录管理功能的使用。示例创建过程如下：

(1) 打开 Visual Studio 2010，新建一个基于 C#的 Windows 应用程序。

(2) 为默认窗体 Form1 添加如表 13.1 所示控件。

表 13.1 Form1 所包含控件及其属性

控　件	类　型	属 性 名 称	属 性 值
labfilecon	Label	Text	文件内容:
txtfilecon	TextBox	Text	—
		ReadOnly	True
labappend	Label	Text	向文件内追加的内容:
txtappend	TextBox	Text	—
		ReadOnly	True
btnnew	Button	Text	新建文件
btnappend	Button	Text	追加内容
btncopy	Button	Text	复制文件
btnmove	Button	Text	移动文件
btndelete	Button	Text	删除文件
btninfo	Button	Text	显示信息
openfile	OpenFileDialog	—	—
savefile	SaveFileDialog	—	—

布局完成后效果如图 13.1 所示。

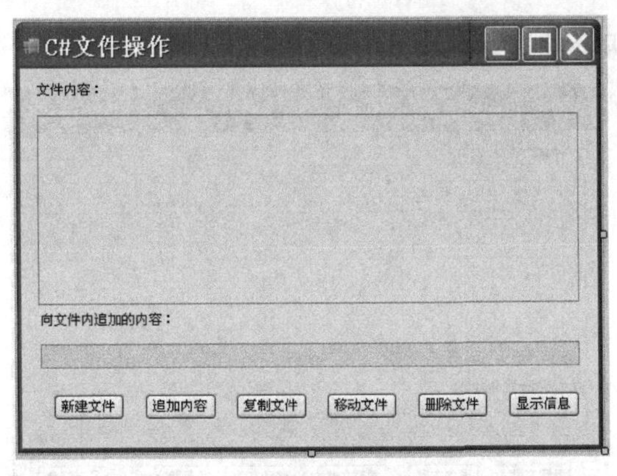

图 13.1　窗体及控件设计效果

(3) 切换到 Form1.Design.cs 文件，为 Form1 类添加一个 string 类型自定义成员 path 用来获取目标文件的路径，并切换到 Form1.cs 为该文件添加以下引用：

```
using System;
using System.Collections.Generic;
using System.ComponentModel;
using System.Data;
using System.Drawing;
using System.Text;
using System.Windows.Forms;
using System.IO;
```

(4) 控件添加完成后需要相应控件事件，以完成相关操作。切换到 Form1.cs 的设计窗口，双击“新建文件”按钮，Visual Studio 2010 自动添加“新建文件”按钮的 Click 事件响应函数，并自动切换到该函数。在该函数中加入以下代码：

```
//显示保存文件对话框
if (this.savefile.ShowDialog( ) == DialogResult.OK) {
    this.path = savefile.FileName; //获取文件名
if (File.Exists(this.path)) File.Delete(this.path); {//如果目标文件存在，则删除原有文件
    using (StreamWriter sw = File.CreateText(path)){ //创建文件
        sw.WriteLine("This is my text file!"); //写入数据
        sw.Close( );
    }
    //读取文件内容，并显示在窗体的 txtfilecon 控件中
    StreamReader sr = new StreamReader(path);
    txtfilecon.Text = (sr.ReadToEnd( ));
    sr.Close( );
    }
}
```

该段代码完成创建一个新文件的操作，如果目标文件已经存在则删除原有文件并创建新文件，创建成功后，向文件中写入“This is my text file!”并将该文件内容读出，显示到窗体

的 txtfilecon 控件中。编译并执行，输出结果如图 13.2 所示。

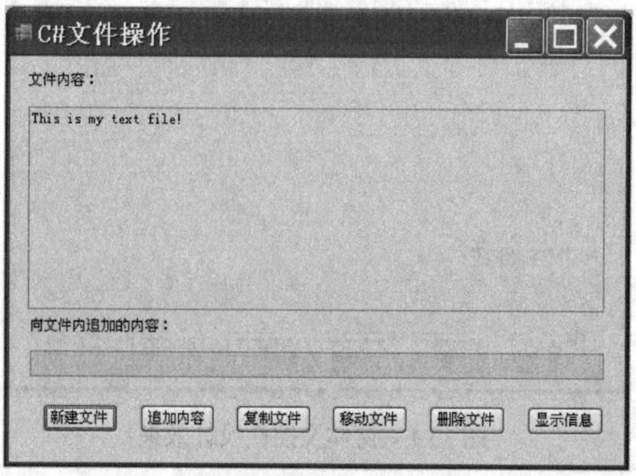

图 13.2　回显文件内容

(5) 类似地，双击“追加内容”按钮，Visual Studio 2010 自动添加“追加内容”按钮的 Click 事件响应函数，并自动切换到该函数。在该函数中加入以下代码：

```
if (txtappend.Text != ""){ //判断要追加的内容是否为空
    StreamWriter swadd = File.AppendText(path);
    swadd.WriteLine(txtappend.Text); //追加内容
    swadd.Flush( );
    swadd.Close( );
    txtappend.Text = "";
    StreamReader srshow = new StreamReader(path);
    txtfilecon.Text = (srshow.ReadToEnd( ));//显示
    srshow.Close( );
}
```

本段代码定义了一个 StreamWriter swadd，利用该流对象完成向目标文件中添加特定内容的任务，追加完成后回显追加后文件的内容。编译并执行，输出结果如图 13.3 所示。

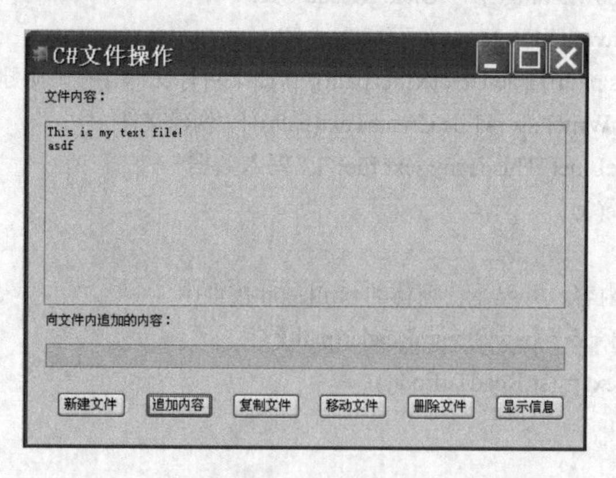

图 13.3　追加内容

(6) 双击“复制文件”按钮，Visual Studio 2010 自动添加“复制文件”按钮的 Click 事件响应函数，并自动切换到该函数。在该函数中加入以下代码：

```
openfile.FileName = null;
if (openfile.ShowDialog( ) == DialogResult.OK){ //显示打开文件对话框
    string firstpath = openfile.FileName; //获取目标文件
    savefile.FileName = "";
    if (savefile.ShowDialog( ) == DialogResult.OK){ //显示保存文件对话框
        string newpath = savefile.FileName; //获取新文件路径
        if (File.Exists(newpath))
        File.Delete(newpath);
        File.Copy(firstpath, newpath, true); //复制文件
        MessageBox.Show("复制成功！");
    }
}
```

该段代码用来复制一个文件，首先打开源文件并设置目标文件路径，然后通过File.copy方法完成文件复制工作。

(7) 双击“移动文件”按钮，Visual Studio 2010自动添加“移动文件”按钮的Click事件响应函数，并自动切换到该函数。在该函数中加入以下代码：

```
openfile.FileName = null;
if (openfile.ShowDialog( ) == DialogResult.OK){
    string firstfile = openfile.FileName;
    savefile.FileName = firstfile;
    if (savefile.ShowDialog( ) == DialogResult.OK){
        string newfile = savefile.FileName;
        File.Move(firstfile, newfile);
        MessageBox.Show("移动成功!");
    }
}
```

该过程与复制文件类似，在此不再详述。

(8) 双击“删除文件”按钮，Visual Studio 2010自动添加“删除文件”按钮的Click事件响应函数，并自动切换到该函数。在该函数中加入以下代码：

```
openfile.FileName = null;
if (openfile.ShowDialog( ) == DialogResult.OK){ //显示打开文件对话框
    string newpath = openfile.FileName;   //获取目标文件
    if (File.Exists(newpath)){ //如果目标文件存在，则删除该文件
    File.Delete(newpath);
    MessageBox.Show("删除成功！");
    }
}
```

该段代码首先通过打开文件对话框获取要删除的目标文件，并执行删除操作。

(9) 双击“显示信息”按钮，Visual Studio 2010自动添加“显示信息”按钮的Click事件响应函数，并自动切换到该函数。在该函数中加入以下代码：

```
openfile.FileName = null;
if (openfile.ShowDialog( ) == DialogResult.OK){ //显示打开文件对话框
    string newpath = openfile.FileName; //获取文件
    //获取文件信息
    FileInfo file = new FileInfo(newpath);
    string creattime = file.CreationTime.ToString( );
    string lastwritetime = file.LastWriteTime.ToString( );
    string lastaccesstime = file.LastAccessTime.ToString( );
    //输出文件信息
    MessageBox.Show("创建日期：" + creattime + "\n 上次修改时间：" + lastwritetime + "\n 上次读取时间：" + lastaccesstime);
}
```

该段代码首先获取目标文件，并通过 FileInfo 获取文件相关信息使用弹出对话框显示出来。编译并执行，输出结果如图 13.4 所示。

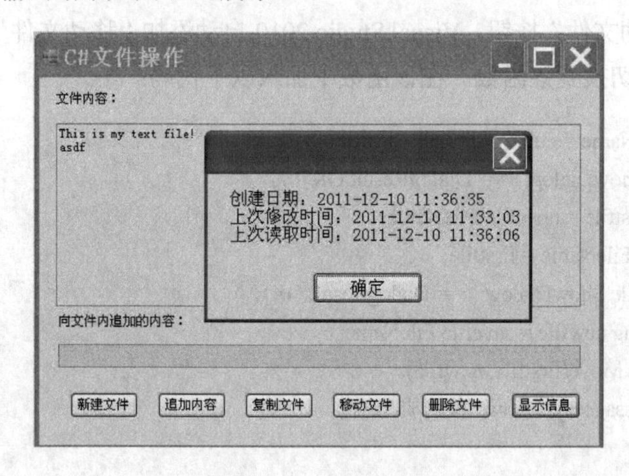

图 13.4　显示信息

至此程序结束。通过该示例可以了解对文件及目录相关功能的使用方式。

13.4　本 章 小 结

本章首先介绍了文件与流的概念，然后介绍了有关文件管理的一些类及其常用方法。重点介绍了文件的创建、复制、删除、读取、写入等基本操作的实现。File 类经常和 FileStream 类结合起来实现对文件的操作。此外，还可以通过 StreamReader 和 StreamWriter 类来实现对文件的读写操作。

13.5　上 机 练 习

(1) 编写一个程序，使用 Directory 类提供的静态方法创建、读取目录属性以及删除目录。

运行效果如图 13.5 所示。

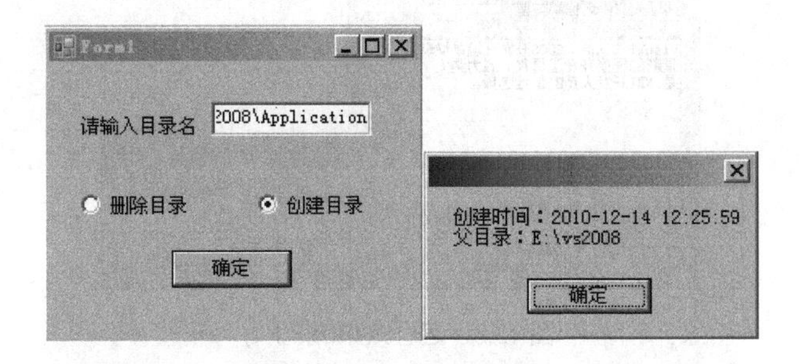

图 13.5　运行效果(练习 1)

(2) 实现当用户输入要检索的文件夹路径并单击“检索”按钮时，下面的列表中会显示出该文件夹中所有文件及目录。运行效果如图 13.6 所示。

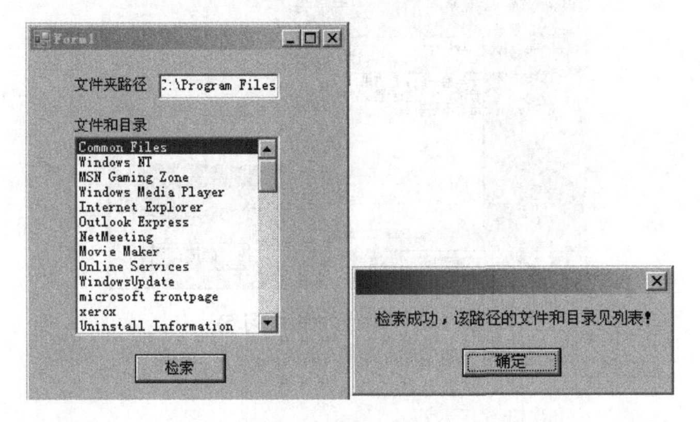

图 13.6　运行效果(练习 2)

(3) 编写程序实现在两个文件夹中进行创建文件、复制文件、移动文件和删除文件的操作。运行效果如图 13.7 所示。

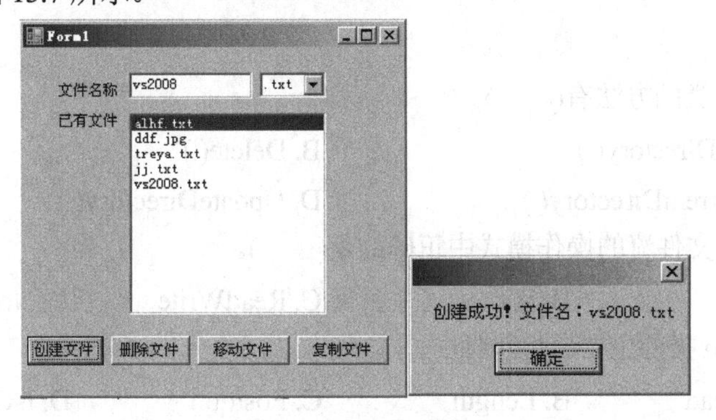

图 13.7　运行效果(练习 3)

(4) 编写程序实现利用 FileInfo 和 StreamWriter 对象实现动态创建文件并输入文件内容的功能。运行效果如图 13.8 所示。

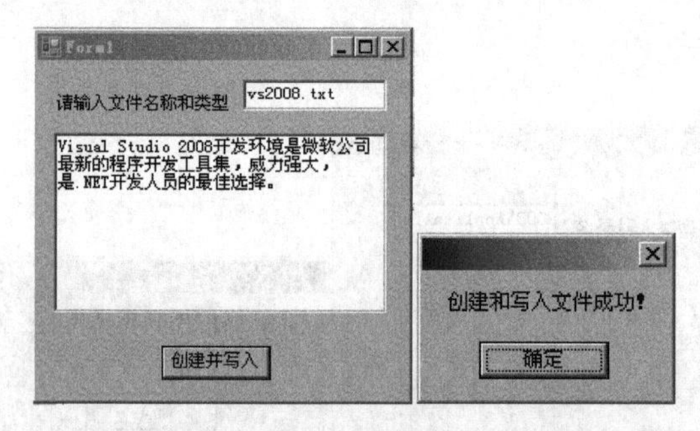

图 13.8　运行效果(练习 4)

(5) 编写程序实现动态修改文本文件内容的功能，当用户选择了文件名称，输入要修改的文本内容后，单击“确定修改”按钮，程序会将更改的文本保存到选定的文件中。运行结果如图 13.9 所示。

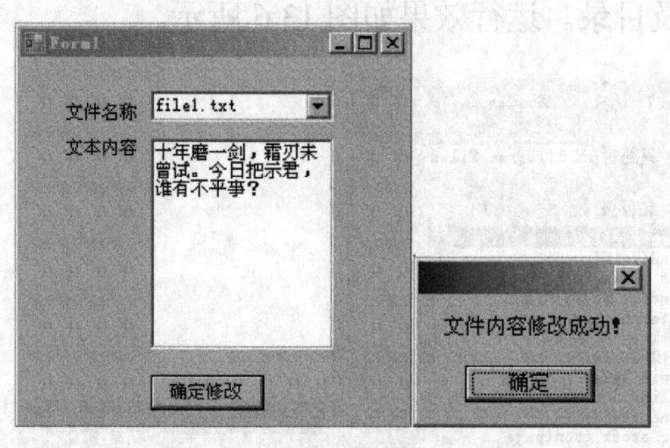

图 13.9　运行效果(练习 5)

13.6　习　　题

一、选择题

(1) Directory 类的方法有(　　)。

A. CreateDirectory( )　　B. Delete( )

C. GetCurrentDirectory( )　　D. UpdateDirectory( )

(2) 下列对于文件流的操作模式中正确的是(　　)。

A. Read　　B. Write　　C. ReadWrite　　D. None

(3) FileStream 类的主要属性包括(　　)。

A. CanRead　　B. Length　　C. Position　　D. IsOpen

(4) 下列关于 StreamReader 类的 Read 方法与 ReadLine 方法的描述中正确的是(　　)。

A. 二者都可以用来读取流中数据。

B. Read 方法是用来读取一个字符，并将位置下移一位。

C. ReadLine 方法从当前流中读取一行字符并将数据作为字符串返回。

D. ReadLine 方法以回车符作为一行的结束。

(5) C#对文件流的操作中不包括(　　)。

A. 写入　　B. 查询　　C. 删除　　D. 替换

二、填空题

(1) .NET 中对目录的处理是通过______________类来实现的。

(2) 打开文件的方式有________、________、________、________。

(3) FileStream 的________方法，将缓冲区中的数据真正写入到物理文件中。

(4) StreamWrite 方法的作用是将后跟行结束符的________、________、________等写入文件中。

(5) C#文件处理系统中用于进行数据文件和数据流读写操作的类位于___________命名空间。

三、简答题

(1) 什么是流？流与文件有什么异同？

(2) FileStream 类与 StreamReader 类读取文件内容的差异在什么地方？

(3) 文件处理系统的缺点是什么？

(4) 文件组织的存取方式有几种？

(5) System.IO 命名空间主要可以分为哪三种输出/输入类别？

第14章　语言集成查询——LINQ

语言集成查询——LINQ 是一种强大的数据查询技术，它引入了标准的、容易学习的查询和更新数据的模式，可以对其技术进行扩展以支持几乎任何类型的数据存储。Visual Studio 2010 包含了 LINQ 提供程序的程序集，这些程序集支持 LINQ 与.NET Framework、SQL Server 数据库、ADO.NET 数据集以及 XML 数据。

本章重点：

- LINQ 语言基础
- LINQ 查询语句
- LINQ 数据库操作

14.1　LINQ 实现的基础

在.NET Framework 中，为了能够实现 LINQ 功能，同时出现一些新特性，这些特性和 LINQ 密切相关，在某种程度上说它们是为 LINQ 而设计的。

14.1.1　隐式类型变量

.NET Framework 中的数据类型 var，被称为隐式类型变量，该关键字指示编译器根据初始化语句右侧的表达式推断变量的类型。推断类型可以是内置类型、匿名类型、用户定义类型、.NET Framework 类库中定义的类型或任何表达式。下面代码演示了使用 var 关键字声明局部变量的各种方式。

```
//定义的变量 i 被当做一个整数
var i = 5;
//定义的变量 s 被当做字符串
var s = "Hello";
//定义一个变量 a，因为它右边是一个数组，所以该变量为数组变量
var a = new[ ] { 0, 1, 2 };
//定义一个匿名类型的变量 anon
var anon = new { Name = "Terry", Age = 34 };
//定义一个 List 类型的变量
var list = new List<int>( );
```

var 关键字可以用在下列场合：

(1) 在定义局部变量中使用。

(2) 在初始化 for 循环中计数器的起始值时使用。例如：

```
for(var x = 1; x < 10; x++){
    ...
}
```

(3) 在初始化 foreach 语句中的接收器对象时使用。例如：

```
foreach(var item in list){.
    ...
}
```

(4) 在 using 语句中使用。例如：

```
using (var file = new StreamReader("C:\\myfile.txt")) {
    ...
}
```

在使用 var 隐式类型的变量声明时需要遵守一些基本的规则：

- 只有在同一语句中声明和初始化局部变量时才能使用 var。
- 不能将该变量初始化为 null。
- 不能将 var 用于类的字段。
- 由 var 声明的变量不能用在初始化表达式中。换句话说，var v = v++; 会产生编译时错误。
- 不能在同一语句中初始化多个隐式类型的变量。

14.1.2 匿名类型

匿名类型是从对象初始化器自动推断和生成的元组类型。换句话说，可以在不声明一个类型的情况下直接声明一个对象，因为只要利用初始化器指明的对象属性就可以来推断这个对象的类型。匿名类型只要使用没有类型名字的 new 表达式，并通过对象初始化器进行初始化即可。例如：

```
var p = new {X = 1,Y = 2};
```

以上代码中并不存在对象 p 的这样一种类型，但却直接声明了该对象，并通过初始化器{X = 1,Y = 2}对该对象进行初始化，这就是匿名类型。

下面来看一段代码，进一步理解匿名类型：

```
var b1 = new { Name = "The First Sample Book", Price = 88.0f };
var b2 = new { Price = 25.0f, Name = "The Second Sample Book" };
var b3 = new { Name = "The Third Sample Book", Price = 35.00f };
Console.WriteLine(b1.GetType( ));
Console.WriteLine(b2.GetType( ));
Console.WriteLine(b3.GetType( ));
```

首先，前面三行声明并初始化了三个具有匿名类型的对象，它们都将具有公共可读写属性 Name 和 Price。可以看到，匿名类型的属性连类型都省掉了，完全是由编译器根据相应属性的初始化表达式推断出来的。这三行称为“匿名类型对象初始化器”，编译器在遇到这样的语句时，首先会创建一个具有内部名称的类型(所谓“匿名”只是源代码层面上的匿名，在最终编译得到的元数据中还是会有这样一个名字的)，这个类型拥有两个可读写属性，同时有两个私有域用来存放属性值；然后，和对待对象初始化器一样，编译器产生对象声明代码，并依次为每个属性赋值。

上面代码的最后三行用来检验匿名类型在运行时的类型，如果尝试编译并运行上述代码，会得到类似下面的输出：

```
lover_P.CSharp3Samples.Ex03.Program+f__0
lover_P.CSharp3Samples.Ex03.Program+f__1
lover_P.CSharp3Samples.Ex03.Program+f__0
```

这表明编译器的确为匿名类型对象创建了实际的类型，并且该类型在代码中是不可访问的，因为类型的名字不符合 C#语言命名规则(其中出现了+、<、>等非法字符)。

匿名类型最大的价值在于，可以用它来创建仅使用一次的元素以及由 LINQ 查询所返回的类型，而开发人员则无须在静态代码中完整地定义这些类型，从而方便了程序的开发。

14.1.3　Lambda 表达式

Lambda 表达式是一种简洁的内联(in-line)函数，它提供了一个非常紧凑而且类型安全的方式来编写函数，该函数可以当做参数来传递并在以后进行运算。这种简洁的特性在编写 LINQ 查询表达式时极其有用。

Lambda 表达式的语法如下：

```
params        =>          expression
```

其中 params 是参数列表，expression 为表达式或语句块。

例如，利用委托方法来搜索字符串数组中包含字符 b 的字符串数组。代码如下：

```
string[ ] list = new string [ ]{"abc","abed","hebe"};
string[ ] list1 = Array.FindAll(list,delegate(string s){      //使用委托方法
                              return s.IndexOf("b") >= 0;
        }
);
```

以上代码使用 Lambda 表达式实现的代码如下：

```
string[ ] list = new string [ ]{"abc","abed","hebe"};
string[ ] list1 = Array.FindAll(list,s => (s.IndexOf("b") >= 0));
```

可以看出，使用 Lambda 表达式可以简化委托方法的编写，而且不像委托方法那样要求参数类型必须是明确指明的，Lambda 表达式允许省略参数类型，让 CLR 根据用法来推断出

参数类型。当然，在 Lambda 表达式中是可以指明参数类型的，如果要指明参数类型，可以在参数名字前声明参数类型。例如：

```
string[ ] list = new string [ ]{"abc","abed","hebe"};
string[ ] list1 = Array.FindAll(list,string s => (s.IndexOf("b") >= 0));
```

在 LINQ 中，CLR 会自动把 Lambda 表达式过滤语句翻译成标准的 SQL 语句来操作数据库。例如：

```
NorthwindDataContext db = new NorthwindDataContext( )
ILnumerable <Staff> staffs = db.Staffs.Where(s => s.Salary >= 10000)
```

以上代码实现从数据表 Staffs 中获得 Salary 为 10000 及其以上的员工信息，实际上就等于 select * from Staffs where Salary >= 10000 的 SQL 查询语句。

总之，Lambda 表达式使得委托方法的实现变得更加方便，而且能够与 LINQ 更好地结合。

14.2　LINQ 概 述

LINQ 是 Language Integrated Query 的缩写，中文名字是语言集成查询，它提供给开发人员一个统一的编程概念和语法，开发人员不需要关心将要访问的是关系数据库还是 XML 数据，或远程的对象，它都采用同样的访问方式。

LINQ 是一组系列技术，包括 LINQ、DLINQ、XLINQ 等。其中，LINQ 到对象是对内存进行操作，LINQ 到 SQL 是对数据库进行操作，LINQ 到 XML 是对 XML 数据进行操作。图 14.1 描述了 LINQ 技术的体系结构。

图 14.1　LINQ 体系结构

LINQ 的产生源于 Anders Hejlsberg(C#的首席设计师)和 Peter Golde 考虑如何扩展 C#以更好地集成数据查询。由于 LINQ 的出现，开发人员可以使用关键字和运算符实现针对强类型化对象集的查询操作。在编写查询过程时，可以获得编译时的语法检查、元数据、智能感知和静态类型等强类型语言所带来的优势。并且它还可以方便地查询内存中的信息而不仅仅只是外部数据。

在 Visual Studio 2010 中，可以使用 C#语言为各种数据源编写 LINQ 查询，包括 SQL Server 数据库、XML 文档、ADO.NET 数据集，以及支持 IEnumerable 接口(包括泛型)的任意对象集合。除了这几种常见的数据源之外，.NET Framework 还为用户扩展 LINQ 提供支持，只要实现第三方的 LINQ 支持程序，然后通过 LINQ 就可以获取自定义的数据源。LINQ 查询既可在新项目中使用，也可在现有项目中与非 LINQ 查询一起使用，唯一的要求是项目必须与.NET Framework 的版本相兼容。

14.3　LINQ 和泛型

LINQ 查询基于泛型类型，而泛型这一新的数据类型是从.NET Framework 2.0 时就开始出现的。使用时并不需要深入了解泛型的具体内容，就可以直接开始编写查询语句。但是在使用 LINQ 之前还是有必须要了解两个基本的泛型概念。

(1) 当创建泛型集合类，如 List<T>的实例时，会自动将 T 替换为列表中所包含对象的数据类型。例如，字符串类型的列表以 List<string>来表示，Person 对象列表以 List<Person>来表示。由于泛型列表是属于强类型的，因此这比使用 Object 对象作为集合元素的定义方式更具有优点。当将 Person 添加到 List<string>列表中，则会在编译时出现一条错误。泛型集合使用方便的最主要原因是不需要在执行运行时进行类型的强制转换。

(2) IEnumerable<T>是一个接口，通过该接口可以使用 foreach 语句来枚举泛型集合类。泛型集合类支持 IEnumerable<T>接口，就像非泛型集合类支持 IEnumerable 一样，如 ArrayList 集合。

LINQ 查询变量类型化为 IEnumerable<T>或派生类型(如 IQueryable<T>接口)时，意味着在执行该查询时，该查询将生成包含零个或多个 T 对象的序列。例如，下面这段代码中定义了 Person 类型的 IEnumerable 查询变量 personQuery，在查询结果中将返回 Person 类型的一个序列，其中包含了所有年龄为 28 岁的 Person 对象。

```
IEnumerable<Person> personQuery =from person in PersonInfo
                                 where person.age == 28
                                 select   person;
foreach (Person per   in personQuery){
    Console.WriteLine(per.LastName + ", " + per.FirstName);
}
```

为了避免使用泛型语法，可以使用隐式类型来声明查询，即使用 var 关键字来声明查询。var 关键字指示编译器通过查看在 from 子句中指定的数据来推断查询变量的类型，以下代码和前面的代码具有相同的效果。

```
var personrQuery =from person in PersonInfo
                 where person.age == 28
                 select   person;
foreach (var per in personrerQuery) {
      Console.WriteLine(per.LastName + ", " + per.FirstName);
}
```

14.4　LINQ 查询步骤

查询是一种从数据源检索数据的表达式，通常使用专门的查询语言来表示。目前已经存在了为各种数据源开发的不同查询语言，如用于关系数据库的 SQL 语言和用于 XML 的 Xquery 语言。因此，开发人员不得不针对它们必须支持的每种数据源或数据格式而学习新的查询语言。而现在 LINQ 的出现，通过提供一种跨各种数据源和数据格式的一致性模型，简化了这一情况。在 LINQ 查询中可以使用相同的基本编码模式来查询和转换 XML 文档、SQL 数据库、ADO.NET 数据集、.NET 集合中的数据，以及支持 LINQ 提供程序的任何其他格式的数据。

LINQ 的查询操作通常由以下三个步骤组成：

(1) 获得数据源。

(2) 创建查询。

(3) 执行查询。

下面这段示例代码演示了查询操作的三个步骤：

```
string[ ] word = {"One","Two", "Three", "Four", "Five","Six"};
 var result =from s in word          //从 word 数组中查询字符串
            where s.Length == 3 //条件是字符串长度是 3
            select s;               //返回查询结果
            foreach (var s in result) { //输出结果
                  Response.Write(s);
            }
```

在这段代码中，word 数组是数据源，第二句代码则创建了查询，第三句代码则执行了查询。

在 LINQ 中，查询的执行与查询本身截然不同，如果只是创建查询变量，则不会检索出任何数据。图 14.2 显示了完整的查询操作。

在 LINQ 查询中，数据源必须支持泛型 IEnumerable<T>接口。在上面的示例代码中由于数据源是数组，而它隐式支持泛型接口，因此它可以用 LINQ 进行查询。对于支持 IEnumerable<T>或由其派生接口的类型称为“可查询类型”。可查询类型不需要进行修改或特殊处理就可以使用 LINQ 数据源。

查询用来指定要从数据库中检索的信息，查询还可以指定在返回这些信息之前对其进行排序、分组和结构化。查询存储在查询变量中，并用查询表达式进行初始化。

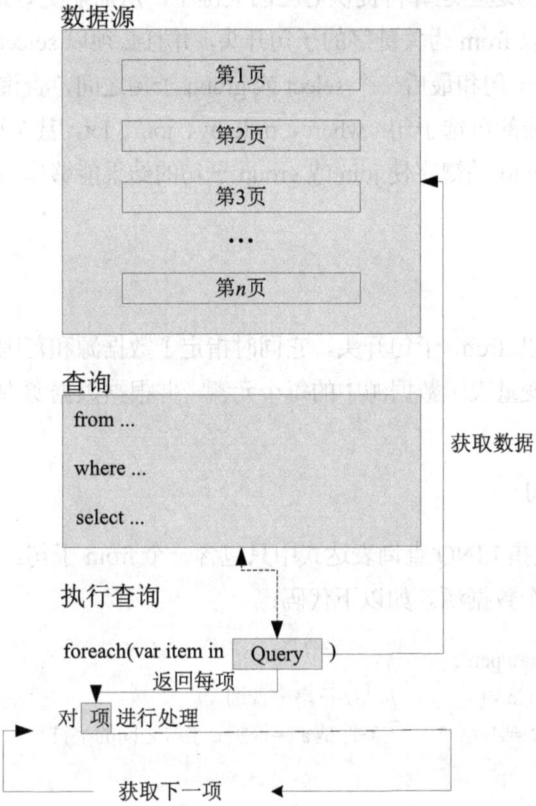

数据源
第1页
第2页
第3页
…
第n页
查询
from ...
where ...
select ...
获取数据
执行查询
foreach(var item in Query)
返回每项
对 项 进行处理
获取下一项

图 14.2　查询操作步骤

查询变量本身支持存储查询命令，而只有执行查询才能获取数据信息。查询分为两种：

(1) 延迟执行，在定义完查询变量后，实际的查询执行会延迟到在 foreach 语句中循环访问查询变量时发生。

(2) 强制立即执行，对一系列源元素执行聚合函数的查询，必须首先循环访问这些元素。Count、Max、Average 和 First 就属于此类型查询。由于查询本身必须使用 foreach 以便返回结果，因此这些查询在执行时不使用显式的 foreach 语句。此外，这些类型的查询返回单个值，而不是 IEnumerable 集合。

14.5　LINQ 查询语句

对于编写查询的开发人员来说，LINQ 最明显的“语言集成”部分是查询表达式。查询表达式使用声明性查询语法编写。通过使用查询语法，开发人员可以使用最少的代码对数据源执行复杂的筛选、排序和分组操作。也可以查询和转换 SQL 数据库、ADO.NET 数据集、XML 文档、流以及.NET 集合中的数据。

查询表达式是由查询关键字和对应的操作数组成的表达式整体，其中，查询关键字是常用的查询运算符。C#为这些运算符提供对应的关键字，从而能更好地与 LINQ 集成。

查询表达式必须以 from 为关键字的子句开头，并且必须以 select 或 group 关键字的子句结尾。在第一个 from 子句和最后一个 select 或 group 子句之间，查询表达式可以包含一个或多个由下列关键字组成的可选子句：where、orderby、join、let，甚至可以包括附加的 from 子句。同时还可以使用 into 关键字使 join 或 group 子句的结果能够作为同一查询表达式中附加查询子句的数据源。

14.5.1　from 子句

查询表达式必须以 from 子句开头。它同时指定了数据源和范围变量。在对数据源进行遍历的过程中，范围变量表示数据源中的每个元素，并根据数据源中元素类型对范围变量进行强类型化。

1. 单个 from 子句

单个 from 子句是指 LINQ 查询表达式中只包含一个 from 子句。一般情况下，单个 from 子句查询往往使用一个数据源。如以下代码：

```
String str="This is a pen";
var result=from n in str            //从字符串中查询
where n<='c'&&>='a'                  //条件是 a 字符到 c 字符之间的字符
select n;
```

2. 多个 from 子句

多个 from 子句指在 LINQ 查询表达式中包含多个 from 子句。一般情况下，包含多个 from 子句的查询往往使用多个数据源。如以下代码：

```
int[ ] num1={1,2,3,4,5,6,7,8,9,10};
int[ ] num2={100,200,300,400,500,600};
var result=from n in num1    //第一个 from 子句
where n<4
from m in num2               //第二个 from 子句
where m>200
select n*m;
```

3. 复合 from 子句

在一些情况下，数据源的元素也是一个数据源(子数据源)。如果要查询子数据源中的元素，则需要使用复合 from 子句。如以下代码：

```
string[ ] str={"This is a pen"," This is a picture"};
var result= from n in str
            from m in n    //复合 from 子句
```

```
where n.IndexOf("pen")>-1&&n<='g'&&c>='a'
select m+":"n;
```

上面代码中的表达式首先从 str 字符数组中查询包含 pen 的字符串(使用 from n in str 子句)，然后从该字符串中查询 a 字符到 g 字符之间的字符(使用 from m in n 子句)。最后，输出查询结果的字符及其所在的字符串。

14.5.2　select 子句

使用 select 子句可以查询所有类型的数据源。它可以指定查询结果的类型和表现形式。简单的 select 子句只能查询与数据源中所包含的元素具有相同类型的对象。一个 LINQ 表达式可以不包含 select 子句，也可以包含一个 select 子句。例如以下代码：

```
IEnumerable< Student> StudentQuery= from age in Students   //定义查询变量
                                    orderby Student.age //根据 age 的大小重新排序
                                    select age;   //查询出已经重新排序后的集合
```

14.5.3　group 子句

使用 group 子句可以对查询的结果进行分组，并返回元素类型为 IGrouping<TKey,TElement>的对象序列。其中 Key 参数指定元素的键的类型，可以采用任何数据类型；TElement 参数指定元素值的类型。例如，根据 age 属性进行分组查询的代码如下：

```
var   StudentQueryByName = from s in students
                           group s by s.aeg; //对查询结果进行分组
foreach (var studentGroup in StudentQueryByName){
        Console.WriteLine(studentGroup.Key);
        foreach (student s in studentGroup){
                Console.WriteLine(" {0}", s.age);
        }
}
```

代码中通过 foreach 循环遍历查询结果。在使用 group 子句结束查询时，结果保存在嵌套的集合中，即集合中的每个元素又是另一集合，该子集合中包含根据 Key 键划分的每个分组对象。在循环访问生成分组的对象时，必须使用嵌套的 foreach 循环。外部循环用于循环访问每个分组对象，内部循环用于循环访问每个组的成员。

如果必须引用分组操作的结果，可以使用 into 关键字来创建进一步的查询。下面的查询只返回那些包含两个以上的学生的分组：

```
var   studentQuery =from s in students
              //使用 into 关键字表示把 group 分组的结果保存在 studentGroup 中
              group s by s.age into studentGroup
              where student.Count( ) > //查询条件为返回学生数量大于 1 个人的分组
              orderby studentGroup.Key
              select studentGroup;
```

14.5.4　where 子句

where 子句是通过条件的设定对查询的结果进行过滤，筛选元素满足的逻辑条件，从数据源中排除指定的元素。where 子句一般由逻辑运算符组成。一个查询表达式可以包含一个或多个 where 子句，甚至不包含 where 子句。每个 where 子句可以包含一个或多个布尔条件表达式。在下面的示例中，只返回姓名是“张琴”的学生：

```
var queryStudent =from s in Students
                  //设置查询的条件, 姓名是否叫张琴
                  //通过 where 子句，排除姓名不叫张琴的学生
                   where s.Name == "张琴"
                   select s;
```

如果要使用多个过滤条件，需要使用逻辑运算符号，如&&、||等。例如，下面的代码只返回年龄是 20 岁且姓名为“张琴”的学生：

```
where s.Name=="张琴" &&s.age == "20"
```

14.5.5　orderby 子句

使用 orderby 子句可以很方便地对返回的查询数据按照关键字(或键)进行排序。其中，排序方式可以为“升序”或“降序”，排序的关键字(或键)可以为一个或多个。例如，根据 age 属性对查询返回的结果进行排序：

```
var queryStudent = from s in Students
                    where s.age == 20
                    orderby s.age ascending
                    select s;
```

代码中使用 order by 关键字进行排序。Student 类型的 age 属性是整型值，执行学生的年龄从大到小排序。ascending 关键字表示以默认方式按递增的顺序进行排列，而使用 descending 关键字则表示把查询出的数据按递减的顺序排列。

14.5.6　join 子句

在 LINQ 中，join 子句可以将来自不同数据源中没有直接关系的元素进行关联，但是要求两个不同数据源中必须有一个相等元素的值。join 子句可以为数据源之间建立以下三种连接关系。

- 内部连接：两个数据源必须都存在相同的值，即两个数据源都必须存在满足连接关系的元素。
- 分组连接，即含有 into 子句和 join 子句。
- 左外部连接，和 SQL 语句中的 INNER LEFT 子句比较相似。

下面对两个数据集 arry1 和 arry2 进行连接查询。

```
int arry1={7,17,27,33,35,51};　//创建整型数组 arry1 作为数据源
int arry2={13,23,33,53,63,73,83};　//创建整型数组 arry2 作为数据源
var query=from val1 in arry1　//连接的第一个集合为 arry1
          join val2 in arry2　//连接的第二个集合为 arry2
          on val1%6 equals val2%16　//当 val1%6 和 val2%16 有相同的值时
          //select 子句将 val1 和 val2 选择为查询结果
          select new { VAL1= val1,VAL2= val2 };
```

14.5.7　into 子句

into 子句可以创建一个临时标识符，使用该标识符可以存储 group、join 或 select 子句查询结果。例如以下代码：

```
int[ ] num={1,2,3,4,5,6,7,8,9,10};
var result=from n in num
          orderby n descending //按照元素的值进行倒序排序
          group n by s%2==0　//按照元素的奇偶性进行分组
          into g //将每个查询结果临时保存为变量 g
          wherer g.Count( )>5 //判断变量 g 中的元素数量是否大于 5
          select g;
```

14.5.8　let 子句

let 子句可以创建一个范围变量，使用该变量可以保存表达式中的中间结果。例如以下代码：

```
int[ ] num={1,2,3,4,5,6,7,8,9,10};
var result=from n in num
          //使用 let 语句创建范围变量 m,它的值为元素除以 2 的余数
          let m=n%2
          //查询元素的值大于 3，且范围变量的值等于 1 的元素
           where n>3&&m==1
           select n;
```

下面以一个示例来说明如何使用 LINQ 基本查询。本示例实现从学生的集合中查找地址在北京的学生并输出查询结果到控制台。详细内容如代码清单 14.1 所示。

代码清单 14.1

```
using System;
using System.Collections.Generic;
using System.Linq;
using System.Text;
namespace ConsoleApplication1{
   class Program{
      //定义学生类，并定义 3 个类属性
      public class Student {
                  public string name { get; set; }
```

```
                public int age { get; set; }
                public string address { get; set; }
        }
        static void Main(string[ ] args){
            //初始化一个 List 类型的学生类集合，其中定义了 6 个学生对象
            List<Student> stud = new List<Student>{
                    new Student { name ="Mary",age =21,address ="北京"},
                    new Student { name ="John",age =37,address ="北京"},
                    new Student { name ="Mark",age =40,address ="北京"},
                    new Student { name ="Rose",age =50,address ="北京"},
                    new Student { name ="Peter",age =38,address ="上海"},
                    new Student { name ="Hanson",age =30,address ="上海"}
                    };
            //定义 LINQ 查询表达式
            var studentQuery =from s in stud //定义范围变量和获得数据源
                        where s.address =="北京"   //定义查询条件
                        //查询的排序方式是按照年龄大小降序排列
                        orderby s.age descending
                        select s .name ;
            Console.WriteLine("地址在北京的学生有：");
            foreach (var a in studentQuery){     //循环遍历符合要求的变量
                    Console.WriteLine(a);      //输出符合要求的学生的名字
            }
        }
    }
}
```

输出结果为：

```
地址在北京的学生有：
Rose
Mark
John
Mary
```

14.6　LINQ 和数据库操作

LINQ 查询技术主要用于操作关系型数据库，其中 LINQ 到 SQL 是 LINQ 操作数据库中最重要的技术。它提供运行时的基础结构，将关系数据库作为对象进行管理。本节将着重介绍有关 LINQ 到 SQL 的使用方法。

在 LINQ 到 SQL 中，关系数据库的数据模型映射到开发人员所使用的编程语言表示的对象模型。当应用程序运行时，LINQ 到 SQL 会将对象模型中的语言集成查询转换为 SQL，然后将它们发送到数据库进行执行。当数据库返回结果时，LINQ 到 SQL 会将它们转换回开发

者可以使用的编程语言处理对象。

14.6.1　LINQ 到 SQL 基础

通过使用 LINQ 到 SQL，可以像访问内存中的集合一样访问 SQL Server 数据库，可以像使用 T-SQL 语言一样完成几乎相同查询，这些的常用功能包括选择、插入、更新和删除。

以上四大功能包含了数据库应用程序的基本操作，LINQ 到 SQL 全都能够实现。因此，掌握了 LINQ 技术后，就不需要再针对特殊的数据库学习特别的 SQL 语法了。

LINQ 到 SQL 的使用主要可以分为两大步骤。

1. 创建对象模型

要实现 LINQ 到 SQL，首先必须根据现有关系数据库的元数据创建对象模型。对象模型就是按照开发人员所用的编程语言来表示的数据库。有了这个表示数据库的对象模型，才能创建查询语句操作数据库。

2. 使用对象模型

在创建了对象模型后，就可以在该模型中描述信息请求和操作数据。使用对象模型的基本步骤如下：

(1) 创建查询以从数据库中检索信息。

(2) 重写 Insert、Update 和 Delete 的默认行为。

(3) 设置适当的选项以便检测和报告可能产生的并发冲突。

(4) 建立继承层次结构。

(5) 提供合适的用户界面。

(6) 调试并测试应用程序。

以上只是使用对象模型的基本步骤，其中很多步骤都是可选的，在实际应用中，有些步骤可能并不会每次都使用到。

14.6.2　对象模型和对象模型的创建

对象模型是关系数据库在编程语言中表示的数据模型，对对象模型的操作就是对关系数据库的操作。表 14.1 列举了 LINQ 到 SQL 对象模型中最基本的元素及其与关系数据库模型中的元素的对应关系。

表 14.1　LINQ 到 SQL 对象模型中最基本的元素

LINQ 到 SQL 对象模型	关系数据模型	LINQ 到 SQL 对象模型	关系数据模型
实体类	表	关联	外键关系
类成员	列	方法	存储过程或函数

创建对象模型，就是基于关系数据库来创建这些 LINQ 到 SQL 对象模型中最基本的元素。创建对象模型的方法有三种。

(1) 使用对象关系设计器。对象关系设计器提供了用于从现有数据库创建对象模型的丰富用户界面，它包含在 Visual Studio 2010 中，最适合小型或中型数据库。

(2) 使用 SQLMetal 代码生成工具，这个工具适合大型数据库的开发，因此对于普通读者来说，这种方法并不常用。

(3) 直接编写创建对象的代码。这种方法在有对象关系设计器的情况下不建议使用。

对象关系设计器(O/R 设计器)提供了一个可视化设计界面，用于创建基于数据库中对象的 LINQ 到 SQL 实体类和关联(关系)。换句话说，O/R 设计器用于在应用程序中创建映射到数据库中的对象模型。它还生成一个强类型 DataContext，用于在实体类与数据库之间发送和接收数据。

强类型 DataContext 对应于类 DataContext，它表示 LINQ 到 SQL 框架的主入口点，充当 SQL Server 数据库与映射到数据库的 LINQ 到 SQL 实体类之间的管道。DataContext 类包含用于连接数据库以及操作数据库数据的连接字符串信息和方法。默认情况下，DataContext 类包含多个可以调用的方法。例如，用于将已更新的数据从 LINQ 到 SQL 类发送到数据库的 SubmitChanges 方法。还可以创建其他映射到存储过程和函数的 DataContext 方法。也可以通过将新的方法添加到 DataContext 类，对其进行扩展。DataContext 类提供了表 14.2 和表 14.3 所示的属性和方法。

表 14.2　DataContext 类的属性

属　性	说　明
ChangeConflicts	返回调用 SubmitChanges 时导致并发冲突的集合
CommandTimeout	增大查询的超时期限，如果不增大则会在默认超时期限间出现超时
Connection	返回由框架使用的连接
DeferredLoadingEnabled	指定是否延迟加载一对多关系或一对一关系
LoadOptions	获取或设置与此 DataContext 关联的 DataLoadOptions
Log	指定要写入 SQL 查询或命令的目标
Mapping	返回映射所基于的 MetaModel
ObjectTrackingEabled	指示框架跟踪此 DataContext 的原始值和对象标识
Transaction	为.NET 框架设置要用于访问数据库的本地事务

表 14.3　DataContext 类的方法

方　法	说　明
CreateDatabase	在服务器上创建数据库
CreateMethodCallQuery(TResult)	基础结构。执行与指定的 CLR 方法相关联的表值数据库函数
DatabaseExists	确定是否可以打开关联数据库
DeleteDataBase	删除关联数据库
ExecuteCommand	直接对数据库执行 SQL 命令

(续表)

ExecuteDynamicDelete	在删除重写方法中调用，以向 LINQ 到 SQL 重新委托生成和执行删除操作的动态 SQL 的任务
ExecuteDynamicInsert	在插入重写方法中调用，以向 LINQ 到 SQL 重新委托生成和执行插入操作的动态 SQL 的任务
ExecuteDynamicUpdate	在更新重写方法中调用，以向 LINQ 到 SQL 重新委托生成和执行更新操作的动态 SQL 的任务
ExecuteMethodCall	基础结构，执行数据库存储过程或指定的 CLR 方法关联的标量函数
ExecuteQuery	已重载，直接对数据库执行 SQL 查询
GetChangeSet	提供对由 DataContext 跟踪的已修改对象的访问
GetCommand	提供有关由 LINQ 到 SQL 生成的 SQL 命令的信息
GetTable	已重载，返回表对象的集合
Refresh	已重载，使用数据库中数据刷新对象状态
SubmitChanges	已重载，计算要插入、更新或删除的已修改对象的集合，并执行相应命令以实现对数据库的更改
Translate	已重载，将现有 IDataReader 转换为对象

下面以一个示例来演示如何使用 Visual Studio 2010 创建数据实体模型实体类。整个示例中会使用到数据库。数据库创建过程如下。

(1) 使用 SQL Server 2008，创建名为 School 的数据库，其他设置接受默认值。

(2) 为该数据库新建一个 Students 表，结构如表 14.4 所示。

表 14.4　Students 表结构

字 段 名	数 据 类 型	主　键	是否允许空	描　述
ID	int	是	否	学号
StuName	varchar(50)	否	否	学生姓名
Phone	varchar(20)	否	是	电话
Address	varchar(200)	否	是	地址
City	varchar(50)	否	是	城市

程序实现的具体过程如下：

(1) 启动 Visual Studio 2010，创建一个 Windows 窗体应用程序，命名为 LinqApplication。

(2) 选择“视图”｜“服务器资源管理器”命令，弹出如图 14.3 所示的“服务器资源管理器”窗口。右击“数据连接”，在弹出的快捷菜单中选择“添加连接”命令。

(3) 在弹出的“添加连接”对话框中单击“浏览”按钮，选择创建好的 School.mdf 数据库文件。单击“测试连接”按钮，如果连接成功，会弹出连接成功的对话框，然后单击该对话框中的“确定”按钮，最后回到“添加连接”对话框，单击“确定”按钮。如图 14.4 所示。

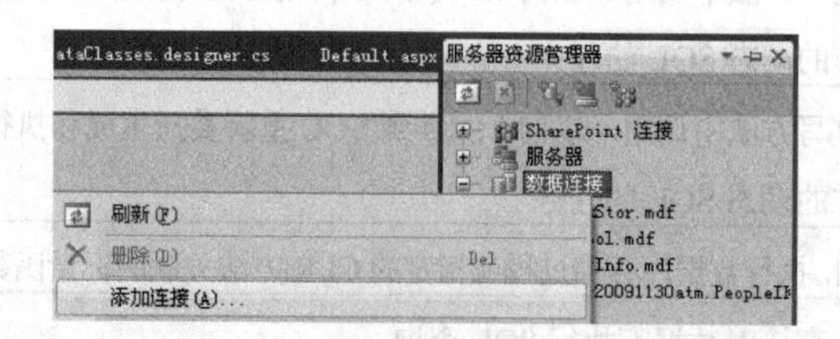

图 14.3　“服务器资源管理器”窗口

图 14.4　“添加连接”对话框

(4) 在“服务器资源管理器”窗口的“数据连接”节点下会出现刚才添加好的 School.mdf 数据库。展开 School.mdf 节点下的“表”节点，可以看到图 14.5 所示的 Students 数据表。

(5) 右击网站名称，从弹出的快捷菜单中选择“添加新项”命令，弹出如图 14.6 所示的“添加新项”对话框。选择“已安装的模板”下的 Visual C#模板，并在模板文件列表中选中“LINQ to SQL 类”，然后在“名称”文本框输入该文件的名称 DataClasses.dbml，最后单击“添加”按钮。

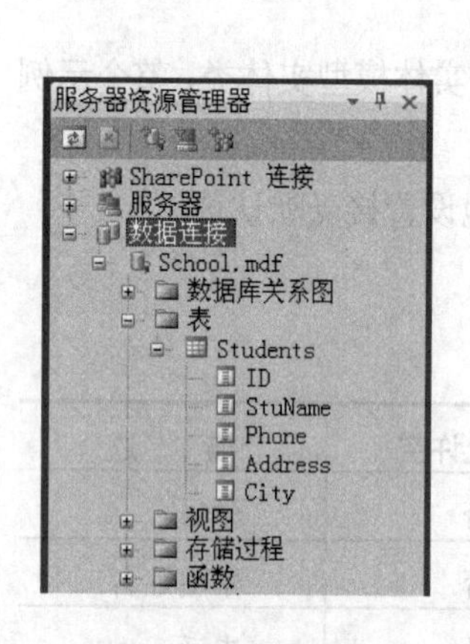

图 14.5　生成连接

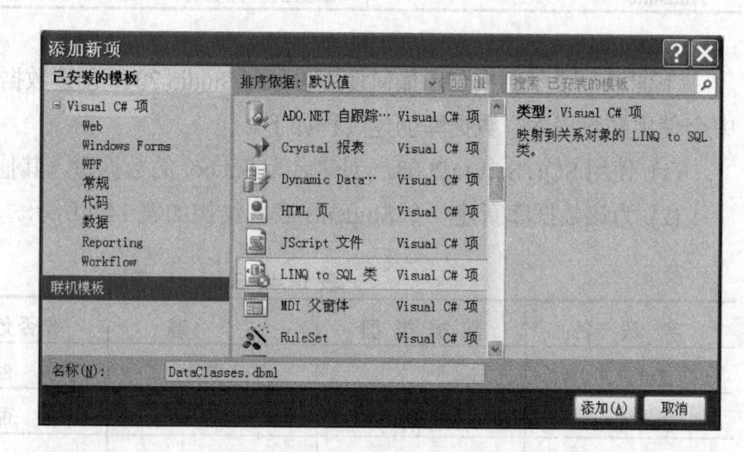

图 14.6　“添加新项”对话框

(6) 在项目的根目录下会生成如图 14.7 所示的 DataClasses.dbml 文件，该文件又包含了一个 DataClasses. dbml.layout 文件和一个 DataClasses.designer.cs 文件。

(7) 双击 DataClasses.dbml 文件，出现 LINQ 到 SQL 类的“对象关系设计器”界面。在此界面中，可以通过拖曳方式来定义与数据库相对应的实体和关系。将“服务器资源管理器”窗口中 School.mdf 节点下的“表”节点中的 Students 表拖曳到“对象关系设计器”界面上，这时就会生成一个如图 14.8 所示的实体类，该类包含了与 Students 表的字段对应的属性。

图 14.7　生成 DataClasses.dbml 文件

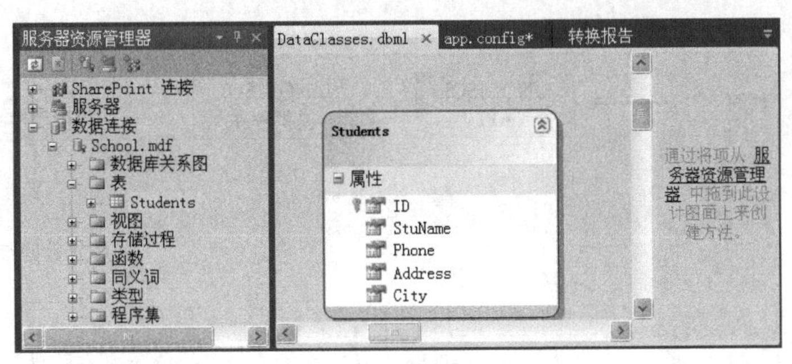

图 14.8　对象关系设计器

(8) 打开文件 DataClasses.disigner.cs，可以看到该文件自动生成了包含 LINQ 到 SQL 实体类以及强类型 DataClassesDataContext 的定义。至此，实体类 Students 就创建完毕了，在页面代码中就可以像使用其他类型的类一样使用它。

14.6.3　LINQ 查询数据库

创建了对象模型后，就可以查询数据库了。LINQ 到 SQL 中的查询与 LINQ 中的查询使用相同的语法，只不过它们操作的对象有所差异，LINQ 到 SQL 查询中引用的是对象映射到数据库中的元素。表 14.5 列出了二者相似和不同之处。

表 14.5　LINQ 到 SQL 中的查询与 LINQ 中的查询的异同

项	LINQ 查询	LINQ 到 SQL 查询
保存查询的局部变量的返回类型 (对于返回序列的查询而言)	泛型 IEnumerable	泛型 IQueryable
指定数据源	使用开发语言直接指定	相同
筛选	使用 Where/where 子句	相同
分组	使用 Group…by/groupby	相同
选择	使用 Select/select 子句	相同
延迟执行与立即执行	按照返回类型不同来划分	相同
实现关联	使用 Join/join 子句	可以使用 Join/join 子句，但使用 AssociationAttribute 属性更有效
远程执行与本地执行	没有	根据查询实际执行的位置来划分
流式查询与缓存查询	在本地内存情况中不使用	没有

LINQ 到 SQL 会将编写的查询转换成等效的 SQL 语句，然后把它们发送到服务器进行处理。具体来说，应用程序将使用 LINQ 到 SQL 的 API 来请求查询执行，LINQ 到 SQL 提供程序随后会将查询转换成 SQL 文本，并委托 ADO 提供程序执行。ADO 提供程序将查询结果作为 DataReader 返回，而 LINQ 到 SQL 提供程序将 ADO 结果转换成用户对象的 IQueryable 集合。图 14.9 描绘了 LINQ 到 SQL 的查询过程。

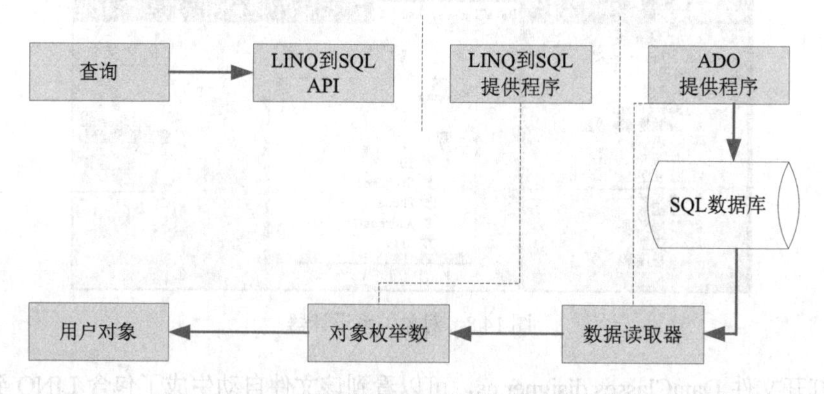

图 14.9　LINQ 到 SQL 的查询过程

在 14.6.2 节创建了一个名为 Studenst 的实体类，下面这段代码就是从其中执行查询过程：从实体类 Students 中获取查询到的数据，并将数据绑定到 dataGridView1 控件中显示。

```
DataClasses1Data Context data = new DataClasses1DataContext( );
        var StudentsQuery = from student in data.Student
                            select student;
        dataGridView1.DataSource = StudentsQuery;
```

LINQ 到 SQL 的查询根据其执行的位置不同可以分为远程查询执行和本地查询执行。

(1) 远程查询执行是数据库引擎对数据库执行查询。这种查询的执行方式有两个优点：

- 不会检索到不需要的数据。
- 由于利用了数据库索引，有数据库引擎执行的查询通常更为高效。

在 LINQ 到 SQL 中，EntitySet(TEntity)类实现了 IQueryable 接口，这种方式确保了可以以远程方式执行此类查询。

如果数据库有数千行数据，则在处理其中很小一部分时就不需要将它们全部都检索出来。这时就可以使用远程查询执行。例如，以下代码采用 Lambda 表达式来编写查询，采用了远程执行方式，LINQ 到 SQL 会把查询转化为 SQL 文本发送到数据库服务器执行。

```
Northwnd db = new Northwnd(@"northwnd.mdf");
Customer c = db.Customers.Single(x => x.CustomerID == "19283");
foreach (Order ord in c.Orders.Where(o => o.ShippedDate.Value.Year == 1998)){
    // 具体的代码
}
```

(2) 本地查询执行，即对本地缓存进行查询。在某些情况下，可能需要在本地缓存中保留完整的相关实体集，为此，EntitySet(TEntity)类提供了 Load( )方法，用于显式加载 EntitySet(TEntity)的所有成员。在 EntitySet(TEntity)加载后，后续查询将在本地执行。这种查询也有两个优点：

- 如果此查询的结果集必须在本地使用或使用多次，则可以避免远程查询和与之相关的延迟。
- 实体可以序列化为完整的实体。

下面这段代码演示了如何在本地执行查询。利用 Load 方法把获得的实体数据加载到本地，然后在本地对放在缓存中的对象进行查询。

```
Northwnd db = new Northwnd(@"northwnd.mdf");
Customer c = db.Customers.Single(x => x.CustomerID == "19283");
c.Orders.Load( );
foreach (Order ord in c.Orders.Where(o => o.ShippedDate.Value.Year == 1998)){
    // 具体的代码
}
```

下面以一个示例来演示如何使用上面创建的实体类 Students 从数据表 Students 中获取数据并显示在 dataGridView 控件上。

示例程序实现的具体过程如下。

(1) 继续上面 Windows 窗体应用程序 LinqApplication 的开发，在程序中创建一个新的窗体 Form1 从工具箱分别拖动 1 个 dataGridView 控件、1 个 TextBox 控件、1 个 Button 控件和 1 个 Label 控件到 Form1 窗体中进行控件布局。

(2) 设置 Label 控件 label1 的 Text 属性为：请输入学生的姓名。

(3) 设置 Button 控件 button1 的 Text 属性为：查询。注意，由于本例中控件的属性设置都很简单，仅对 Text 属性进行操作，故这一部分的说明在后文中将从略。

(4) 双击 Button 控件 button1，在 Form1.cs 后台代码文件中自动生成按钮 button1 的单击事件。

(5) 在 Form1.cs 文件中编写代码，如代码清单 14.2 所示。

代码清单 14.2

```
using System;
using System.Collections.Generic;
using System.ComponentModel;
using System.Data;
using System.Drawing;
using System.Linq;
using System.Text;
using System.Windows.Forms;
namespace LinqApplication
{
    public partial class Form1 : Form
    {
        //声明强类型 DataClassesDataContext 的对象
        DataClassesDataContext dcdc = new DataClassesDataContext( );
        public Form1( )
        {
            InitializeComponent( );
            //创建 LINQ 查询语句查询 Students 表中所有的实体对象
            var result = from student in dcdc.Students
```

```
                    select student;
        //数据绑定到 dataGridView 控件中显示
        dataGridView1.DataSource = result;
    }
    private void button1_Click(object sender, EventArgs e)
    {
        //定义隐藏变量 result 通过 LINQ 查询
        //从 Students 表中获得用户输入名字对象的信息数据
        var result = from student in dcdc.Students
                    where student.StuName == textBox1.Text
                    select student;
        //将查询到的数据作为列表控件 dataGridView1 的数据源
        dataGridView1.DataSource = result;
    }
  }
}
```

(6) 按 Ctrl+F5 组合键运行程序，如图 14.10 所示。

(7) 用户输入查询的名字，单击“查询”按钮。显示出如图 14.11 所示的查询结果。

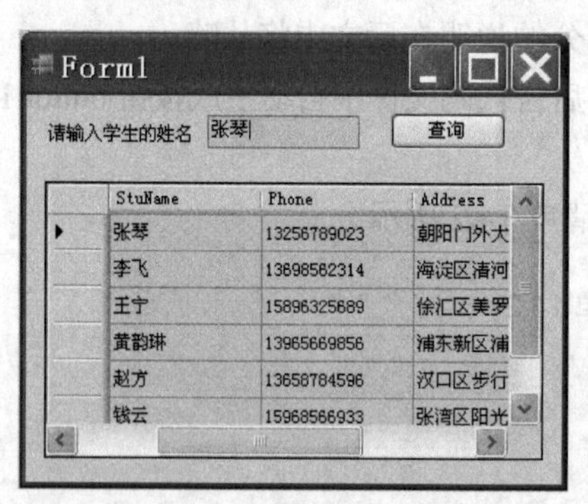

图 14.10　运行结果 1

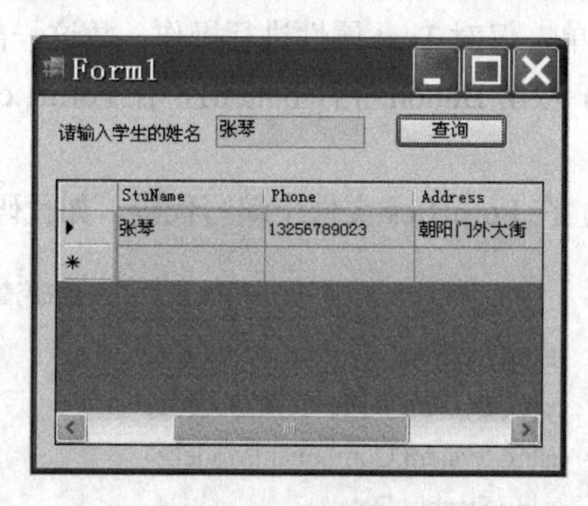

图 14.11　运行结果 2

14.6.4　LINQ 更改数据库

开发人员可以使用 LINQ 到 SQL 对数据库进行插入、更新和删除操作。在 LINQ 到 SQL 中执行插入、更新和删除操作的方法是：向对象模型中添加对象，或者更改和移除对象模型中的指定对象，然后 LINQ 到 SQL 会把所做的操作转化成 SQL，最后把这些 SQL 提交到数据库执行。默认情况下，LINQ 到 SQL 就会自动生成动态 SQL 语句来实现插入、读取和更新操作。当然，用户也可以自定义 SQL 语句来实现一些特殊的功能。

1. LINQ 插入数据库

使用 LINQ 向数据库插入行的操作步骤如下：

(1) 创建一个要提交到数据库的新对象。

(2) 将这个新对象添加到与数据库中目标数据表关联的 LINQ 到 SQL Table 集合。

(3) 将更改提交到数据库。

下面通过示例演示利用前面创建的实体类 Students，接受用户输入的数据并插入到数据库的 Students 表中。

示例程序实现的具体过程如下：

(1) 继续上面 Windows 窗体应用程序 LinqApplication 的开发，在程序中创建一个新的窗体 Form2。

(2) 从工具箱分别拖动 1 个 dataGridView 控件、5 个 Label 控件、5 个 TextBox 控件和 1 个 Button 控件到 Form2 窗体中进行控件布局。

(3) 设置各控件的属性值。

(4) 双击 Button 控件 button1，在 Form2.cs 后台代码文件中自动生成按钮 button1 的单击事件。

(5) 在 Form2.cs 文件中编写代码，如代码清单 14.3 所示。

代码清单 14.3

```
using System;
using System.Collections.Generic;
using System.ComponentModel;
using System.Data;
using System.Drawing;
using System.Linq;
using System.Text;
using System.Windows.Forms;
namespace LinqApplication
{
    public partial class Form2 : Form
    {
        //声明强类型 DataClassesDataContext 的对象
        DataClassesDataContext dcdc = new DataClassesDataContext( );
        public Form2( )
        {
            InitializeComponent( );
            //调用 bind 方法显示数据
            bind( );
        }
        private void button1_Click(object sender, EventArgs e)
        {
            //声明了一个 Students 实体类的对象 stu
            Students stu = new Students( );
            //给 stu 对象的 5 个属性赋值
            stu.ID = int.Parse(textBox1.Text);
            stu.StuName = textBox2.Text;
            stu.Phone = textBox3.Text;
```

```
                stu.Address = textBox4.Text;
                stu.City = textBox5.Text;
                //调用 InsertOnSubmit 方法向 LINQ to SQL Table(TEntity)集合中插入数据
                dcdc.Students.InsertOnSubmit(stu);
                //调用方法 SubmitChanges 提交更改
                dcdc.SubmitChanges( );
                //调用 bind 方法显示数据
                bind( );
            }
            //定义绑定列表控件 dataGridView1 控件的方法 bind
            private void bind( )
            {
                //创建 LINQ 查询语句查询 Students 表中所有的实体对象
                var result = from student in dcdc.Students
                             select student;
                //将查询的结果作为列表控件 dataGridView1 的数据源
                dataGridView1.DataSource = result;
            }
        }
    }
```

(6) 按 Ctrl+F5 组合键运行程序。运行后的效果如图 14.12 所示。

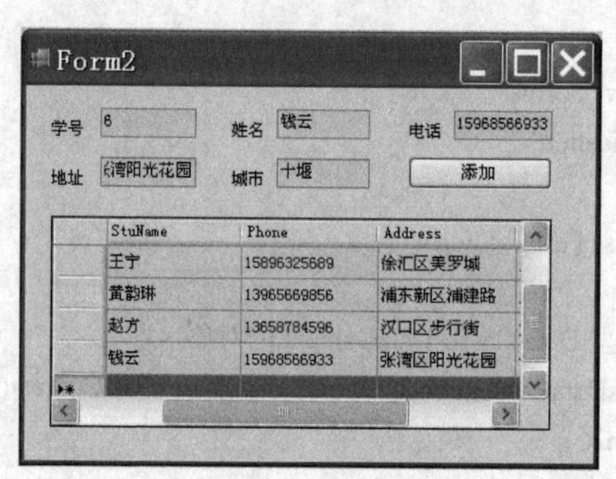

图 14.12　运行效果

2. LINQ 修改数据库

使用 LINQ 修改数据库数据的操作步骤如下：

(1) 查询数据库中要更新的数据行。

(2) 对得到的 LINQ 到 SQL 对象中成员值进行更改。

(3) 将更改提交到数据库。

下面通过示例演示利用前面创建的实体类 Students，接受用户输入的新数据修改数据库中 Students 表原有的信息。

示例程序实现的具体过程如下：

(1) 继续上面 Windows 窗体应用程序 LinqApplication 的开发，在程序中创建一个新的窗体 Form3。

(2) 从工具箱分别拖动 1 个 dataGridView 控件、4 个 Label 控件、3 个 TextBox 控件、1 个 ComboBox 控件和 1 个 Button 控件到 Form3 窗体中进行控件布局。

(3) 设置各控件属性值。

(4) 双击 Button 控件 button1，在 Form3.cs 后台代码文件中自动生成按钮 button1 的单击事件。

(5) 在 Form3.cs 文件中编写代码，如代码清单 14.4 所示。

代码清单 14.4

```
using System;
using System.Collections.Generic;
using System.ComponentModel;
using System.Data;
using System.Drawing;
using System.Linq;
using System.Text;
using System.Windows.Forms;
namespace LinqApplication
{
    public partial class Form3 : Form
    {
        //声明强类型 DataClassesDataContext 的对象
        DataClassesDataContext dcdc = new DataClassesDataContext( );
        public Form3( )
        {
            InitializeComponent( );
            //从数据库查询出 Students 表中所有对象的姓名
            var result = from n in dcdc.Students
                         select n.StuName;
            //将查询结果作为下拉列表的数据源
            comboBox1.DataSource = result;
            //调用 bind 方法显示列表数据
            bind( );
        }
        private void button1_Click(object sender, EventArgs e)
        {
            //从数据库查询到用户选择查询者的对象信息
            var result = from s in dcdc.Students
                         where s.StuName == comboBox1.SelectedItem.ToString( )
                         select s;
            //通过 foreach 循环更新查询对象的属性值
            foreach (var s in result)
            {
```

```
                s.Phone = textBox1.Text;
                s.Address = textBox2.Text;
                s.City = textBox3.Text;
            }
            //把更新提交到数据库以对数据库进行更新
            dcdc.SubmitChanges( );
            //调用 bind 方法显示列表数据
            bind( );
            //将用户输入在文本框中的数据清空
            textBox3.Text = "";
            textBox2.Text = "";
            textBox3.Text = "";
        }
        //定义绑定列表控件 dataGridView1 控件的方法 bind
        private void bind( )
        {
            //创建 LINQ 查询语句查询 Students 表中所有的实体对象
            var result = from student in dcdc.Students
                         select student;
            //将查询的结果作为列表控件 dataGridView1 的数据源
            dataGridView1.DataSource = result;
        }
    }
}
```

(6) 按 Ctrl+F5 组合键运行程序。运行后的效果如图 14.13 所示。

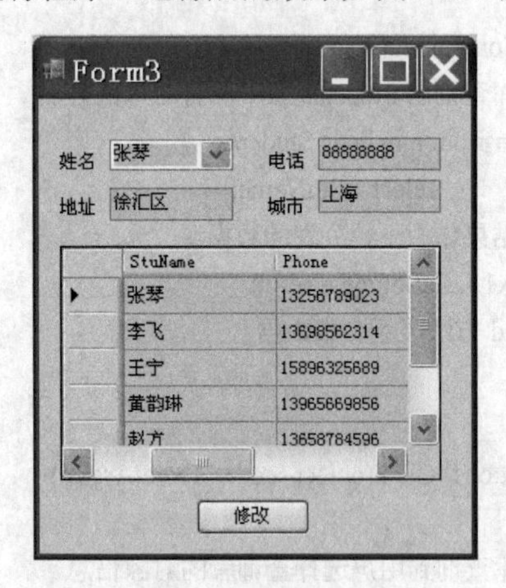

图 14.13　运行效果

3. LINQ 删除数据库

可以通过将对应的 LINQ 到 SQL 对象从相关的集合中去除来实现删除数据库中的数据行。不过，LINQ 到 SQL 不支持且无法识别级联删除操作。如果要在对行有约束的表中删除数据，则必须符合下面的条件之一：

- 在数据库的外键约束中设置 ON DELETE CASCADE 规则。
- 编写代码先删除约束表的级联关系。

删除数据库中数据行的操作步骤如下：

(1) 查询数据库中要删除的行。

(2) 调用 DeleteOnSubmit 方法。

(3) 将更改提交到数据库。

下面通过示例演示利用前面创建的实体类 Students，根据用户选择的姓名，删除数据库中该对象的数据信息。

示例程序实现的具体过程如下：

(1) 继续上面 Windows 窗体应用程序 LinqApplication 的开发，在程序中创建一个新的窗体 Form4。

(2) 从工具箱分别拖动 1 个 dataGridView 控件、1 个 Label 控件、1 个 ComboBox 控件和 1 个 Button 控件到 Form4 窗体中进行控件布局。

(3) 设置各控件属性值。

(4) 双击 Button 控件 button1，在 Form4.cs 后台代码文件中自动生成按钮 button1 的单击事件。

(5) 在 Form4.cs 文件中编写代码，如代码清单 14.5 所示。

代码清单 14.5

```
using System;
using System.Collections.Generic;
using System.ComponentModel;
using System.Data;
using System.Drawing;
using System.Linq;
using System.Text;
using System.Windows.Forms;
namespace LinqApplication
{
        public partial class Form4 : Form
        {
        //声明强类型 DataClassesDataContext 的对象 dcdc
        DataClassesDataContext dcdc = new DataClassesDataContext( );
        public Form4( )
        {
        InitializeComponent( );
        //从数据库查询出 Students 表中所有对象的姓名
        var result = from n in dcdc.Students
                    select n.StuName;
        //将查询结果作为下拉列表的数据源
        comboBox1.DataSource = result;
        bind( );
```

```
        }
        private void button1_Click(object sender, EventArgs e)
        {
            //从数据库查询到用户选择的对象
            var result = from s in dcdc.Students
                         where s.StuName == comboBox1.SelectedItem.ToString( )
                         select s;
            //调用方法 DeleteOnSubmit 删除获得对象
            dcdc.Students.DeleteAllOnSubmit(result);
            //把更改提交到数据库对数据进行删除
            dcdc.SubmitChanges( );
            //调用 bind 方法显示列表数据
            bind( );
        }
        private void bind( )
        {
            var result = from student in dcdc.Students
                         select student;
            dataGridView1.DataSource = result;
        }
    }
}
```

(6) 按 Ctrl+F5 组合键运行程序。运行后的效果如图 14.14 所示。

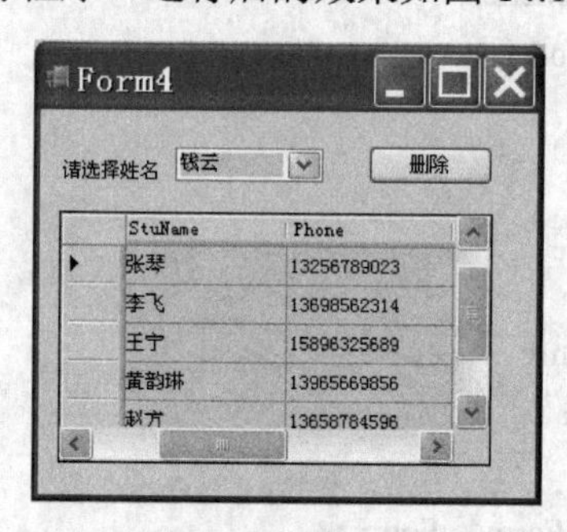

图 14.14　运行结果

14.7　本 章 小 结

本章介绍了.NET Framework 中的数据访问技术——LINQ 技术，它为所有数据源提供一种统一的数据访问方式。首先介绍了实现 LINQ 的基础知识，然后概要地介绍了 LINQ 概念和理论，随后讲解了 LINQ 的各种常用查询语句，最后通过示例完整地演示了如何使用 LINQ 到 SQL 完成数据库的常规操作。LINQ 技术必然会成为未来数据访问的标准框架，读者可以以本章为基础来了解这个技术。

14.8 上 机 练 习

(1) 在SQL Server 2008中创建名为BookStore的数据库,并为该数据库新建一个BookInfo表，结构如表 14.6 所示。

表 14.6　BookInfo 表结构

字 段 名	数 据 类 型	主　键	是否允许空	描　述
ID	nvarchar(100)	是	否	图书编号
Name	nvarchar(100)	否	否	图书名称
Author	nvarchar(50)	否	是	图书作者
Press	nvarchar(100)	否	是	出版社

(2) 编写一个Windows窗体程序,在该程序中创建一个对象模型DataClassesDataContext，把 BookInfo 表映射到内存中。

(3) 使用 LINQ 到 SQL 类，实现对数据库 BookInfo 表的查询功能，当输入图书名称，单击“查询”按钮将查询结果显示在 dataGridView 控件中。

(4) 实现向数据库 BookInfo 表中插入新的图书信息，用户在文本框中输入图书编号、图书名称、图书作者、出版社后，单击“添加”按钮，将添加后的数据显示在 dataGridView 控件中。

(5) 实现向数据库 BookInfo 表中修改图书信息的功能。用户在下拉列表中选择要修改的图书名称，然后在“图书作者”和“出版社”文本框内输入修改的信息，最后单击“修改”按钮，将修改后的数据显示在 dataGridView 控件中。

(6) 实现向数据库 BookInfo 表中删除图书信息的功能。用户在下拉列表中选择要删除的图书名称，单击“删除”按钮，将删除后的数据显示在 dataGridView 控件中。程序运行的效果如图 14.15 所示。

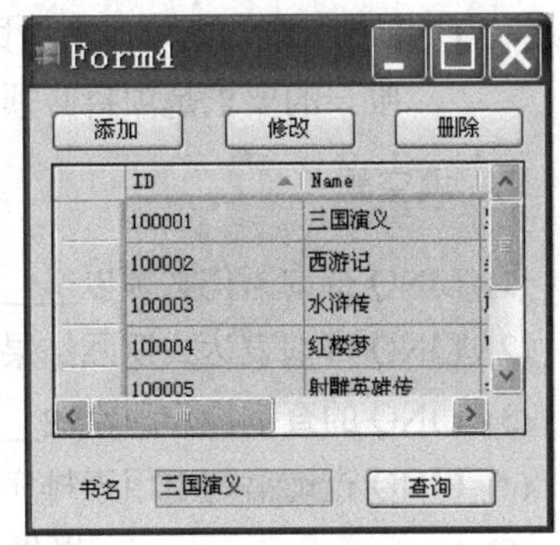

图 14.15　运行结果

14.9 习　题

一、选择题

(1) 在 LINQ 查询语句中用于分组的子句是(　　)。

A. from 子句　　B. select 子句　　C. where 子句　　D. group 子句

(2) 下列关于 LINQ 查询语句描述正确的是(　　)。

A. 查询表达式必须以 from 为关键字的子句开头，并且必须以 select 或 group 关键字的子句结尾。

B. 一个 LINQ 表达式可以不包含 select 子句，也可以包含一个 select 子句。

C. 一个查询表达式可以包含一个或多个 where 子句，甚至不包含 where 子句。

D. 一个 LINQ 表达式必须不包含一个 select 子句。

(3) join 子句可以为数据源之间建立的连接关系有(　　)。

A. 右外部连接　　B. 左外部连接　　C. 分组连接　　D. 内部连接

(4) DataContext 类中能够将已更新的数据从 LINQ 到 SQL 类发送到数据库的方法是(　　)。

A. SubmitChanges　　B. ExecuteQuery　　C. Translate　　D. Refresh

(5) 下列关于 LINQ 的描述中正确的是(　　)。

A. LINQ 到对象是对内存进行操作，LINQ 到 SQL 是对数据库进行操作，LINQ 到 XML 是对 XML 数据进行操作。

B. Visual Studio 2010 包含了 LINQ 提供程序的程序集，这些程序集将支持 LINQ 与.NET Framework、SQL Server 数据库、ADO.NET 数据集以及 XML 数据一起使用。

C. .NET Framework 4.0 还为用户扩展 LINQ 提供支持，用户可以根据需要实现第三方的 LINQ 支持程序。

D. LINQ 查询既可在新项目中使用，也可在现有项目中与非 LINQ 查询一起使用。唯一的要求是项目必须与.NET Framework 版本相兼容。

二、填空题

(1) LINQ 查询语句必须以________子句开始。

(2) LINQ 查询表达式返回结果的数据类型有________、________。

(3) LINQ 的查询操作通常由________、________、________三个步骤组成。

(4) LINQ 查询语句中用于排序的子句为________。

(5) ________提供了一个可视化设计界面，用于创建基于数据库中对象的 LINQ 到 SQL 实体类和关联(关系)。

三、简答题

(1) 常见的对象模型创建方法有几种？

(2) 执行 LINQ 查询时有几种不同的形式？

(3) 简述 LINQ 到 SQL 的查询过程是如何实现的。

(4) LINQ 到 SQL 的查询根据其执行的位置不同分为哪几种类型的查询？

(5) 启用了 LINQ 的数据源有哪几种？